中国房地产估价师与房地产经纪人学会

地址：北京市海淀区首体南路 9 号主语国际 7 号楼 11 层

邮编：100048

电话：（010）88083151

传真：（010）88083156

网址：http：//www. cirea. org. cn

　　　 http：//www. agents. org. cn

全国房地产经纪人职业资格考试用书

房地产经纪专业基础
（第五版）

中国房地产估价师与房地产经纪人学会　编写

柴　强　主编

中国建筑工业出版社
中国城市出版社

图书在版编目(CIP)数据

房地产经纪专业基础 / 中国房地产估价师与房地产
经纪人学会编写；柴强主编. — 5 版. — 北京：中国
建筑工业出版社，2024.1（2024.8重印）
全国房地产经纪人职业资格考试用书
ISBN 978-7-112-29599-9

Ⅰ. ①房… Ⅱ. ①中… ②柴… Ⅲ. ①房地产业－经
纪人－资格考试－中国－自学参考资料 Ⅳ. ①F299.233

中国国家版本馆 CIP 数据核字(2024)第 012372 号

责任编辑：毕凤鸣
文字编辑：王艺彬
责任校对：赵　力

全国房地产经纪人职业资格考试用书
房地产经纪专业基础
（第五版）
中国房地产估价师与房地产经纪人学会　编写
柴　强　主编

*

中国建筑工业出版社、中国城市出版社出版、发行（北京海淀三里河路 9 号）
各地新华书店、建筑书店经销
北京红光制版公司制版
北京中科印刷有限公司印刷

*

开本：787 毫米×960 毫米　1/16　印张：21　字数：396 千字
2024 年 1 月第五版　　2024 年 8 月第二次印刷
定价：**50.00** 元
ISBN 978-7-112-29599-9
（42317）

目　　录

第一章　房地产和住宅

房地产经纪俗称"房地产中介"或"房产中介"，实质上是房地产流通服务，不只是促成或撮合房地产买卖、租赁等交易，也不仅是代理销售或代理购买房地产，更是为人们合法、安全、公平、便利地进行房地产交易，特别是通过住房交易满足住房需求、改善居住条件，提供房源客源信息、带客户看房、签订房屋交易合同、协助办理不动产登记以及代办贷款等专业服务。

房地产交易因金额大、标的独特、税费较高、频次较低、流程复杂、时间较长、风险点多、专业性强，关乎交易者的重大经济利益，特别是购买住房是许多人一生中最大的支出，不仅要花掉过去的积蓄，通常还要用所购住房抵押贷款，因此交易者一般十分慎重，但是往往缺乏相关专业知识和实践经验，非常需要诚信、专业的经纪服务。

为了满足人们对诚信、专业的房地产经纪服务的需要，房地产经纪人除了要有良好的职业道德，还应了解并能熟练运用房地产经纪专业基础知识，包括"识货"，即能鉴别作为交易对象或标的物的房地产的优劣。这就需要全面深入调查了解供交易的房地产，并能向客户作出真实、客观、完整的介绍，能解答客户提出的有关问题。不仅要说明房地产的优点或"卖点"，还应说明房地产的不足或"瑕疵"，尤其是不得夸大优点、隐瞒瑕疵。这样做虽然有可能失去部分客户，但会赢得众多客户及社会的信任。特别是那些把房地产经纪当作长久职业的人员，长期坚持这样做，不仅会获得良好口碑、建立良好信誉，还会有许多"转介绍"（老客户推介新客户）"回头客""终身客户"，潜在客户将越来越多，交易会"东方不亮西方亮"，自然就会有成交业绩。反之，如果一问三不知或为了快速成交而隐瞒甚至蒙骗客户，其结果是难以成交或"成交就是断交"，既严重损害房地产经纪职业和行业的社会形象，又使自己得不到应有的尊重，还难以在行业中及社会上立足。因此，房地产经纪服务要从"成交为王"，转变为诚信、专业的"服务至上"。

为此，本章至第三章主要帮助房地产经纪人认识房地产，即"识货"。其中，本章主要介绍房地产和住宅的有关知识，包括房地产的概念、重要性和主要特性，住宅的概念和种类，房地产面积及形象展示等。

<h1 style="text-align:center">第一节　房地产概述</h1>

一、房地产的概念

（一）房地产的含义

简单地说，房地产就是房屋和土地，或者房产和地产。严谨意义上的房地产，是指土地以及建筑物和其他定着物，是实物、权益、区位三位一体的财产或资产。一套住宅是房地产，一幢别墅、一套酒店式公寓、一个商铺、一间办公用房、一栋办公楼、一座商场、一个酒店、一幢厂房、一个仓库、一个停车位、一宗建设用地、一个房地产开发项目等房屋和土地，也都是房地产。

广义的房地产等同不动产，狭义的房地产是不动产的主要组成部分。根据《不动产登记暂行条例》，不动产是指土地、海域以及房屋、林木等定着物。

与房地产密切相关的概念还有"物业"一词。根据《物业管理条例》，物业是指房屋及配套的设施设备和相关场地。

进一步理解上述房地产的含义，一方面需要弄清什么是土地、建筑物和其他定着物，另一方面需要弄清什么是房地产实物、权益和区位。

（二）土地、建筑物和其他定着物的含义

1. 土地的含义

土地本质上是一个固定的三维立体的开敞空间，通常是指地球的陆地表面及其上下一定范围内的空间，包括：①地球表面，简称地表；②地表之上一定高度以下的空间，简称地上空间；③地表之下一定深度以上的空间，简称地下空间。

2. 建筑物的含义

广义的建筑物也称为建筑，包括房屋和构筑物，是指用建筑材料构筑的空间和实体。狭义的建筑物主要指房屋。房屋是指供人们在其内部进行生活或工作、生产等活动的建筑空间，实际上是一个固定的围合空间，如住宅、商铺、办公楼、酒店、厂房、仓库等。构筑物是指人们一般不直接在其内部进行生活或工作、生产等活动的工程实体或附属建筑设施，如室外泳池、喷水池、烟囱等。

3. 其他定着物的含义

其他定着物也称为其他附着物，是指附着或结合在土地或建筑物上不可分离的部分，从而成为土地或建筑物的组成部分或从物，应随着土地或建筑物转让而一并转让的物，但当事人另有约定的除外。其他定着物与土地或建筑物通常在物理上不可分离，有的即使能够分离，但分离是不经济的，或者会破坏土地、建筑

物的完整性、使用价值或功能，或者会使土地、建筑物的经济价值明显减损，如安装在房屋内的厨房设备、卫生洁具、吊灯，镶嵌在墙里的橱柜、书画或绘在墙上、顶棚上的书画，建造在地上的围墙、道路、建筑小品、水池，种植在地里的树木、花草，埋设在地下的管线、设施等。而仅是放进土地或建筑物中，置于土地或建筑物的表面，或者与土地、建筑物毗连者，如摆放在房屋内的家具、家电、落地灯、装饰品，挂在墙上的书画，摆放在院内的奇石、雕塑，停放在车库里的汽车等，都不属于其他定着物。而已安装在房屋中的房门，其钥匙虽可随身携带，但应视为其他定着物，是房门或房屋的从物，房屋交付时应"交钥匙"。

随着生活水平提高，人们越来越重视房屋装饰装修、房前屋后环境美化，其他定着物越来越多、价值越来越大。为了防止在房地产交易中对标的物范围产生误解或纠纷，标的物范围如果不含属于房地产（不动产）的财产的，比如不含房屋内安装的厨房设备、卫生洁具、门锁、吊灯、壁灯、窗帘，院内搭建的亭子、安装或建造的装饰物、种植的花草树木等，则应予以书面列举说明，未书面列举说明的，应理解为含在标的物范围内，即如果未在房屋买卖合同中写明不包含的，卖方在房屋卖后不能将它们拆卸、搬走。反之，标的物范围如果包含房地产（不动产）以外的财产的，比如包含室内摆放的家具、家电（包括壁挂式电视机、壁挂式空调等）、台灯、装饰品，墙上挂的书画，院内摆放的奇石、雕塑等饰品，则应予以书面列举说明，未书面列举说明的，应理解为不含在标的物范围内，即如果未在房屋买卖合同中写明包含的，卖方在房屋卖后可将它们搬走。

（三）房地产实物、权益和区位的含义

房地产是不可移动的财产，既与家具、家电、汽车等动产有本质不同，又与商标、特许经营权等无形资产有实质区别，是实物、权益、区位的"三位一体"。要了解房地产，对其实物、权益和区位状况都要了解，哪个方面都不能忽视。

1. 房地产实物的含义

房地产实物是指房地产中有形（看得见、摸得着）的部分，如房屋的面积、建筑外观、建筑结构、设施设备、装饰装修、内部格局（如户型）、新旧程度等，土地的面积、形状、地形、地势等。

2. 房地产权益的含义

房地产权益是指房地产中无形（看不见、摸不着）的部分，是附着在房地产实物上的权利、利益和义务。一宗房地产的权益状况主要包括以下 7 个方面。

（1）拥有的房地产权利：即在所有权、建设用地使用权、租赁权等房地产权利中拥有的是哪种权利及其状况，比如拥有的是房屋所有权和建设用地使用权，其中的建设用地使用权是出让方式取得的国有建设用地使用权等。这是房地产权益中最基本、最主要的部分。

（2）该房地产权利受自身其他房地产权利限制状况：如拥有房屋所有权和建设用地使用权的房地产，是否设立了抵押权、居住权、地役权等其他物权，如已抵押或设立了居住权的住宅。

（3）该房地产权利受房地产权利以外因素限制状况：如房地产使用管制（如对房屋用途等的限制）、相邻关系、被司法机关或行政机关查封等而使房地产使用或处分受到限制。

（4）该房地产占有使用状况：如是否出租、出借或被侵占。

（5）该房地产上附着的额外利益状况：如住宅带有中小学校入学名额、可落户口，外墙或屋顶依法可设置标识、牌匾、广告等。

（6）该房地产上附着的债权债务状况：即可随着房地产转让而一并转让的债权债务，如房屋有水电费、燃气费、物业费、房产税等欠费、欠税或余额。

（7）该房地产上附着的其他权利、利益和义务状况：如有无物业管理及其收费标准、服务质量等。

3. 房地产区位的含义

房地产区位是指房地产的空间位置，通俗地说就是地段。一宗房地产的区位状况主要包括下列 4 个方面。

（1）地理位置：包括坐落（如地址）、方位、与有关重要场所的距离等。

（2）交通条件：如进出该房地产及其停车的便利程度。应区分进来和出去的便利程度。某些房地产因受单行道、道路隔离带、立交桥、交通出入口方位以及上下班交通流量等的影响，其进来和出去的便利程度有所不同，甚至差异很大。

（3）外部配套：如住宅所在的居住区及周边的商业、教育、医疗、体育、社区服务等公共服务设施齐备情况。

（4）周围环境：如住宅所在小区及周边的自然和人文环境、景观等情况。

衡量一宗房地产的区位优劣，最简单的是看该房地产与有关重要场所（如市中心、机场、车站、商场、学校、医院、公园等）的距离。就住宅来看，由于工作、购物、就学、就医、健身、休闲等需要，人们通常希望居住地点靠近工作地点，同时要便于购物、就学、就医、健身、休闲等。距离可分为以下 3 种：①空间直线距离，是指两地之间的直线长度，是最简单、最基础的距离。但在路网不够发达、有河流阻隔、地形复杂（如山城）等情况下，空间直线距离往往会失去意义，不能反映交通便利程度。②交通路线距离，即路程，是指连接两地之间的道路长度。有时受路面宽度、路面平整程度、交通管理、交通流量等状况的影响，路程虽不远，但所需的时间较长。因此，在时间对人们越来越宝贵的情况下，交通路线距离不一定能反映真实的交通便利程度。③交通时间距离，即交通时间，是指两地之间利用适当的交通工具去或来所需的时间，通常能更好地反映交通便利程度，但有可能产生误导，原因主要是测量所用交通工具、所处时段不能反映多数人的实际交通时间。例如，某些商品房销售宣传中所称"交通方便，20分钟车程可达市中心"，可能是用速度很快的小轿车在交通流量很小的夜间测量的，而对乘坐公交车上下班的购房人来说，可能要花1个多小时才能到达。还需要注意的是，《房地产广告发布规定》（2021年4月2日国家市场监督管理总局令第38号修正）规定房地产广告不得含有"以项目到达某一具体参照物的所需时间表示项目位置"的内容。因此，在使用交通时间距离时要慎重，应弄清其适用的情形，并采用该房地产有代表性的使用者适用的交通工具（如乘公交、乘地铁、驾车）和出行时段（如正常上下班时间）来测量。此外，到达某些房地产的交通时间虽短，但如果交通费用较高，则在经济上不划算。

二、房地产的重要性

古往今来以至可预见的未来，房地产都是人们不可缺少的。因为人们的生活、工作、生产等活动都需要空间，而房地产正是为这些活动提供固定的围合空间或开敞空间，如住宅提供居住和休息空间，写字楼提供工作空间，商铺提供购物空间，酒店提供住宿空间，厂房提供生产空间，仓库提供储藏空间，停车位提供停车空间。其中，住房是人们一生中最重要的生活资料，也是享受资料和发展资料，人们有了较稳定的住所便有家的感觉，就会"安居乐业"。房地产还是一种"恒产"。我国自古有"有恒产者有恒心"之说。英文的房地产——real estate 或 real property，字面意思是"真实的、真正的（real）财产（estate，property）"。因此，古今中外，房地产都是人们十分重视、看得见摸得着的财产，人们拥有房地产可增强其归属感、安全感，还可增加其信用，有利于社会稳定。

房地产不仅每年的增量很大，而且存量更大，通常在一个国家的总财富中占比最大，达到50%至70%，即其他各类财富之和也不及房地产一项多。例如，1990年美国的房地产价值为8.8万亿美元，约占其总财富的56%。房地产通常还是家庭财产的最主要组成部分。有资料反映"美国家庭财富的一半以上是房地产"。住房也已成为我国城乡居民家庭财富的主要载体，住房财产占我国城乡居民家庭财富的55%至70%。

房地产又是一种特殊的物品，有多种不同的性质。购买房地产与购买汽车、股票、基金、债券、期货、黄金、外汇、古董等相比，兼有使用（或消费）和投资双重功能。例如，住房的基本属性是消费，是用来住的，其中的商品住宅既有消费品属性又有投资品属性，购买商品住宅可以自住，也可以租给他人居住以获取租赁收益，还可以在未来升值后卖给他人以获取增值收益。

三、房地产的主要特性

房地产与其他商品（包括房地产交易与其他商品交易，房地产价格与其他商品价格等）有许多不同之处。这些不同之处是由房地产的特性决定的。房地产的特性主要有不可移动、各不相同、寿命长久、供给有限、价值较高、相互影响、易受限制、不易变现和保值增值。这些特性中，有的是房地产的优势，如保值增值、寿命长久；有的是房地产的不足，如不易变现、易受限制。

（一）不可移动

房地产的位置是固定的，不能移动。土地里的土壤、砂石等虽然可以移动、搬走，但是作为空间场所的土地，其位置是固定的。房屋因"扎根"在土地之中，其位置通常也是固定的。因位置不能移动，每宗房地产与市中心、公园、学校、医院等的距离及其对外交通、外部配套设施、周围环境等，均有一定的相对稳定的状态，从而形成了每宗房地产独特的自然地理位置和社会经济位置，使得不同的房地产之间有区位好坏差异。同时值得指出的是，房地产的位置不能移动主要是其自然地理位置固定不变，其社会经济位置可能因对外交通、周围环境等的变化而发生变化。

房地产不可移动决定其不能像动产商品那样在不同地区间调剂余缺，从供给过剩、需求不足、价格较低的地区，搬运到供给短缺、需求旺盛、价格较高的地区。因此，房地产市场包括供求状况、价格水平、价格走势等都是区域性的，在不同地区之间差异较大，甚至变动方向是相反的，如通常所说的城市间房地产市场分化。一般将一个城市的房地产市场当作同一个市场，但较大城市内不同区域因其房地产市场供求状况、价格变化等有较大差异，可细分为不同板块的市场。

（二）各不相同

房地产不像工厂制造出来的家具、家电、汽车等标准化产品，相同型号和批次的数量较多且品质几乎相同，每宗房地产都有其独特之处且相互间差异较大，就像没有两个完全相同的人那样，没有两宗完全相同的房地产。即使两幢房屋或两套住宅的外观、建筑结构和户型等均相同，但由于它们的位置（如房屋坐落地点，住宅所在单元、楼层、朝向）或周围环境（如景观）、邻里关系（如邻居）等的不同，它们实质上是不相同的。

房地产各不相同使得市场上没有完全相同的房地产供给，房地产之间难以完全替代，房地产市场不是完全竞争市场，房地产价格千差万别，且通常是"一房一价"。因此，看中的房子如果错过机会没有购买，再想买到相同或相似的房子就不容易了。房地产交易不宜采取样品交易的方式，即使有户型图、照片、视频等，也应到交易对象实地查看、现场体验。

（三）寿命长久

房地产是经久耐用的物品。除少数临时建筑外，房屋使用寿命一般在 50 年以上。我国除国家和农民集体外，虽然人们没有土地所有权，只有土地使用权，且许多建设用地使用权有使用期限，但其使用期限通常较长，而且建设用地使用权期间届满的，可以申请续期。特别是住宅建设用地使用权，其出让年限最长，一般为 70 年，且其期间届满的，自动续期，相当于无限期延长。因此，房地产的寿命是长久的，可供其拥有者长期使用或为其带来持续的收益（如租赁收益）。

（四）供给有限

土地是大自然的产物，地表面积基本上固定不变，从这种意义上讲土地供给总量不可增加，尤其是地理位置优越的土地供给有限。这就造成了房屋特别是区位较好的房屋数量有限，甚至使某些优质地段的房地产成为十分稀缺的商品。

房地产的供给有限特性使得房地产具有独占性和垄断性。一定区位特别是区位较好的房地产被人占有后，则占有者可以获得特定的生活或工作、生产场所，享受特定的光、热、空气、雨水和风景（如海水、阳光、沙滩、新鲜空气）等，他人除非付出一定的代价，否则一般无法占有和享用。

（五）价值较高

房地产的单价和总价都较高。从单价较高来看，目前城镇中每平方米房价一般在数千元以上，许多城市的房价超过万元，甚至十万元以上。从总价较高来看，房屋不可分为一个平方米之类的小面积来利用，应有一定面积（如一套或一间），使得可供利用的一宗房地产的总价高。例如，可供利用的一套住宅、一间办公用房、一个商铺的总价，通常比一件家具、一辆汽车的总价高。有的城市，住宅因总价过高导致许多人买不起，小户型（小面积）比大户型（大面积）的单价明显高。此外，房地产因价值较高，价款通常采取分期支付或抵押贷款方式支付，从而价款一次性支付、分期支付等不同支付方式对成交价有较大影响，同一房地产的成交价会因价款支付方式不同而不同。

（六）相互影响

房地产因不可移动、寿命长久，其用途、外观、建筑高度等状况通常会对周围的房地产产生较大而长久的影响；反过来，周围房地产的这些状况也会影响该房地产。例如，影响安全、安宁、人流、空气质量、日照、采光、通风、景观、视野等。房地产的相互影响还表现在房地产价格影响上，例如，在住宅附近建高档别墅、高级酒店、高尔夫球场等，通常会使该住宅的价格上升；而如果建汽车加油站、集贸市场、厂房、仓库等，则通常会使该住宅的价格下降。房地产因相互影响而产生了"相邻关系"，且《民法典》规定："不动产的相邻权利人应当按照有利生产、方便生活、团结互助、公平合理的原则，正确处理相邻关系。"

（七）易受限制

房地产因相互影响、不可移动，是生活、工作、生产等活动的必需品或基础要素，关系环境景观、城市风貌、民生和经济社会稳定，世界上几乎所有国家和地区，对房地产的利用、交易以至价格、租金等有所限制，甚至严格管制。政府对房地产的限制常见的有城市规划、土地用途管制和房地产市场调控。

房地产的易受限制特性还表现在，由于不可移动（搬不走）、不易隐藏（体量大）、不易变现，房地产难以躲避未来有关制度政策、政治局势等重大变化的影响。一般地说，在社会安定、经济平稳发展时期，房地产价格趋于上升；而在社会动荡时期、战争年代，房地产价格趋于下降。

（八）不易变现

房地产与存款、股票、黄金等相比，当要换成现金时所需时间较长。不易变现即变现能力较弱、流动性较差。变现能力也称为流动性，是指在没有过多损失的条件下将非现金形式的资产换成现金的速度。凡是能够随时快速换成现金且没有损失或损失较小的，称为易于变现或变现能力强、流动性好；反之，称为难以变现或变现能力弱、流动性差。

房地产因价值较高、各不相同、不可移动、易受限制，外加交易流程较复杂、交易成本较高，当要换成现金时，往往需数月甚至更长时间才能找到买家，买卖双方协商交易条件的时间也较长，除非在房地产市场火热的情况下。

不同类型的房地产以及同一房地产在不同的房地产市场状况（如市场是火热还是低迷）下，变现能力有所不同。影响某宗房地产变现能力的因素，主要有其通用性、区位、产权关系复杂程度、价值大小以及该类房地产的市场状况等。

（九）保值增值

房地产因寿命长久、供给有限，以及随着交通条件改善、环境美化、人口增长等，其原有的价值通常可得到保持甚至增加，而不像蔬菜、水果之类的易腐品，或汽车、家电之类的产品，经过一段时间后，价值会丧失或较快下降。

同时需说明的是，房地产保值增值是从其价格变化的正常和长期走势来看的。房地产价格一般是波动上升趋势，并非只涨不跌。随着房屋变得老旧、功能相对落后，所在地区人口净流出、房地产供给相对过剩等，有可能导致房地产贬值，甚至可能因过度投机炒作等造成房地产价格泡沫，然后发生破裂带来房地产价格大跌。有时房地产价格虽然会大跌，但经过若干年后往往会涨回来。例如，1994 年房地产泡沫破裂后的海南，1998 年亚洲金融危机爆发后的我国香港地区，2008 年全球金融危机爆发后的美国，房地产价格都曾出现过大跌，但后来又都涨了回来，甚至同一房地产的价格大大超过其大跌前的价格。

第二节　住宅及其种类

一、住宅的概念

住宅量大面广，是最常见的一种房屋和房地产，有大量的买卖和租赁活动，是房地产经纪的主要对象，以至于许多人以为房地产经纪就是住宅经纪。实际上，房地产经纪还包括办公、商业、工业、农业等房地产经纪，如写字楼、商铺买卖、租赁经纪。现实中，时常还将住宅与住房混用。一般情况下，住宅和住房可不作区分，可以混用。但是科学、严谨地说，住宅和住房的范围不同。住宅的范围相对较小，是指供家庭居住的房屋。住房的范围较大，除了住宅，还包括供人较长期居住的其他房屋，如酒店式公寓、老年公寓、集体宿舍、商住房，以及将闲置的商业、办公、工业用房等非住宅改建的租赁住房等。

二、住宅的种类

住宅多种多样，不同地区和民间对同一种住宅的习惯称呼不尽相同。为了较全面、系统地认识住宅，可根据不同的需要、从不同角度对住宅进行分类。

（一）存量住宅和增量住宅

存量住宅又称既有住宅，是指已经建成并交付使用的住宅。其中，购买后再次上市交易的住宅，称为"二手房"。购买的新建商品住宅即使未使用，再次上市交易时也为二手房。存量住宅中，通常把房龄较短（如 5 年以内）的，称为"次新房"；房龄较长（如超过 10 年）的，称为"旧房"；房龄很长（如超过 30 年）的，称为"老旧住宅"。房龄也叫楼龄、屋龄，是指房屋的年龄或已使用年限，一般自房屋竣工之日起计算，不论房屋一直在使用还是空着，都计算在内。

增量住宅又称新住宅，简称新房，俗称"一手房"，是指新建成的住宅，包括房地产开发企业新建的商品住宅和单位、个人新建的住宅。

（二）现房和期房

现房是指已经建成的住宅。期房是指目前尚未建成而在将来建成交付的住宅。其中，将完成房屋主体结构封顶、快要建成的住宅称为"准现房"。存量住宅都是现房。新建商品住宅既有现房又有期房。新建商品住宅项目销售到最后阶段剩余的少量房屋，称为"尾房"，又称"尾盘"。

（三）毛坯房、简装房和精装房

毛坯房是指室内没有装饰装修的住宅。简装房是指室内装饰装修简单或很普通的住宅。精装房是指室内装饰装修精致或精美的住宅。

（四）平房和楼房

平房是指只有一层的房屋。楼房是指两层或两层以上的房屋。楼房中，没有电梯的，通常称为楼梯房或步梯房；有电梯的，称为电梯房，尤其是指国家标准没有强制规定必须设置电梯而安装了电梯的 6 层及以下的住宅，甚至将其中较高档的，称为电梯洋房、电梯公寓。

（五）低层住宅、多层住宅、高层住宅和超高层住宅

根据《民用建筑设计统一标准》GB 50352—2019，住宅的地上建筑高度不大于 27.0m 的，为低层或多层住宅；大于 27.0m、不大于 100.0m 的，为高层住宅；大于 100.0m 的，为超高层住宅。建筑高度也称为建筑总高度，通常是指建筑物室外地面至建筑物屋面檐口或女儿墙顶点、建筑物最高点的高度。

当按层数划分时，1~3 层为低层住宅，4~9 层为多层住宅，10 层及以上为高层住宅。这里的层数是指自然层数，即实际层数，是按楼板、地板结构分层的楼层数。现实中还有标示层数，即名义层数，是为了回避所谓不好或不吉利的楼层数字，人为标示的楼层数。例如，一幢自然层数为 16 层的住宅楼，为了回避 4、13、14 三个楼层数字，将实际上的 4 层、13 层、14 层分别标示为 5 层、16 层、17 层，因此该 16 层的住宅楼就变成了 19 层的住宅楼（见表 1-1）。现实中也有以 5A（或 3B）、12B、15A 来代替 4、13、14 层的，这样，其他楼层数字仍然保持为自然层数数字。

某幢 16 层住宅楼的自然层数与标示层数对照   表 1-1

自然层数	1	2	3	4	5	6	7	8	9	10	11	12	13	14	15	16
标示层数	1	2	3	5	6	7	8	9	10	11	12	15	16	17	18	19

层数又有总层数和所在层数，地上层数和地下层数。总层数分为地上总层数和地下总层数。因此，在房地产经纪活动中，为了避免误解，不能混淆自然层数和标示层数，并应弄清及说明总层数是否包含地下层数。一般应采用自然层数，总层数为地上总层数。所在层数是指楼房中的某套（或间、层）用房位于的楼层

数。对于楼房中的某套住宅，要说明其楼层，并宜同时用所在层数和总层数来说明，可简要表述为"所在层数/总层数"。例如，某套住宅位于一幢地上总层数为12层的住宅楼的第8层，则该套住宅的楼层可简要表述为8/12。

对于高层住宅楼，根据住宅位于较高楼层、中间楼层和较低楼层，分为高楼层住宅、中楼层住宅、低楼层住宅。不同楼层尤其是顶层和底层的住宅，在采光、通风、视野、出入方便、安静等方面差异较大，各有优缺点。例如，高楼层住宅的采光和视野较好，灰尘和蚊虫较少，受室外人群吵闹等嘈杂声的影响较小，不易潮湿。低楼层住宅的出入较方便，不太担心电梯因停电、发生故障带来的问题，尤其是如遇火灾等灾害时易逃生，一般没有二次给水可能发生的供水二次污染问题。因此，房地产经纪人宜根据住宅使用人的年龄、偏好等具体情况，帮助委托人选择合适的楼层，如老年人和行动不便人士宜选择低楼层住宅。

（六）低密度住宅和高密度住宅

反映居住密度的常用指标是容积率，是指一定用地范围内建筑面积总和与该用地总面积的比值。例如，某宗建设用地总面积为10 000m²，该用地范围内所有建筑物的建筑面积之和为30 000m²，则容积率为3.0。容积率越大，意味着密度越高。住宅小区的容积率通常为2.0～2.5。容积率在1.5以下特别是在1.0以下的住宅，可视为低密度住宅。

反映居住密度的主要指标还有建筑间距和建筑密度。建筑间距是指两栋建筑物（如两幢住宅楼）外墙面之间的水平距离。建筑间距越大，密度通常越小。建筑密度是指一定用地范围内建筑基底面积总和与该用地总面积的比率。建筑基底面积是建筑物本身的占地面积，一般按建筑物底层外墙面计算。例如，某宗建设用地总面积为10 000m²，该用地范围内所有建筑物的基底面积之和为4 500m²，则建筑密度为45%。

对住宅使用人来说，容积率越小、建筑间距越大、建筑密度越小越好，舒适度越高。

低密度住宅又可分为低层低密度、多层低密度、高层低密度的住宅。其中，高层低密度住宅是在建设用地内建造高层住宅，留出的空地或绿地较多。高密度住宅又可分为低层高密度、多层高密度、高层高密度的住宅。其中，低层高密度住宅是在建设用地内建造低层住宅，留出的室外空地或绿地较少，如某些合院住宅。在其他状况相同的情况下，这些住宅的优劣顺序一般是：低层低密度、多层低密度、高层低密度、低层高密度、多层高密度、高层高密度住宅。

（七）独立式住宅、双拼式住宅、联排式住宅、叠拼式住宅和公寓式住宅

这是按照一幢住宅楼供居住家庭户数进行的分类。独立式住宅又称独户住宅、独栋住宅，是供一户家庭居住使用的住宅。该种住宅的四周均有空地，与其他房屋不相连。其中，带有私家花园的独立式住宅，通常称为别墅。

双拼式住宅又称二联式住宅、半独立式住宅，是供两户家庭左右居住使用的住宅，各自有独立的入口，相当于将两幢独立式住宅拼接在一起，两幢住宅之间有共用外墙，介于独立式住宅和联排式住宅之间。

联排式住宅又称 Town house，是供三户或三户以上家庭并排居住使用的住宅，相当于将三幢或三幢以上独立式住宅拼接在一起。其中，三幢住宅拼接在一起的，称为三联式住宅；四幢住宅拼接在一起的，称为四联式住宅。

叠拼式住宅相当于将联排式住宅上下叠加在一起的住宅，一般为两户叠拼，也有三户叠拼的。

公寓式住宅又称单元式住宅，是供多户家庭上下左右居住使用的住宅，即通常所说的多层或高层住宅楼。其中的一套住宅通常叫作单元房。

上述五种住宅中，前三种每户都有自己独用的出入口；叠拼式住宅通常每户有自己独用的出入口，也可能与他人共用一个出入口；公寓式住宅一般是由一个共用的出入口（如大厅）通向各套住宅。

（八）板式住宅、塔式住宅和板塔结合住宅

板式住宅简称板楼，是由多个住宅单元拼接、每个单元一梯二至三户，或采用长廊式、各住户靠长廊连在一起，且其主要朝向建筑长度与次要朝向建筑长度之比大于 2 的住宅。

塔式住宅又称点式住宅，简称塔楼，是以共用楼梯或电梯为核心布置多套住房，且其主要朝向建筑长度与次要朝向建筑长度之比小于 2 的住宅。

板塔结合住宅是一幢住宅楼中既有板楼户型又有塔楼户型的住宅。

（九）单元式住宅、通廊式住宅和内天井式住宅

单元式住宅是由若干个住宅单元组合而成，每个单元均设有楼梯或电梯的住宅。住宅单元是由多套住宅组成的建筑部分，该部分内的住户可通过共用楼梯和安全出口进行疏散。

通廊式住宅是由共用楼梯或电梯通过内廊或外廊进入各套住房的住宅，又分为内廊式住宅、外廊式住宅。

内天井式住宅是在住宅楼内部设置天井的住宅。

（十）平层住宅、错层住宅、复式住宅和跃层住宅

平层住宅是一套住宅内的各个功能空间均在同一平面上的住宅。错层住

宅是一套住宅内的各个功能空间不在同一平面上，但未分成上下两层，仅用一定的高度差进行空间隔断的住宅。复式住宅是在层高较高的一层楼中局部增建一个夹层，从而形成上下两层的住宅。跃层住宅是套内空间跨越上下两个楼层且设有套内楼梯的住宅。复式住宅的上层是夹层，而跃层住宅是完整的两层，因此复式住宅上下两层合计的层高，要大大低于跃层住宅上下两层合计的层高。

层高是指上下相邻两层楼面或楼面与地面之间的垂直距离，它大于室内净高。室内净高是指楼面或地面至上部楼板底面或吊顶底面之间的垂直距离，它比层高更能反映室内空间高度。室内净高越高，居住空间就越大，且不会使人感觉压抑，因此对住宅使用人来说，通常层高和室内净高越高越好。《住宅设计规范》GB 50096—2011 规定，住宅层高宜为 2.80m，卧室、起居室（厅）的室内净高不应低于 2.40m，厨房、卫生间的室内净高不应低于 2.20m。

（十一）成套住宅和非成套住宅

成套住宅是有卧室、起居室（客厅）、厨房、卫生间等自成一套的住房，通俗地说该套住宅内有独用的厨房和卫生间，最典型的是单元房；反之，为非成套住宅，比如老式筒子楼（中间是长长的过道，配有公共卫生间，两边是住房的楼房）。有的成套住宅除了有卧室、起居室、厨房、卫生间等基本功能空间，还有衣帽间、书房、浴室、储藏室等其他功能空间。

（十二）纯住宅、酒店式公寓、商住房和类住宅

纯住宅通俗地说就是整幢楼的所有单元都是住宅。酒店式公寓又称服务式公寓，是指提供酒店式管理服务的住房。商住房通常是指既可用作商业、办公，又可用作居住的房屋，即商住两用房，如 LOFT（一种具有高挑、开敞空间的户型）。类住宅一般是指将依法批准的商业、办公建设用地，通过住宅化设计，违规改建成居住用房。

与纯住宅相比，酒店式公寓、商住房、类住宅的建设用地使用权出让年限较短（为 50 年甚至仅有 40 年，而不是 70 年），用水用电的价格较高（如为商用价格，而不是民用价格），通常没有燃气，不能参照住宅落户口、就学。

（十三）普通住房和非普通住房

实施差别化住房信贷、税收等政策，通常与是否为普通住房有关。关于普通住房的标准，《国务院办公厅转发建设部等部门关于做好稳定住房价格工作意见的通知》（国办发〔2005〕26 号）规定："在规划审批、土地供应以及信贷、税收等方面，对中小套型、中低价位普通住房给予优惠政策支持。享受优惠政策的住房原则上应同时满足以下条件：住宅小区建筑容积率在 1.0 以上、单套建筑面

积在 120 平方米以下、实际成交价格低于同级别土地上住房平均交易价格 1.2 倍以下。各省、自治区、直辖市要根据实际情况，制定本地区享受优惠政策普通住房的具体标准。允许单套建筑面积和价格标准适当浮动，但向上浮动的比例不得超过上述标准的 20％。"不符合以上条件的住房，为非普通住房。

（十四）商品住房和其他住房

商品住房有广义和狭义两种含义。广义的商品住房是指除保障性住房外的可依法出售、出租的住房。狭义的商品住房是指房地产开发企业开发建设的可依法出售、出租的住房。现实中很难将商品住房和其他住房严格区分。

商品住房和其他住房主要有：商品住房（狭义的，简称商品房），限价商品住房（简称限价房），自住型商品住房（简称自住房），已购公有住房（简称房改房，是指城镇住房制度改革中出售给个人的公有住房，又分为以成本价购买的房改房和以标准价购买的房改房，以及原产权属于中央国家机关的"央产房"、原产权属于军队的"军产房"等），原私有住房（俗称老私房，是指历史遗留下来的私有住房），经济适用住房（简称经适房），共有产权住房（是指实行政府与购房人按份共有产权的住房），配售型保障性住房（是指按保本微利原则配售、实施严格封闭管理、不得上市交易的住房），保障性租赁住房，公共租赁住房（简称公租房。廉租住房与公共租赁住房并轨后，公租房包括过去的廉租住房），定向安置住房（如棚改安置住房、拆迁安置住房），集资合作住房（如单位自建住房、合作社住房）等。

上述住房的上市交易政策和收益分配有所不同，有的可以自由交易，有的需经批准才能交易，有的则不允许交易，有的在交易时要交纳特殊的费用。例如，北京市规定自住型商品住房的购买人在取得房屋所有权证 5 年内不得转让，取得房屋所有权证 5 年后转让的，如果有增值，应按届时同地段商品住房价格和该自住型商品住房购买时价格之差的 30％交纳土地收益等价款。共有产权住房的使用和处分权利受到限定，在一定期限内不得转让甚至封闭运行。

（十五）完全产权住房和非完全产权住房

完全产权住房是指房屋所有权和土地使用权不受其他房地产权利等限制的住房；反之，为非完全产权住房，如共有、已出租、有抵押、被查封、依法不得转让或出租、已依法公告列入征收范围、权属有争议、权属不明确、无权属证书（如无不动产权证书或无房屋权属证书）、属于临时建筑的住房，以及小产权房等。其中，小产权房是占用农村集体土地建设并向农村集体经济组织以外的成员非法销售的住房。

在房地产经纪活动中，如果遇到上述住房，应特别注意。例如，共有的住房出售，必须经共有人书面同意；已出租的住房买卖，承租人有优先购买权或书面明确表示放弃优先购买权；小产权房不受法律保护，现行法律法规规定，城镇居民不得购买农村宅基地建房，不可以购买小产权房。

（十六）完好房、基本完好房、一般损坏房、严重损坏房和危险房

这是根据房屋的结构、装修、设备等组成部分的完好、损坏程度，由专业的房屋鉴定机构鉴定的。其中的严重损坏房和危险房往往存在安全隐患。

（十七）其他类型的住宅

现实中，还有绿色建筑住宅，以及豪宅、学区房、景观房、工抵房、"凶宅"等。所谓"豪宅"，就物质条件来看，通常是指豪华或富丽堂皇的住宅，不仅面积大、房间多，而且建筑外观气派精致、室内装饰装修豪华精美。所谓"学区房"，通常是指带有较好的（如重点、优质、知名、热点等）学校特别是小学、初中入学名额的住宅，不仅要位于学区范围内或离学校近，还要带有入学名额或学位指标。所谓"景观房"，通常是指在其内通过窗户、阳台可看到美好的室外景观（如海景、江景、河景、湖景等水景或山景、知名建筑等）的住宅，其中有海景的住宅通常称为海景房，有江景的住宅通常称为江景房。"工抵房"是指房地产开发企业用于抵扣工程款的房屋。

目前，按照普通民众的理解及在司法实践中，"凶宅"一般是指与人为非正常死亡事件有紧密联系的房屋，如在一定年限内发生过有人从该房屋坠亡、在该房屋内自杀、被他人杀害等人为非正常死亡事件的房屋。即使最终死亡地点不在该房屋内，但是人为非正常死亡事件与该房屋之间有紧密联系的，一般仍认定为"凶宅"。而发生自然死亡的房屋不属于"凶宅"。趋吉避凶、择吉屋而居是大多数人的正常选择。购房人如果在不知情的情况下购买到"凶宅"，依据《民法典》规定，因重大误解订立的合同，当事人一方有权请求人民法院或仲裁机构予以撤销，人民法院或仲裁机构据此可判决撤销买卖合同，卖房人向买房人返还购房款。卖房人、经纪机构和经纪人员明知而未予告知和披露"凶宅"真相，属于故意隐瞒，构成欺诈，人民法院或仲裁机构也可判决撤销买卖合同，卖房人向买房人返还购房款。

此外，还有地下室和半地下室，其中某些有天窗或侧窗。房间地平面低于室外地平面的高度超过该房间净高的1/2者为地下室；超过该房间净高的1/3且不超过1/2者为半地下室。通常半地下室比地下室要好，有天窗或侧窗的比没有天窗或侧窗的要好。另外，还可根据建筑结构、施工方法、设计使用年限对住宅进行分类，具体见本书第二章第一节中的建筑物的主要分类。

第三节　房地产面积

一、房地产面积的作用

房地产面积的种类较多、作用很大，弄清它们非常重要。就房地产面积的作用来说：一是通过房地产面积可知房地产的数量或规模、大小，比如一套90m² 的住宅比一套120m² 的住宅要小。二是房地产面积是计算房地产价格的基础。在房地产交易中，有的是先商议单价，然后将单价乘以面积得出总价；有的是先商议总价，此种情况下人们常常将总价除以面积转换为单价来判断价格高低或是否便宜。三是数字相同而面积内涵不同的单价不同，比如房价都是8 000元/m²，按"建筑面积"计价比按"套内建筑面积"计价，按"套内建筑面积"计价比按"使用面积"计价要贵很多。此外，因房地产单价高，在单价已约定的情况下，面积多算一点或少算一点，总价相差较大。另外，物业服务费、取暖费也是与面积挂钩的。现实中还可能存在产权登记面积与实际面积不一致的情况，比如产权登记面积比实际面积大，如果按产权登记面积结算总价，就会给买受人造成损失；反之，产权登记面积比实际面积小，比如某些房改房当时为避免面积超标会有这种情况，如果按产权登记面积结算总价，则出卖人会有损失。这些在交易时必须先搞清楚或讲清楚，否则会产生误解、误判甚至纠纷。

二、房屋面积的种类

（一）建筑面积及其组成

（1）建筑面积：是指房屋各层水平平面面积的总和，即房屋外墙勒脚以上各层水平投影面积的总和，包括设备房、地下室、阳台、挑廊、楼梯间或电梯间等的面积。计算建筑面积的房屋应是永久性结构的房屋，且层高应在 2.20m 以上（含2.20m，下同）。其中，成套房屋的建筑面积通常是指分户的建筑面积，如一套住宅的建筑面积，是以一个套间为单位的建筑面积，由套内建筑面积和分摊的共有公用建筑面积（简称公摊建筑面积或公摊面积）组成，即：

建筑面积＝套内建筑面积＋公摊面积

（2）套内建筑面积：即成套房屋的套内建筑面积，简称"套内面积"，俗称"关门面积"，由套内使用面积、套内墙体面积、套内阳台建筑面积组成，即：

套内建筑面积＝套内使用面积＋套内墙体面积＋套内阳台建筑面积

（3）使用面积：是指房屋户内实际能使用的面积，俗称"地毯面积"或地面面积、地板面积，按房屋的内墙面水平投影计算，不包括墙、柱等结构构造和保温层的面积，也不包括阳台面积。成套房屋的使用面积称为套内使用面积，简称使用面积，以水平投影面积按下列规定计算：①套内使用面积应包括卧室、起居室（客厅）、餐厅、厨房、卫生间、过厅、过道、储藏室、壁柜等使用面积的总和；②套内楼梯应按自然层数的使用面积总和计入套内使用面积，如跃层住宅的套内使用面积包括其室内楼梯，并将其按自然层数计入使用面积；③烟囱、通风道、管道井等均不应计入套内使用面积；④套内使用面积应按结构墙体表面尺寸计算，如有复合保温层时，应按复合保温层表面尺寸计算；⑤内墙面装饰厚度应计入套内使用面积。

（4）套内墙体面积：是指套内使用空间周围的围护或承重墙体或其他承重支撑体所占的面积，其中各套之间的分隔墙和套与公共建筑空间的分隔墙以及外墙等共有墙，均按水平投影面积的一半计入套内墙体面积。套内自有墙体按水平投影面积全部计入套内墙体面积。

（5）套内阳台建筑面积：均按阳台外围与房屋外墙之间的水平投影面积计算。其中，封闭的阳台按其外围水平投影面积全部计算建筑面积，未封闭的阳台按其围护结构外围水平投影面积的一半计算建筑面积。需注意的是，判断阳台是否封闭，应以经批准的规划设计方案为准，即是指按规划在房屋建成交付时是否封闭。如果购房人购买后将未封闭的阳台封闭的，仍然只计算一半建筑面积。

（6）分摊的共有公用建筑面积：是指某个房屋产权人在共有公用建筑面积中所分摊的建筑面积。共有公用建筑面积是指各房屋产权人共同占有或共同使用的建筑面积。根据房屋共有公用建筑面积的不同使用功能（如住宅、商业、办公等），应分摊的共有公用建筑面积分为3种：①幢共有公用建筑面积，是指为整幢房屋服务的共有公用建筑面积，如为整幢住宅楼服务的配电房、水泵房等；②功能共有公用建筑面积，是指专为某一使用功能服务的共有公用建筑面积，如专为公寓服务的大堂、楼梯间、电梯间等；③本层共有公用建筑面积，是指专为本层服务的共有公用建筑面积，如本层的共有走廊、楼梯间、电梯间等。

此外，还有"实用面积"的说法。但该用语不规范，指的可能是使用面积，也可能是套内建筑面积，因此应尽量避免使用，如遇他人使用时，要搞清楚或说明其实际内涵，以免引起误解。

（二）不同阶段的房屋面积

（1）预测面积。根据预测方式，分为按图纸预测的面积和按已完工部分结合图纸预测的面积。按图纸预测的面积，是指在新建商品房预售时按该商品房建筑设计图上尺寸计算的房屋面积。按已完工部分结合图纸预测的面积，是指对新建商品房已完工部分实际测量后，结合该商品房建筑设计图，测算出的房屋面积。

（2）实测面积：也称为竣工面积，是指房屋竣工后实际测量得出的面积。预测面积与实测面积不一致时，以实测面积为准。造成预测面积与实测面积不一致的原因主要有 4 个：①施工误差；②测量误差；③工程设计变更；④房屋竣工后原属于应分摊的共有公用建筑面积的功能或服务范围改变等。

（3）合同约定面积：简称合同面积，是指商品房出卖人和买受人在商品房买卖合同中约定的所买卖商品房的面积。在新建商品房现售和存量房买卖中，合同约定面积一般是实测面积。在新建商品房预售中，因还没有实测面积，合同约定面积一般是预测面积。

（4）产权登记面积：也称为证载面积、产权面积，俗称"房本面积"，是指不动产权证书或房屋权属证书（俗称房本）和不动产登记簿记载的房屋面积，是实测的经依法登记的房屋建筑面积。存量房买卖中依据的面积一般是该面积。

（5）实际面积：是指现实存在的面积。该面积可能比产权登记面积大，也可能比产权登记面积小。例如，在有违法违规超建、加建的情况下，实际面积比产权登记面积大，虽然超出的面积有一定的使用价值，但没有法律保障。有的房改房，当时为了规避面积超标，产权登记面积可能比实际面积小。还可能存在因公摊面积不合理、虚增、部分拆除等，造成实际面积小于产权登记面积。

三、得房率和实用率

同一套住宅，建筑面积最大，套内建筑面积次之，使用面积最小。目前，交易中往往按建筑面积计价，但建筑面积不直观，购房人很难复核。使用面积最直接、直观，一般人都能测量出，而且相互间的差异不会很大。建筑面积、套内建筑面积大于使用面积应有一定的范围，如果超出正常合理的范围，其准确性、真实性值得怀疑。人们通常希望房屋在保证基本功能的前提下，使用面积越大越好，并用使用面积与建筑面积的比率说明面积利用率，称之为得房率，即：

$$得房率＝使用面积/建筑面积×100\%$$

得房率又称使用率、使用面积系数，通常得房率越大，面积利用率越高，也就越实惠。但如果过大，则有可能牺牲了必要的公共面积，如公共门厅过小或过道过窄。得房率一般为 70%～80%。此外，人们有时用套内建筑面积与建筑面积的比率说明相关问题，可称之为实用率，一般为 75%～90%。因套内建筑面积不够直观且大于使用面积，所以实用率并不实用且大于得房率，在实际中要弄清它们的区别，准确使用得房率。例如，某套住宅的建筑面积为 110m^2、套内建筑面积为 90m^2、使用面积为 80m^2，其得房率为 73%，而实用率可达到 82%。

影响得房率大小的因素主要有 4 个：①建筑形式。如板式住宅的得房率一般大于塔式住宅的得房率。②建筑结构。如钢筋混凝土结构房屋的得房率通常大于砖混结构房屋的得房率，因其垂直承重构件的墙柱占用面积通常比砖混结构房屋的小。③墙体厚度。如南方地区的得房率一般大于北方地区的得房率，因北方地区比南方地区的冬季气温低，为了室内保温，北方地区的外墙比南方地区的厚。在保温、隔声等效果相同的情况下，墙体所用材料不同，墙体厚度不同，得房率也不同。④房间数量。一是在套内建筑面积相同而房间数量较少时，因墙体相对较少，得房率较大；反之，得房率较小。二是在房间数量相同而套内建筑面积增加时，墙体面积虽然可能增加，但因后者增加幅度小、前者增加幅度大而使得房率提高；反之，得房率降低。

四、土地面积的种类

房地产经纪活动中涉及的土地面积，主要是房屋所有权人或土地使用权人拥有的土地面积，主要有下列 3 种。

（1）宗地面积：是指宗地权属界线范围内的土地水平投影面积。宗地是指土地权属界线封闭的地块或空间。不计入宗地面积的范围有：①无明确使用权属的冷巷、巷道或间隙地；②市政管辖的道路、街道、巷道等公共用地；③公共使用的河滩、水沟、排污沟；④已征收、划拨或属于原房地产证记载范围，经规划部门核定需要作市政建设的用地；⑤其他按规定不计入宗地面积的。

（2）小区用地面积：一般是指居住区的建设用地面积，通常在取得居住区的房地产开发用地时确定。取得房地产开发用地时，建设用地面积为项目规划占地面积减去代征地面积（如代征道路用地面积、代征绿化用地面积）。小区用地面积越大，说明小区的范围越大，小区居民在小区内的活动空间也就越大。

（3）共有土地分摊面积：是指某个房屋所有权人或土地使用权人在共有土地面积中所分摊的土地面积，即宗地面积中除去专有面积后的共有土地面积按照一定的分摊方法进行分摊后的土地面积。分摊方法一般按照拥有的建筑面积占总建筑面积的比例进行分摊。多层住宅、高层住宅和超高层住宅的土地一般是共用共有的，其中的每套住宅拥有的土地面积通常是分摊的。而平房、独立式住宅、双拼式住宅、联排式住宅一般有自己独用的土地面积，并且房价和该土地（如院子）的面积大小、形状直接相关。

第四节 房地产形象展示

房地产形象展示也叫房源展示，是在买房或租房客户实地看房前，将所出售或出租的房屋状况以文字、图纸、照片、图像、视频、模型等形式展现出来，使客户不到现场就能对房屋获得比较直观的印象，便于客户寻找和事先了解可供选择的房屋，进行初步比选和筛选，减少客户的不必要询问和无效实地看房，也减少房地产经纪人的无效带领客户看房等劳动，提高经纪服务工作效率。房地产形象展示除了可用文字描述（如房屋状况说明书）外，较直观的方式有图纸、照片、效果图，更直观的方式有 VR 看房、沙盘、模型、样板房（间）等。

一、地图和地形图

地图是说明地球表面的事物和现象分布情况的图。根据地图表示的内容，分为普通地图和专题地图。普通地图以相对均衡的详细程度，着重表示自然地理要素和社会经济要素，具有通用性，其中最主要的是地形图。专题地图也称为专门图或主题地图，根据专业方面的需要，以不同比例尺的地形图为底图，着重表示某一专题内容，如交通图、楼盘地图、房价地图等。

地形图是按照一定的比例，用规定的符号表示地物、地貌的平面位置和高程的正射投影图。地形图通常经过实地测绘，或根据实地测绘结合有关调查资料编制而成，不仅充分反映了自然地貌，还把经过人工改造的环境也较详尽地反映在图上。由于地形图具有现势性和可量测性的特点，决定了地形图是基础用图，可作为各种专题地图的底图，应用广泛，比如可用地形图制作房源位置示意图，便于客户直观了解房源在城市中的方位。

地形图的主要内容有地貌、水系、植被、建筑、居民点、交通线、境界线等。阅读地形图时有一些方面值得注意，主要包括下列 4 个方面。

（1）地物、地貌符号及其含义。地物是指地球表面上的固定性物体，如房屋、道路、河流、湖泊、森林等。地貌是指地球表面自然起伏的形态，如平原、丘陵、山地、盆地、高原等。地物、地貌在地形图上是按照统一规范的符号表示的。只有弄清了这些符号及其含义，才能判别和分析地物、地貌。在地形图上，地物一般用地物符号加注记表示，地貌一般用等高线表示。等高线是地面上高程相等的相邻点连接形成的闭合曲线。地形图上有若干条等高线，相邻等高线之间的高差称为等高距。因为同一幅地形图上的等高距是相同的，所以根据等高线的图形和疏密，可以判断地貌特征和地面坡度。等高线越密，地面坡度越大。

（2）平面位置和高程。地面上某点的空间位置由其平面位置（坐标）和高程来确定。测量的基准面是大地水准面。某点的平面位置用该点在大地水准面上的位置来表示。水处于静止时的表面称为水准面；与水准面相切的平面称为水平面；海洋处于静止时的表面并延伸穿过整个大陆、岛屿所形成的闭合曲面称为大地水准面。测量的基准线是铅垂线。某点到大地水准面的铅垂距离称为绝对高程，即海拔。水准面有无数个，某点到除大地水准面之外的任一水准面的铅垂距离，称为相对高程。地面上两点的高程之间的差距，称为高差。目前，我国高程基准执行的是"1985 国家高程基准"，其国家水准原点（青岛原点）高程为 72.260m，全国布置的国家高程控制点——水准点，均是以这个水准原点为准。

（3）比例尺。这是图上距离与其所表示的实际距离的比，即：比例尺＝图上距离：实际距离。比例尺的大小是指比值的大小，如 1：50 大于 1：100。地形图比例尺的大小，决定了其内容的详细程度和精度。比例尺越大，图上显示的地物和地貌的情况就越详细，精度也就越高。

（4）测绘日期。地形图测绘日期的早晚，与其内容的现实程度有关。测绘日期越早，表示的地物、地貌状况越有可能过时，有的可能在现实中已不存在，如房屋已被拆除；现实中存在的，地形图上可能没有，如新建的房屋、道路。

二、房地产图

（一）户型图

户型也叫房型，是指房屋（多指单元房）内部格局的类型，比如一套住宅是"几室几厅"或"几室几厅几卫"，具体如"一室一厅""三室两厅两卫"等。一套住宅的户型图，是该套住宅的平面空间布局图。从该图上一般可以直观地看出该套住宅内部各个独立空间的数量、使用功能（如门厅、客厅、餐厅、卧室、厨房、卫生间、浴室、过道、书房、衣帽间、储藏室、阳台等）、相对位置、面积、长宽、朝向、门窗位置等情况。新建商品住宅在销售时一般有户型图。存量住宅许多没有现成的户型图，需要房地产经纪人绘制户型图。

图 1-1 是某套住宅的户型图，从该图上可以看出该住宅为三室一厅两卫，朝向为南北向（坐北朝南、南北通透），主卧、客餐厅均朝南，两间次卧朝北，明厨明卫，还可以看出该住宅各个房间的相对位置、长宽等情况。该户型图的不足之处是没有标注该住宅的面积（如建筑面积或套内建筑面积、使用面积）和各个房间的使用面积。

（二）房产分户图

房产分户图也称为房产分户平面图，是以产权登记户为绘制对象，以一户产

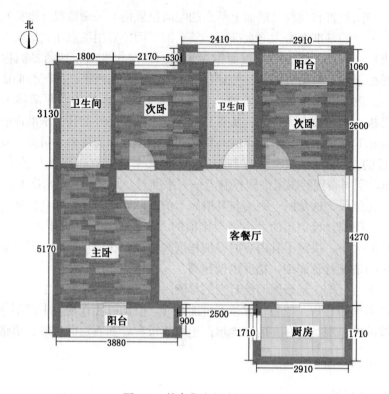

图 1-1　某套住宅的户型图

权人为单位，表示房屋权属范围的细部，以明确异产毗连房屋的权利界线，是房屋产权证的附图。该图表示的内容主要有：房屋权界线、四面墙体的归属和楼梯、走道等部位以及门牌号、所在层次、户号、室号、建筑面积、房屋边长等。

（三）宗地图

宗地图是通过实地调查绘制的，包括一宗地的宗地号、地类号、宗地面积、界址、邻宗地号及邻宗地界址示意线等内容的专业图。宗地图详尽准确地表示了该宗地的地籍内容及该宗地周围的权属单位和四至，是核发土地权属证书和地籍档案的附图。地籍即土地的"户籍"，是记载土地的位置、界址、面积、质量、权属和用途等基本状况的簿册。

三、房地产照片和 VR 看房

二手房的房源信息通常有外观照片和室内照片，以较直观地反映房源的外观状况，以及室内客厅、卧室、厨房、卫生间等主要房间的装饰装修等状况。此外，往往还有若干张反映房源所在居住区或住宅小区环境和配套状况的照片。新建商品房为现房的，通常有所谓"实景"照片。

VR看房或所谓"全景式看房"，是利用虚拟现实技术或称灵境技术，直观、立体、动态、远程反映房源状况，可使客户沉浸到房源的室内外环境中，有身临其境的感觉，体验到真实的感受，有助于提升客户体验。随着VR技术的成熟、成本降低和普及，VR看房会越来越多、效果将越来越好。

四、房地产沙盘、模型和样板房

新建商品房销售项目（俗称楼盘）通常制作有沙盘和模型，建有样板房（或样板间）。沙盘一般是针对整个项目（通常为小区）制作的，可以较直观、立体地反映小区的整体情况，小区内各幢楼的相对位置、间距和朝向，小区内的道路分布、出入口数量和位置，以及周边道路和环境等。沙盘中通常还反映方位（如标注有指北针）、比例尺（通常是个大概，不一定是实际比例）等。

模型一般是针对不同的户型制作的，可理解为立体的"户型图"，能较直观、立体地反映一套住宅的内部格局、各个独立空间的数量、使用功能、相对位置和大小等。复式住宅和跃层住宅的模型，还可以反映其上下各层之间的关系、功能划分等。

样板房比模型更能直观、真实反映房屋状况特别是能够进入室内体验房屋内部状况尤其是室内装饰装修后的效果。

五、建筑总平面图和建筑平面图

建筑总平面图和建筑平面图是房屋建筑图（又称施工图）中的一部分。房屋建筑图是将拟建建筑物的内外形状和大小，以及各部分的结构、构造、装饰装修、设备等内容，按照有关规范规定，用正投影方法，详细准确地画出的图。

（一）建筑总平面图

建筑总平面图是用来说明建筑场地内的房屋、道路、绿化等的总体布置的平面图。它反映的范围一般较大，可反映出以下内容：①该建筑场地的位置、形状、大小；②建筑物在场地内的位置及与邻近建筑物的相对位置；③场地内的道路布置与绿化安排；④建筑物的朝向（通常用指北针或风玫瑰图表示）；⑤建筑物首层室内地面与室外地坪及道路的绝对标高；⑥扩建建筑物的预留地。总平面地形变化较大的，一般还画有等高线。

指北针如图1-2所示，表示图纸中建筑平面布置的方位，指针

北

图1-2　指北针

头部注有"北"或"N"字，表示北方向。

　　风玫瑰图如图1-3所示，是绘制出的某个地区在一定时期（如年、季、月）内各个风向出现的频率或各个风向的平均风速的统计图。前者为"风向玫瑰图"，后者为"风速玫瑰图"。风包括风向和风速两个方面。风向是风吹来的方向，具体是指风从外面吹向地区中心的方向，一般用8个或16个方位来表示。表示风向的基本指标是风向频率（简称风频），它是某个地区在一定时期内某个风向发生的次数占该时期各个风向的总次数的百分比。风向频率最高的方位，称为该地区的主导风向。表示风速的基本指标是平均风速，它是某个地区在一定时期内某个风向的风速的平均值。风除了能调节气温，还起着运送空气污染物的作用。空气污染检测表明，空气污染与风向频率有密切关系，风向频率越高，下风地带受污染的机会就越多。空气污染程度与风速负相关，风速越大，空气污染物就越易扩散，污染物的浓度会降低；反之，空气污染物的浓度会加大。在静风（风速小于1m/s）的条件下，空气污染物很难向外扩散，容易形成严重的空气污染。

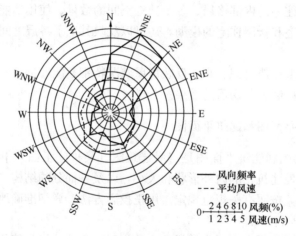

图1-3　风玫瑰图

　　标高是地面或建筑物上的一点和作为基准的水平面之间的垂直距离，有绝对标高和相对标高。建筑总平面图上的室外地坪标高通常采用绝对标高，其余图纸一般采用相对标高。相对标高是指把首层室内地面的绝对标高定为相对标高的零点，以"±0.000"表示，高于它的为正数标高，在数字前不注"＋"；低于它的为负数标高，在数字前注"－"。相对标高与绝对标高的关系一般在设计总说明中予以说明，如±0.000＝42.500，即首层室内地面标高±0.000相当于绝对标高 42.500。这样，就可以根据绝对标高测定该建筑物的首层室内地面标高。标高符号表示建筑物某一部位的高度，为一直角等腰三角形，用"▽"表示。建筑总平面图的室外地坪标高符号是用涂黑的

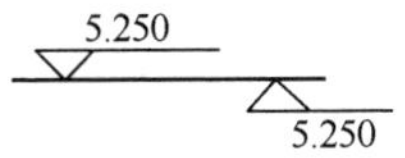

图 1-4　标高符号及指向

直角等腰三角形表示。标高符号的尖端指至被标注高度的位置。尖端一般向下，也可向上。标高数字标注在标高符号的左侧或右侧，如图 1-4 所示。标高数字以米（m）为单位。

某建筑总平面图如图 1-5 所示，比例尺为 1：500，反映的是一个住宅小区。该小区内已有住宅楼 6 幢，编号分别为 1、2、3、4、5、6；新建住宅楼 3 幢（用粗实线表示），编号分别为 7、8、9，均为坐北朝南，首层室内地面标高为 725.60m。

（二）建筑平面图

建筑平面图是用一水平的剖切面沿门窗洞位置将建筑物剖切后，对剖切面以下部分所做的水平投影图。楼房一般每层有一个单独的平面图。但对于中间几层平面布置完全相同的，通常只用一个平面图表示，称为标准层平面图。一幢楼房通常有以下 4 种建筑平面图：①底层平面图，表示第一层房间的布置、建筑入口、门厅及楼梯等；②标准层平面图，表示中间相同的各层平面布置；③顶层平面图，表示房屋最高层的平面布置；④屋顶平面图，即屋顶平面的水平投影。

从建筑平面图上可以看出以下内容：①建筑物的平面形状，出口、入口、走廊、楼梯、房间、阳台等的布置和组合关系；②建筑物及其组成房间的名称、尺寸和墙厚；③走廊、楼梯的位置及尺寸；④门、窗的位置及尺寸；⑤台阶、阳台、雨篷、散水的位置及尺寸；⑥室内地面的高度。

以图 1-5 中的 7 号楼为例，其底层平面图、标准层平面图分别如图 1-6、图 1-7 所示。从图 1-6 中可知，7 号楼的长度为 34.70m，宽度为 15.20m，共有两个单元，户型相同，每户为两室两厅一卫一厨，即两个卧室、1 个客厅、1 个餐厅、1 个卫生间、1 个厨房。从图上标注的尺寸还可看出或算出各个房间的开间、进深、面积等。开间是指房屋纵向两个相邻的墙体或柱中心线之间的距离，即房屋（或房间）的宽度。进深是指房屋横向两个相邻的墙体或柱中心线之间的距离，即房屋（或房间）的深度。从图 1-7 中可知，7 号楼各层平面布置基本无变化，各楼层的标高分别为 3m、6m、9m、12m、15m，说明该楼的层高为 3m。

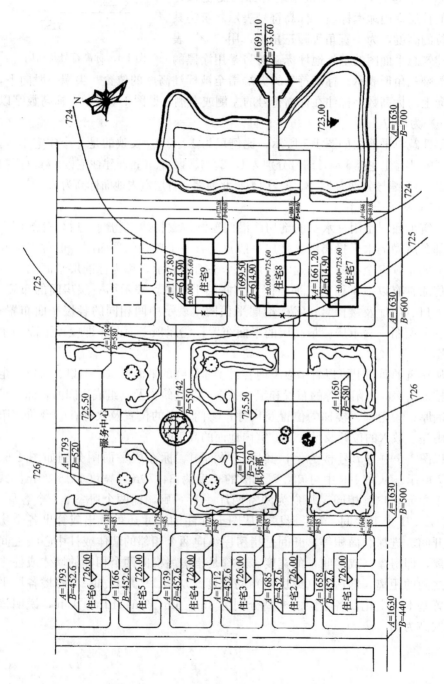

图 1-5 建筑总平面图 1：500

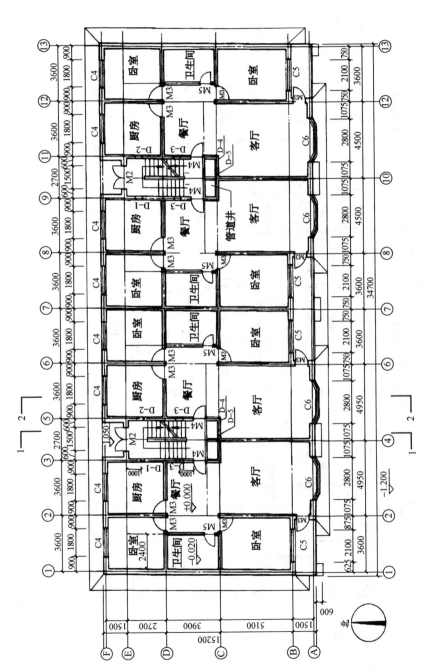

图 1-6 底层平面图 1：100

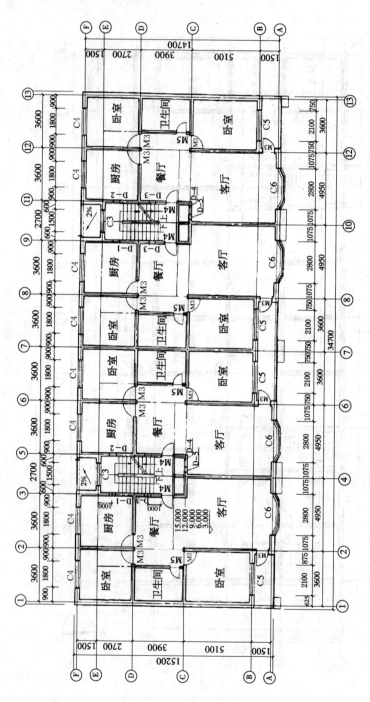

图 1-7 标准层平面图 1∶100

复习思考题

1. 房地产经纪人为什么要学习房地产和住宅知识？

2. 房地产、房屋、土地、建筑物、构筑物、其他定着物以及不动产、物业的含义及其之间的异同是什么？

3. 如何判定一物是否为其他定着物或房地产的从物？这对现实中的房地产买卖有何现实意义？

4. 房地产实物、权益和区位的含义分别是什么？

5. 房地产的重要性和特性有哪些？了解它们有什么作用？

6. 什么是住宅？它有哪些分类？

7. 住宅的各种分类对了解和认识住宅有何作用？不同类型的住宅各有哪些优缺点？

8. 什么是房龄？了解房龄有何必要和现实意义？

9. 层数、自然层数、标示层数、总层数、所在层数、地上层数、地下层数、楼层等概念及其之间的区别是什么？

10. 了解一套住宅所在住宅楼的总层数和所在楼层有何必要和现实意义？

11. 在房源信息中如何简洁表示某套住宅的楼层？

12. 容积率、建筑间距、建筑密度的含义是什么？了解它们有什么作用？

13. 层高和室内净高的含义及其之间的区别是什么？了解一套住宅的层高和室内净高有何必要和现实意义？

14. 现实中为什么有豪宅、学区房、景观房、工抵房、"凶宅"等概念？

15. 房地产面积在房地产交易中有哪些作用？

16. 房屋面积有哪几种？各种面积的含义是什么？

17. 建筑面积、套内建筑面积、使用面积之间的异同及其大小关系是什么？

18. 什么是水平投影面积？

19. 成套住宅的建筑面积如何计算？

20. 封闭的阳台与未封闭的阳台在计算建筑面积上有何不同？

21. 什么是得房率？人们在买房时为何关注得房率？它与实用率有何不同？影响得房率大小的因素主要有哪些？

22. 土地面积有哪几种？各种面积的含义是什么？

23. 什么是宗地和宗地面积？

24. 什么是地形图？它有什么作用？如何才能看懂它？

25. 什么是比例尺？它有什么作用？

26. 什么是户型图？它有什么作用？如何看懂和绘制户型图？

27. 什么是房产分户图？它与户型图有何关系？它有什么作用？

28. 什么是宗地图？它有什么作用？

29. 房地产照片、VR看房、沙盘、模型、样板房（间）在房地产经纪中有何作用？

30. 什么是建筑总平面图和建筑平面图？它们有什么作用？

31. 怎么看指北针和风玫瑰图？它们有什么作用？

32. 标高及绝对标高、相对标高的含义是什么？它们有什么作用？

33. 开间和进深的含义是什么？了解它们有什么现实意义？

第二章　建筑和装饰装修

　　房屋的建筑结构、设施设备、装饰装修及其所用建筑材料等状况，不仅关系到房屋的品质、性能、使用寿命（耐用年限）、舒适性和美观度，而且关系到房屋使用人的身心健康乃至生命和财产安全。房地产经纪人要做好经纪服务，应具有一定的建筑、房屋设施设备、装饰装修和建筑材料知识，并运用这些知识尽可能地了解供交易的房屋状况，解答客户提出的有关问题，向客户作出必要的介绍、说明甚至评价。为此，本章介绍建筑物的主要分类、对建筑物的主要要求、建筑构造、房屋设施设备、建筑装饰装修、建筑材料等。

第一节　建　筑　概　述

一、建筑物的主要分类

（一）根据建筑物使用性质的分类

　　建筑物的使用性质决定了建筑物的用途。根据建筑物的使用性质，建筑物分为下列 3 类。

　　（1）民用建筑：是指供人们居住和进行公共活动的建筑的总称。民用建筑按使用功能，分为居住建筑、公共建筑两大类。居住建筑也叫居住用房屋，是指供人们居住使用的建筑，又分为住宅、宿舍等。公共建筑是指供人们进行各种公共活动的建筑，包括办公建筑、商业建筑、旅馆建筑、文化建筑、教育建筑、医疗建筑、体育建筑、交通建筑等。

　　（2）工业建筑：是指供人们从事各种工业生产活动的建筑，如厂房、仓库等。

　　（3）农业建筑：是指供人们从事各种农业生产活动的建筑，如粮库、温室等。

（二）根据建筑结构的分类

　　建筑结构是建筑物中由承重构件（如基础、墙体、柱、梁、楼板、屋架）组成的体系。它直接关系到建筑物的结构形式、安全性能、使用寿命、室内空间可改造性等。根据建筑结构，建筑物通常分为下列 5 类。

(1) 砖木结构建筑：是指主要承重构件用砖、木材制成的建筑。砖木结构建筑的竖向承重构件的墙体、柱等采用砖或砌块砌筑，横向承重构件的梁、楼板、屋架等采用木材制作。砖木结构建筑的层数一般较低，通常在 3 层以下，抗震性能较差，使用寿命较短。

(2) 砖混结构建筑：是指主要承重构件用砖、钢筋混凝土制成的建筑。砖混结构建筑的竖向承重构件的墙体采用砖或砌块砌筑，柱采用砖或砌块砌筑或钢筋混凝土建造，横向承重构件的梁、楼板、屋面板等采用钢筋混凝土建造。砖混结构建筑的层数通常在 6 层以下，抗震性能较差，开间和进深的尺寸及层高都受到一定限制。

(3) 钢筋混凝土结构建筑：是指主要承重构件均用钢筋混凝土制成的建筑。钢筋混凝土结构的具体类型包括：框架结构、框架剪力墙结构、剪力墙结构、筒体结构、框架筒体结构和筒中筒结构等。钢筋混凝土结构建筑的特点是结构的适应性（室内空间可改造性）较强，抗震性能较好，使用寿命较长。

(4) 钢结构建筑：是指主要承重构件均用钢材制成的建筑。钢结构建筑的强度高、抗震性能好，但耐火性、耐腐蚀性较差。

(5) 其他结构建筑：是指上述结构以外的建筑，比如木结构建筑，其主要承重构件均是用木材制成的建筑。

(三) 根据建筑施工方法的分类

施工方法也称为建造方式，是指建造建筑物时所采用的方式方法。根据施工方法，建筑物通常分为下列 3 类。

(1) 现浇现砌式建筑：是指主要承重构件均在施工现场（工地）浇筑或砌筑而成的建筑。

(2) 装配式建筑：是指用工厂预制的部品部件在施工现场装配而成的建筑，包括装配式混凝土结构、钢结构和现代木结构等装配式建筑。

(3) 部分现浇现砌、部分装配式建筑：是指一部分构件（如墙体、柱）在施工现场浇筑或砌筑，另一部分构件（如楼板、楼梯）用工厂预制的部品部件在施工现场装配而成的建筑。

上述建筑中，现浇现砌式建筑因柱、梁、楼板等主要承重构件全部在施工现场浇筑或砌筑，在建筑施工质量有保证的情况下，其结构整体性、抗震性、耐久性一般较好。其他两种建筑因柱、梁、楼板等主要承重构件全部或部分在工厂预制，运到施工现场后进行装配，其结构整体性、抗震性、耐久性通常不及现浇现砌式建筑。

（四）根据建筑设计使用年限的分类

设计使用年限是指设计规定的结构或结构构件不需进行大修即可按其预定目的使用的时期。建筑设计标准要求建筑物应达到的设计使用年限是由建筑物的性质决定的，如《民用建筑设计统一标准》GB 50352—2019 将民用建筑的设计使用年限分为 5 年、25 年、50 年、100 年 4 个类别，并规定其分别适用于临时性建筑、易于替换结构构件的建筑、普通建筑和构筑物、纪念性建筑和特别重要的建筑。住宅一般属于其中的普通建筑。

根据《住宅建筑规范》GB 50368—2005，住宅建筑结构的设计使用年限不应少于 50 年。现实中，决定建筑物实际使用年限的因素，除了其设计使用年限，还有所用的建筑材料及其质量、建筑施工质量、使用和维护状况等。

二、对建筑物的主要要求

作为建筑物使用人，对建筑物的主要要求是安全、适用、经济、美观。

（一）对建筑物安全的要求

安全是对建筑物最基本、最重要的要求，主要包括下列两大方面。

一是建筑物在设计使用年限内不会垮塌，包括：①房屋选址方面，所在地段不会遭受山体崩塌、滑坡、泥石流、地面塌陷、地裂缝、地面沉降、较大地震、洪水等自然灾害的破坏；②房屋建造方面，施工质量有保障，地基、基础、上部结构均稳固（即结构安全），能抗震（即抵抗一定震级以上的地震），能防火；③其他有关方面，比如在对房屋有破坏的白蚁地区，还能防止白蚁危害等。

滑坡、泥石流常发生在山区或丘陵地区，危及房屋甚至居民的生命安全。在利用坡地或紧靠崖岩进行房屋建设时，需要了解滑坡的分布及滑坡地带的界线、滑坡的稳定性。不稳定的滑坡体本身，以及处于滑坡体下滑方向的地段，均不得建造房屋。地下溶洞有时分布范围很广，洞穴空间高大，如果房屋不慎选在地下溶洞之上，可能造成房屋塌陷。房屋建设应尽量避免在这些地区选址。

再如，许多城市沿江河、湖泊建设，临近江河、湖泊的住宅虽然有人们喜欢的"水景"，但有可能遭受洪涝灾害，轻则家具家电被洪水浸泡受损，重则导致房屋损毁倒塌。一般要求百年一遇洪水位以上 0.5～1m 的地段，才可作为城市建设用地；地势过低或经常受洪水威胁的地段，不宜作为城市建设用地，否则必须修筑牢固的堤坝等防洪设施。堤坝以内的河滩地不能作为城市建设用地。

地震是破坏性很大的自然灾害，分为不同的等级，称为地震震级。地震震级分为 9 级，其中 5 级以上的地震会造成破坏，震级越大，破坏性越大。地震发生后在地面上造成的影响或破坏的程度，称为地震烈度。地震烈度分为 12 度，地震烈度越高，建筑物受破坏的程度就越严重。在不同地区，根据其地震烈度情况，对建筑物有不同的抗震设防要求。在地震烈度为 7 度及 7 度以上的地区，除临时建筑外，都必须进行抗震设防；在地震烈度为 9 度以上的地区，不宜选作城市建设用地。在同一地区，房屋的抗震设防烈度越高，其抗震性能越好。例如，抗震设防烈度为 8 度的房屋，抗震性能好于抗震设防烈度为 7 度的房屋。由于位于活动断裂带地区发生破坏性地震的频率最高，在断裂带的弯曲突出处和断裂带交叉的地方往往是震中所在，而位于地质断层附近的房屋比位于其他位置的房屋更易被震塌，因此房屋选址应避开这些地方。

二是建筑物在使用过程中室内外都没有危害人体健康的环境污染，包括：与危险化学品、易燃易爆品、核电站等危险源的距离必须满足有关安全规定；周围环境的空气、土壤、水体、声音等不对人体构成危害，比如不是在未采取有效措施进行无害化处理的化学污染地、垃圾填埋地等存在土壤污染的地段上建造的；建造和装饰装修建筑物所用的材料均是合格环保的，不会产生室内外环境污染等。

（二）对建筑物适用的要求

一是防水、保温、隔热、隔声、通风、采光、日照等方面良好。

（1）防水的基本要求是屋顶或楼板不漏水，外墙不渗雨。

（2）保温、隔热的基本要求是冬季能保温，夏季能隔热、防热。

（3）隔声的基本要求是为了防止外部噪声和保护私密性，能阻隔声音在室外与室内之间、上下楼层之间、左右隔壁之间、室内各房间之间传递。

（4）通风的基本要求是能使室内空气与室外空气流通，使室内空气质量满足卫生、安全、舒适等要求。

（5）采光、日照的基本要求是室内在白天能通过窗口取得光线而明亮，并有一定的室内空间能获得一定时间的太阳光照射。日照效果通常用日照时数来衡量。日照时数一般是指太阳直射光线照射到建筑物外墙面或室内的时间。通常要求冬季日照时数越长越好，夏季日照时数越短越好。建筑物的朝向、建筑间距、周边建筑物高度等会影响日照效果。中国由于大部分地区位于北回归线以北，一年四季的阳光主要从南方射来，南和偏南（东南和西南）是阳光最充分的朝向，因此建筑物的朝向以南和偏南向为宜。此外，地形部位和坡向对小气候有一定影响。在丘陵、山地地区，朝南的方向称为阳坡，这里日照充足，通风良好，是理想的居住用地；朝北的山坡称为阴坡，其气候特点是日照时数短、温度低，有时会产生涡风，不宜作为居住用地。

二是功能齐全。这是针对特定用途而言的，不是绝对的、无必要的齐全，因此其基本要求是具有该种用途所必要的设施设备，能满足使用要求，如具备道路、给水、排水、供电、照明、燃气、热力（供暖）、通信、有线电视、网络宽带等。

三是空间布局合理。这也是针对特定用途而言的，其基本要求是平面布置合理，交通联系方便，有利于使用。

（三）对建筑物经济的要求

对建筑物经济的要求通俗地说就是不要浪费，而不是一味地省钱，包括两个方面的含义：一是一次性的建造成本或购置价格不很高；二是在使用过程中所需支出的费用较少，即运营费用较低，包括节省维修费用，节约照明、空调、供暖的能耗等。

有些建筑物虽然造价或售价较高，但因采用了质量较好的建筑材料、设施设备、装饰装修等，能节省使用过程中的维修费用和能耗，从长期（预期使用年限或全寿命周期）来看仍然是经济的。而有些建筑物则相反，虽然造价或售价较低，但因建筑材料、设施设备、装饰装修等的质量较差，经常需要维修，甚至使用寿命较短而要多次更换，从长期来看并不经济，甚至加总起来的花费更多。当然，也有某些为了不必要的功能或配套、环境景观而增加了造价，同时使用过程中的维修费用和能耗也很高的现象，比如无特殊需要的低层建筑安装电梯，建设不必要的高档会所、人造水系、喷泉等。

（四）对建筑物美观的要求

建筑物是凝固的艺术，应美观。对建筑物美观的要求主要是建筑造型、外观色彩等要给人以美感，特别是要避免在外形和色彩上使人产生不好的联想或不好的寓意。

第二节　建　筑　构　造

一、建筑构造组成

建筑物一般由若干个大小不同的室内空间（如通常所说的房间等）组合而成。这些室内空间的形成，往往要借助于一片片实体的围合。这些一片片的实体，称为建筑构件或配件。

一幢房屋通常由竖向建筑构件（如基础、墙体、柱）、水平建筑构件（如地面、楼板、梁、屋顶）等组成。楼房还有解决上下层交通联系的楼梯。此外，有些房屋还有台阶、坡道、散水、阳台、雨篷、设备井、采光井、通风道、垃圾道、烟囱等。房屋的一般构造组成如图 2-1 所示。

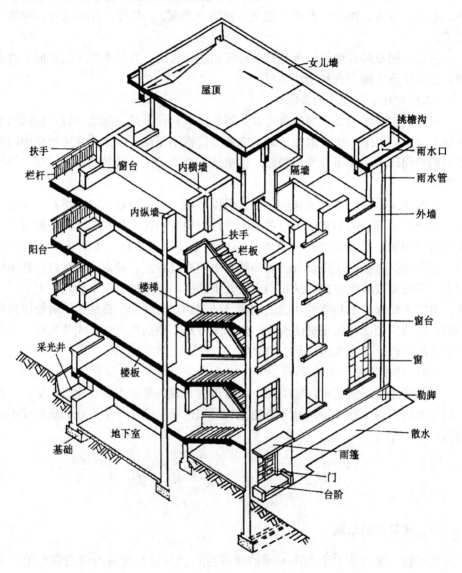

图 2-1 房屋的一般构造组成

二、地基和基础

（一）地基

地基是房屋下面承受建筑物全部荷载的土体或岩体。它不属于建筑物的组成部分，但对保证建筑物坚固耐久等安全十分重要。建筑物必须建造在稳固的地基上。为保证地基稳固，防止建筑物发生加速沉降或不均匀沉降，地基应满足以下要求：①有足够的承载力。不同建筑物对地基承载力的要求不同，如房屋的层数越多，对地基承载力的要求越高。②有均匀的压缩量，以保证有均匀的下沉。当地基下沉不均匀时，建筑物上部会出现开裂变形。因此，如果发现建筑物有开裂变形现象，则通常说明其地基下沉不均匀。③有防止产生滑坡、倾斜方面的能力，必要时（特别是在高度差较大时）应加设挡土墙，以防止出现滑坡变形。

地基有天然地基和人工地基。天然地基是未经人工加固处理的地基。当岩土具有足够的承载力，不需要进行加固处理时，可直接在其上建造建筑物。人工地基是经过人工加固处理的地基。当岩土的承载力较小，或者虽然较大但上部荷载相对过大时，为了使地基具有足够的承载力，必须进行加固处理。

（二）基础

基础是房屋底部与地基直接接触，并把上部荷载传给地基的竖向承重构件。基础因要支撑其上部建筑物的全部荷载，必须稳固。基础还应耐久，能抵御地下各种有害因素的侵蚀。如果基础先于上部结构破坏，对其进行检查和加固都很困难，且会影响房屋的使用寿命。

根据基础所用材料，分为灰土基础、砖基础、毛石基础、混凝土基础、钢筋混凝土基础等。

根据基础的受力性能，分为刚性基础和柔性基础。刚性基础是指用灰土、砖、毛石、混凝土等受压强度大，而受拉强度小的刚性材料做成的基础。柔性基础是指用钢筋混凝土制成的受压、受拉均较强的基础。砖混结构房屋一般采用刚性基础。

根据基础的构造形式，分为条形基础、独立基础、筏板基础、箱形基础、桩基础等。条形基础是呈连续状的带形基础。独立基础是呈独立的块状基础。筏板基础是一块支承着许多柱或墙体的钢筋混凝土板，板直接作用于地基上，一块整板把所有的单独基础连在一起，使地基的单位面积压力减小。筏板基础有利于调整地基的不均匀沉降，用筏板基础作为地下室或坑槽的底板有利于防水、防潮。箱形基础通常是采用钢筋混凝土将基础四周的墙、顶板、底板浇筑成刚度很大的箱状形式，其内部空间构成地下室。箱形基础的刚度大、整体性好、底面积较大，能将上部结构的荷载较均匀地传给地基，并能适应地基的局部软硬不均，有效地调整基底的压力，有利于抵抗地震荷载的作用。桩基础是由设置于土中的桩和承接上部结构的承台组成。当建筑场地的上部土层较弱、承载力较小，不宜采用在天然地基上作浅基础时，宜采用桩基础。

三、墙体和柱

墙体和柱都是房屋的竖向承重构件，支撑着梁、楼板、屋顶等。

（一）墙体

1. 墙体的作用

墙体主要有以下4个作用：①围护作用。抵御风、雨或雪以及太阳辐射、气温变化和噪声等外界的不利因素。②承重作用。承受梁、楼板、屋顶等传下来的荷载。③分隔作用。把建筑物内部分隔成若干个空间。④装饰作用。墙面的装饰装修是建筑装饰装修的重要组成部分，对建筑物的装饰装修效果作用很大。

2. 对墙体的要求

墙体应满足以下要求：①具有足够的强度和稳定性。②具有必要的保温、隔热、隔声等性能。③满足防水、防潮、防火等要求。简单来看，墙体必须有一定的厚度，如在不同地区，为了室内保温，外墙应达到一定厚度。

3. 墙体的类型

根据墙体在建筑物中的位置，分为外墙和内墙。外墙位于建筑物的四周，是建筑物的围护构件，主要起着挡风、遮雨、保温、隔热、隔声等作用。内墙位于建筑物的内部，主要起着分隔建筑物内部空间的作用，也可起着一定的隔声、防火、承重等作用。

根据墙体所用材料，分为砖墙、砌块墙、混凝土墙、石墙、木墙等。

根据墙体的受力情况，分为承重墙和非承重墙。承重墙是直接承受梁、楼板、屋顶等传下来的荷载和自重的墙体，如砖混结构住宅的外墙、楼梯间墙、沉降缝两侧的墙。非承重墙是仅承受自重的墙体，其中，仅承受自重并将其传给基础的墙体，称为承自重墙；仅起着分隔空间作用，自重由楼板或梁来承担的墙体，称为隔墙或隔断。需要注意的是，在房屋室内装修或改造中，为了改变室内空间格局或房间大小，需要拆改墙体，但承重墙是不能拆改的，墙体中的承重构件不能拆掉、钢筋也不能损坏，否则会影响建筑物结构的安全性。

承重墙和非承重墙的区分方法主要有以下4种：①通过相关图纸判断。一般粗实线部分的墙体是承重墙，以细实线或虚线标注的是非承重墙。②通过声音判断。敲击墙体，没什么太多的声音为承重墙，有较大清脆回声的是非承重墙。

③通过厚度判断。非承重墙的墙体厚度明显比承重墙薄。一般来说，承重墙体是砖墙时，结构厚度为18cm～24cm，寒冷地区外墙结构厚度为37cm～49cm，混凝土墙结构厚度为20cm或16cm，非承重墙为12cm、10cm、8cm不等。④通过部位判断。外墙和邻居共用的墙通常都是承重墙，卫生间、储藏间、厨房及过道的墙一般是非承重墙。

根据墙体的构造方式，分为实体墙、空心墙和复合墙。实体墙是用普通砖和其他实心砌块砌筑而成的墙体。空心墙是墙体内部中有空腔的墙体。复合墙是用两种或两种以上材料组合而成的墙体，如加气混凝土复合板材墙。

（二）柱

柱是房屋中直立的起支持作用的竖向承重构件。它承担和传递着梁、楼板等传下来的荷载。在房屋装修改造中，柱是不能被破坏的。

四、门和窗

门、窗是房屋的围护构件或分隔构件，不承重。门的主要作用是交通出入，联系和分隔空间，如可以连接和关闭两个或多个空间的出入口。带玻璃的门还可起着采光等作用，带窗户或帘子的门还可起着通风、挡蚊虫等作用。窗的主要作用是采光、通风、日照及观望（包括观景）。门和窗对建筑外观及装饰装修造型也有很大作用，它们的位置、大小、形状、色彩、材质、数量及组合等，是决定建筑物使用和视觉效果的重要因素之一。门和窗都应构造坚固耐久、关闭紧严、隔声、保温、隔热、防水，开关灵活方便、不发出响声，造型美观大方。

门由门框、门扇、合页、门把手、门锁、密封条以及门套等组成。根据门所在的位置，分为围墙门、单元门、入户门、室内门（如卧室门、厨房门、卫生间门）等。根据门的功能，分为防盗门（入户门一般应为防盗门）、安全门、防火门、隔声门、节能门、封闭门等。根据门的开启方式，分为平开门（又分为内开门和外开门，常见于入户门、卧室门）、推拉门（常见于厨房门、衣帽间门、淋浴房门）、折叠门（常见于隔断门）、卷帘门（常见于车库门）、弹簧门、旋转门、电子感应门等。根据门所用材料，分为木门、钢门、铁门、铝合金门、玻璃门等。此外，还有自动开关的门（简称自动门）等。

窗由窗框、窗扇（包括玻璃）、合页、窗把手、密封条以及窗台板、窗套等组成，其中的玻璃有单层玻璃、双层或多层玻璃（又有普通双层玻璃、中空玻璃、三层真空玻璃）。根据窗在房屋中的位置，分为侧窗和天窗。根据窗的开启方式，分为普通平开窗（又分为侧开窗和悬窗，内开窗和外开窗）、平开内倒窗、推拉窗、旋转窗、固定窗（仅供采光或眺望，不能通风）。根据窗框所用材料，分为木窗、钢窗、塑钢窗、铝合金窗等。此外，还有凸窗（飘窗）、落地窗、老虎窗、转角窗、百叶窗、纱窗，以及自动开关的窗户（简称自动窗）等。

在住宅中，门窗的洞口尺寸、开启方式、所用材料，关系到采光、隔声、保温、隔热、能耗和视觉效果。例如，为保证采光，卧室、起居室的窗户面积一般不应小于地板面积的 1/7，但也不宜过大，否则能耗较高。又如，为增加密封性，窗户宜为平开窗或平开内倒窗，不宜为推拉窗，宜使用断桥铝或铝包木材质窗框，玻璃可为中空玻璃、三层真空玻璃，窗户甚至可以是双层的。

五、地面、楼板和梁

（一）地面

地面是房屋底层的地坪，其主要作用是承受人、家具等荷载。地面一般由面层、垫层和基层等构成。面层是人们直接接触的表面，应耐磨、平整、防滑、易清洁、不起尘、电绝缘性好。此外，居住和人们长时间停留的房间的地面，还应有一定的弹性和蓄热性能；厨房的地面，还应防水、耐火；卫生间的地面，还应耐潮湿、不漏水。

（二）楼板

楼板是在楼房中分隔建筑物上下层空间的横向承重构件，通常放置在梁、柱或承重墙之上。楼板的主要作用是承受人、家具等荷载，应满足以下 4 个要求：①有足够的强度，能承受使用荷载和自重；②有一定的刚度，在荷载作用下挠度变形不超过规定数值；③有一定的隔声性能，包括隔绝空气传声和固体传声，比如不应听到楼上人说话和走动的声音；④有一定的防潮、防水和防火性能。

楼板通常由面层、结构层、附加层（保温层、隔声层等）和顶棚等构成，对楼板面层的要求与地面面层相同。

根据楼板结构层所用材料，分为钢筋混凝土楼板、木楼板等。目前，钢筋混凝土楼板较普遍，坚固、耐久、强度高、刚度大、防火性能好。根据施工方法，钢筋混凝土楼板分为预制楼板和现浇楼板。预制楼板的隔声较好，但整体性较差；现浇楼板的整体性较好，但隔声较差。在地震易发地区，宜采用现浇楼板。木楼板的构造简单、自重较轻，但防火性能较差、不耐腐蚀。

顶棚也叫天棚、天花板，是指房屋内部在楼板或屋顶下面加的一层顶板，是室内的重要饰面之一。顶棚应具有保温、隔热、隔声、吸声等性能，且表面应光洁，能起反射作用，以改善室内的亮度，并应美观。

（三）梁

梁是跨过空间把楼板或屋顶荷载传给承重墙或柱的横向承重构件。根据所用材料，分为木梁、钢筋混凝土梁、钢梁等。根据力的传递路线，分为主梁和次梁。根据梁与支撑的连接状况，分为简支梁、连续梁、悬臂梁等。此外还有过梁和圈梁。过梁是设置在门窗等洞口上方的承受上部荷载的构件。圈梁是为提高建筑物整体结构的稳定性，沿建筑物的全部外墙和部分内墙设置的连续封闭的梁。

六、楼梯

楼梯是房屋不同楼层之间上下联系的交通构件，供人上下楼、疏散人流或运送物品使用。两层或两层以上的楼房必须有垂直交通设施，其主要形式有楼梯和电梯。楼房无论是否有电梯，为了消防和紧急疏散的需要，都必须有楼梯。

楼梯应有足够的通行宽度和疏散能力，不宜过陡，应便于人上下行走和搬运家具等物品，并应坚固、耐久、安全、防火和美观。

楼梯一般由楼梯段、平台、栏杆（或栏板）、扶手等构成。楼梯段是由若干个踏步组成的供层间上下行走的倾斜构件。平台是联系两个倾斜楼梯段之间的水平构件。栏杆（或栏板）是为了在楼梯上行走的安全，设置在楼梯段和平台临空边缘的安全保护构件。扶手是设在栏杆（或栏板）顶部供人上下楼梯倚扶的连续构件。

楼梯的种类较多。根据在房屋中的位置，分为室内楼梯和室外楼梯。跃层住宅、复式住宅还设有套内楼梯。根据使用性质，分为室内主要楼梯、辅助楼梯、室外安全楼梯、防火楼梯。根据所用材料，分为木楼梯、钢筋混凝土楼梯、钢楼梯、竹楼梯、石楼梯等。根据楼层间楼梯段的数量和上下楼层方式，分为直跑式楼梯（又分单跑式楼梯、多跑式楼梯）、折角式楼梯、双分式楼梯、双合式楼梯、剪刀式楼梯、螺旋式楼梯、曲线式楼梯等。根据结构形式，分为板式楼梯、梁式楼梯、悬挑式楼梯。

七、屋顶

屋顶是房屋顶部起遮盖作用的围护构件，一般由屋面、防水层、保温隔热层、承重结构层和顶棚等构成，其形式有平屋顶、坡屋顶和其他形式的屋顶。

屋顶的作用主要是抵御风、雨、雪、太阳辐射、气温变化、噪声等外界的不利因素，使其覆盖下的建筑空间冬暖夏凉。屋顶还是建筑物顶部的横向承重构件，承受设施设备（如水箱、太阳能热水器、卫星电视接收器等）、人、积雪、积灰等荷载，并把这些荷载传给承重墙或梁、柱。屋顶还是建筑物审美的主要内容之一，如屋顶的形式及其外表面材料的色彩、质地等，直接关系到建筑物的美观。因此，屋顶必须稳固，并应满足防水、保温、隔热、隔声、美观等要求，应排水良好、不积水，无渗漏水现象。

购买顶层住宅以及独立式住宅、双拼式住宅、联排式住宅时，要特别关注屋顶。顶层住宅的优点是较安静（非顶层住宅在楼板隔声不好的情况下，会有楼上行走、移动家具等产生的声音）、视野较好，甚至可以使用屋顶平台或屋顶花园。但如果屋顶的防水、保温、隔热、隔声做得不好，有可能出现渗水、漏雨、夏热冬冷的情况。在屋顶安装有电机设备的情况下，还可能有噪声、振动。

第三节 房屋设施设备

房屋设施设备是房屋的重要组成部分。随着人们生活水平的提高，对房屋功能的要求越来越高。房屋一般要设置给水排水、供电系统，一些房屋通常还要设置燃气、供暖、通风、空调系统和电梯等。

一、给水排水系统及设备

（一）给水系统及设备

给水系统供应房屋用水，应能满足房屋对水质、水量、水压、水温的要求，正常情况下不会停水。特别是住宅，由于目前许多居民仍然直接利用给水系统供应的水洗菜、淘米、煮饭、烧开水饮用，水质非常重要，关系人体健康，因此需要保证供水安全。此外，不论是否在夏季用水高峰，水量、水压都应能保证正常用水，不会时常出现停水。

1. 给水的种类

根据给水的用途，分为生活给水、生产给水、消防给水。根据水源，分为市政管网给水、自备水井给水。一般来说，市政管网给水好于自备水井给水，因为市政管网给水的水质通常更有保证。无论是市政管网给水还是自备水井给水，水源来自哪里很重要，因为关系到水质，比如都是市政管网给水，自来水厂不同，水质有所差异。根据给水环节，分为直接给水、二次给水。一般来说，直接给水好于二次给水，因为二次给水的水质有可能受到中间环节的不良影响。

2. 给水的方式

常见的给水方式有下列 4 种。

（1）直接给水。适用于室外配水管网的水压、水量能终日满足室内给水的情况。这种给水方式简单、经济、安全，没有二次给水可能发生的二次污染问题。

（2）分区分压给水。适用于层数较多的建筑中室外配水管网的水压仅能供下面楼层用水，不能供上面楼层用水的情况。为充分利用室外配水管网的水压，通常把给水系统分为低压（下）和高压（上）两个供水区，下区由室外配水管网水压直接给水，上区由水泵加压后与水箱联合给水。因此，住宅楼中一定楼层（如7层）以上的住宅，通常是二次给水。

（3）设置水箱给水。适用于室外配水管网的水压在一天中有高低变化，需要设置屋顶水箱的情况。当水压高时，水箱蓄水；当水压低时，水箱放水。这种给水属于二次给水。

（4）设置水泵和水箱给水。适用于室外配水管网的水压经常或周期性低于室内所需水压的情况。当用水量较大时，采用水泵提高水压，可减小水箱容积。水泵与水箱连锁自动控制水泵停、开，能够节省能源。这种给水属于二次给水。

3. 热水供应系统

人们越来越关注住宅有无热水供应。根据《住宅设计规范》GB 50096—2011，住宅应设置热水供应设施或预留安装热水供应设施的条件。热水供应系统有集中热水供应系统和分户燃气热水器或电热水器、太阳能热水器等。

4. 分质给水系统

饮用水在人们日常生活用水中最重要，但其用量仅占很小部分。为了提高饮水品质，可用两套系统给水，其中一套是提供高质量、净化后的直接饮用水。

（二）排水系统及设备

根据排放的性质，排水系统分为生活污水、生产废水、雨水3类。

住宅的室内排水系统通常由卫生器具和排水管道组成。卫生器具主要有洗菜盆、洗手盆、洗衣盆（机）、抽水马桶、淋浴房、浴缸、拖布池、地漏等。排水管道主要有器具排放管、存水弯、横支管、立管、埋设地下总干管、排出管、通气管及其连接部件。房地产经纪人在实地查看房屋时，要特别注意检查排水管道有无破损渗漏、锈蚀老化、堵塞倒灌的情形，在如实告知客户的同时，提出维修、整改的意见建议。

二、供电系统及设备

供电系统供应房屋用电，应有足够的用电负荷，电压稳定，正常情况下不会停电。住宅应有供电系统，并能满足居民家庭现行必要的家电正常使用，保证在使用过程中不会时常跳闸断电。

（一）供电的种类

根据用电性质，分为居民生活用电、工商业用电、农业生产用电等；根据供电设施是否永久，分为正式用电、临时用电。

居民生活用电、工商业用电、农业生产用电的电价通常不同，居民生活用电价格（即电价）一般较低。因此，购买、租用住房时需要搞清其用电性质，如果不属于居民生活用电,不执行民用价格,则相同的用电量,费用会较高,但如果用电需求量不大,则这个问题不大。用水、用气也存在类似的问题。

临时用电可能电压不稳,时常停电,造成一些电器无法启动,其电价还可能比正式用电的电价高。将临时用电改为正式用电,通常需要办理用电申请和增容手续,并需要大量改造资金。

(二)电压和用电负荷

室内配电用的电压通常为 220V/380V 三相四线制、50Hz 交流电压。220V 单相负载用于电灯照明或其他家电,380V 三相负载多用于有电动机的设备。

根据《住宅设计规范》GB 50096—2011,每套住宅的用电负荷应根据套内建筑面积和用电负荷计算确定,且不应小于 2.5kW。随着居民生活水平的提高,除了电冰箱、电视机、洗衣机、微波炉等传统家电之外,许多新型家电不断进入家庭,比如冬季室内电暖气、家庭影院等,使家庭用电量越来越大。如果住宅的用电负荷较小,就难以满足居民日常生活用电需要,或者会时常出现跳闸断电的情况。

(三)供电系统及设备的内容

房屋室内的供电系统及设备主要包括下列内容。

(1)电表:用来计算用户的用电量,并根据用电量来计算应交电费数额。电表的额定电流应大于最大负荷电流,并适当留有余地,考虑今后发展的可能。

(2)配电箱:是接受和分配电能的装置。根据配电箱的用途,分为照明配电箱和动力配电箱。根据配电箱的安装形式,分为明装(挂在墙上或柱上)、暗装、落地柜式配电箱。

(3)电气管线:包括导线型号、导线截面。电线不能太细、老旧,不能乱搭,敷设应合规安全、美观。

(4)电源插座:分为固定插座、移动插座,墙面插座(墙插)、地面插座(地插),普通型插座、安全型插座、防水型插座,明装插座、暗装插座等。插座设置的数量、位置应满足家电的使用要求,尽量减少移动插座的使用。

(5)电开关:开关设置的数量、位置应方便使用。开关系统中一般应设置熔断器,主要用来保护电气设备免受过负荷电流和短路电流的损害。

为了安全使用和防火需要,住宅的供电系统及设备应符合《住宅设计规范》GB 50096—2011 要求。如每套住宅应设置户配电箱;住宅套内的电气管线应采用穿管暗敷设方式配线,导线应采用铜芯绝缘线;套内的空调电源插座、一般电源插座与照明应分路设计;厨房、卫生间的插座应设置独立回路;为了避免儿童玩弄插座发生触电危险,安装高度在 1.80m 及以下的插座均应采用安全型插座。

三、燃气系统及设备

燃气是用作燃料的气体，有天然气、人工煤气、液化石油气。住宅有无市政燃气供应很重要。有市政燃气供应的，做饭、供应热水、供暖等都可使用燃气，不仅使用方便，而且一般比用电效果好。室内燃气系统由室内燃气管道、燃气表和燃气用具等组成。燃气经过室内燃气管道、燃气表再达到各个用气点。常见的燃气用具有燃气灶、燃气热水器、燃气壁挂炉等。

燃气具有较高的热能利用率，燃烧温度高，火力调节容易，使用方便，燃烧时没有灰渣，清洁卫生。但是，燃气易引起燃烧或爆炸，火灾危险性较大；人工煤气有较强烈的气味和毒性，容易引起中毒事故。因此，燃气管道及设备等的设计、敷设或安装，都有严格的要求。室内燃气管道不得穿过变配电室、地沟、烟道等地方，必须穿过时，需采取相应的措施加以保护。根据《住宅设计规范》GB 50096—2011，燃气设备严禁设置在卧室内；严禁在浴室内安装直接排气式、半密闭式燃气热水器等在使用空间内积聚有害气体的加热设备；户内燃气灶应安装在通风良好的厨房、阳台内；燃气热水器等燃气设备应安装在通风良好的厨房、阳台内或其他非居住房间；住宅内各类用气设备的烟气必须能够直接排至室外。

四、供暖系统及设备

人感到舒适的气温范围一般为 $18℃\sim22℃$，气温过低或过高都会让人感到不适甚至产生不利影响。为此，室内需设置供暖或降温设备。特别是某些地区冬季的室外温度很低，造成室内温度下降，人们在室内需要供暖。供暖系统的作用是通过散热设备，使室内获得热量并保持一定温度，以达到适宜的生活或工作条件。在需要供暖的地区，应关注房屋有无供暖，以及供暖的方式、时间（即每年供暖的起止日期）、费用（如需要交纳的供暖费）和效果（如保证的室内最低温度）等。

供暖方式较多，根据热源，可分为集中供暖和自供暖两大类。集中供暖也称为集中供热，又可分为城市或区域供热和小区供热。城市或区域供热是由一个或多个大型热源产生的热水或蒸汽，通过城市或区域供热管网，供给一定地区以至整个城市的建筑物供暖、生活或生产用热，如大型区域锅炉房或热电厂供热。小区供热通常是住宅小区自建锅炉房供热，由锅炉产生的热水或蒸汽经输热管道送到房屋内的散热设备中。集中供暖的优点是安全、可靠、清洁，可全天候供暖，费用较低；缺点是供暖的时间和温度不能自己控制。自供暖也称为分户供暖，是自己以燃气或燃油、燃煤、电力等为能源，利用燃气壁挂炉、家用锅炉、电加热器、空调等供暖。自供暖的优点是供暖的时间和温度自由，自己可根据气温等情况提前或延长供暖时间、调节室内温度；缺点是费时费力，其中用煤供暖有煤灰、有害气体排放等污染，用电供暖的效果通常不够好、费用较高。

根据末端设备，室内供暖主要有散热器供暖和地板供暖。散热器供暖是利用挂在墙上的散热器（暖气片）散热供暖，其主要优点是散热快、维修方便，缺点是占用空间、不够美观。地板供暖简称地暖，是利用埋设在地板下的暖气管散热供暖，其主要优点是温度较均匀、保温时间较长、便于布置家具，缺点是可维修性较差、降低室内净高、不便于二次装修。根据热媒，供暖还可分为热水供暖、热气供暖和热风供暖。

五、通风和空调系统及设备

通风和空调系统主要是维持和创造一定的房屋室内空气环境的。

（一）通风系统及其分类

为了维持室内适宜的温度、湿度、洁净度等，要排出室内的余热、余湿、水蒸气、有害气体和灰尘，并送入一定质量的新鲜空气，以满足人体卫生等要求。

通风系统根据动力来源，分为自然通风和机械通风；根据作用范围，分为全面通风和局部通风；根据特征，分为进气式通风和排气式通风。

（二）空调系统及其分类

空调系统对送入室内的空气进行过滤、加热或冷却、干燥或加湿等处理，使室内的温度、湿度、洁净度和气流速度等参数达到给定的要求，使空气环境满足不同的使用需要。

空调系统一般由空气处理设备（如制冷机、冷却塔、水泵、风机、空气冷却器、加热器、加湿器、过滤器、空调器、消声器）、空气输送管道、风口和散流器等组成。

根据空气处理的设置情况，空调系统分为集中式系统（空气处理设备集中在空调机房内，空气经处理后由风道送入各个房间）、分散式系统（空调机组按需要直接放置在空调房内或附近房间内，每台机组只供一个或几个小房间，或者一个大房间内放置几台机组）、半集中式系统（集中处理部分或全部风量，然后送往各个房间或各区进行再处理）。

六、电梯

在层数较多或有特殊需要的楼房中，通常会安装电梯。电梯是楼房的一种竖向交通工具，能使人上下楼及搬运物品省力、省时。

根据电梯的使用性质，分为乘客电梯（简称客梯）、载货电梯（简称货梯）等。根据电梯的速度，分为低速、中速、高速、超高速电梯。电梯还分为垂直电梯、自动扶梯。

根据《住宅设计规范》GB 50096—2011，7 层及以上的住宅必须设置电梯；12 层及以上的住宅，每幢楼设置电梯不应少于 2 台，其中应设置 1 台可容纳担架的电梯；电梯不应紧邻卧室布置，当受条件限制，不得不紧邻兼起居的卧室布置时，应采取隔声、减振的构造措施。

电梯尤其是老旧电梯除了在运行中产生声音和振动外，还有可能发生停运、困人、伤亡等故障和安全事故，并增加运营费用。因此，选择楼房特别是位于较高楼层的住宅时，要考虑、关注有无电梯，以及电梯的已使用年限（或新旧程度）、位置、类型、数量、品牌（或质量）、速度、电梯间大小、每天运行起止时间等。例如，电梯的数量和服务范围决定候梯时间长短、乘梯是否拥挤、乘梯时是否遇见人，通常是看一个单元是"几梯几户"，或者"梯户比"，即：梯户比＝电梯数/住宅套数。例如，是"专属电梯"，还是"一梯一户""一梯两户""两梯四户""三梯六户"等。一般来说，候梯时间越短、乘梯不拥挤、乘梯时不遇见人越好，因此梯户比一般越大越好。例如，"一梯一户"一般比"一梯两户"好。

七、综合布线系统和房屋智能化

（一）综合布线系统

综合布线是由线缆和相关连接件组成的信息传输通道或导体网络。综合布线技术是将所有电话、数据、图文、图像及多媒体设备的布线组合在一套标准的布线系统上，从而实现多种信息系统的兼容、共用和互换，它既能使建筑物内部的语音、数据、图像设备、交换设备与其他信息管理系统彼此相连，同时也能使这些设备与外部通信相连。综合布线系统的优点主要有下列 5 个。

（1）兼容性：综合布线系统将语音信号、数据信号和图像信号的配线进行统一规划和设计，采用相同的电缆、插座等，组成一套标准的综合布线系统，使布线系统大为简化，节约了大量的物质、时间和空间。

（2）灵活性：在综合布线系统下，所有设备的开通及更改均不需改变系统布线，只需增减相应的网络设备以及进行必要的跳线管理即可。此外，综合布线系统是开放式体系结构，符合多种国际上流行的标准，对所有著名厂商的产品及所有通信协议都是开放的。

（3）可靠性：在综合布线系统下，各系统采用相同的传输介质，可互为备用。

（4）先进性：语音、数据、图像等信息共同在综合布线中传输，对传输宽带和传输速度要求很高，采用先进的综合布线技术可以满足这些要求。

（5）重构性：即在不改变布线敷设物理结构情况下，可以重新组织网络系统。

（二）楼宇智能化

楼宇智能化是以综合布线系统为基础，综合利用现代 4C 技术（现代计算机技术、现代通信技术、现代控制技术、现代图形显示技术），在建筑物内建立一个由计算机系统统一管理的一元化集成系统，全面实现对通信系统、办公系统和各种设施设备（如给水排水、供电、照明、供暖、通风、空调、电梯、消防、公共安全）系统等的联动控制、自动控制。

楼宇智能化系统主要由建筑自动化系统（BAS）、通信自动化系统（CAS）、办公自动化系统（OAS）、安全保卫自动化系统（SAS）和消防自动化系统（FAS）组成。将这五种功能结合起来的建筑物，也称为 5A 建筑。

（三）智能化住宅与智能化居住区

1. 智能化住宅的基本要求

智能化住宅要体现"以人为本"原则，其基本要求有：在卧室、起居室等房间设置电线、电视插座；在卧室、书房、起居室等房间设置信息插座，设置住宅出入口访客对讲系统和门锁控制装置；在厨房内设置燃气报警装置，宜设置紧急呼叫求救按钮，宜设置水表、电表、燃气表、暖气的远程自动计量装置。

2. 智能化居住区的基本要求

（1）设置智能化居住区安全防范系统。根据居住区的规模、档次及管理要求，可选设居住区周边防范报警系统、居住区访客对讲系统、110 自动报警系统、电视监控系统和门禁及居住区巡更系统。

（2）设置智能化居住区信息服务系统。根据居住区服务要求，可选设有线电视系统、卫星接收装置、语音和数据传输网络和网上电子住处服务系统。

（3）设置智能化居住区物业管理系统。根据居住区管理要求，可选设水表、电表、燃气表、暖气的远程自动计量系统，停车管理系统，居住区背景音乐系统，电梯运行状态监视系统，居住区公共照明、给水排水等设备的自动控制系统，住户管理、设备管理等物业管理系统。

八、设备层和管道井

设备层是建筑物中专为设置给水排水、电气、供暖、通风、空调等设备和管道且供人员进入操作用的空间层。建筑高度在 30m 以下的建筑，设备层通常设在地下室或顶层、屋顶。当建筑物的层数较多时，设备层通常设在建筑物中间的某一层。由于设施设备在运行中会产生声音、振动等，如果隔声、减振措施不好，靠近设备层的房间易受噪声、振动的影响。

管道井也称为设备管道井，是建筑物中用于布置竖向设备管线（如电缆线、给水管、排水管、燃气管、输热管等）的井道。

第四节　建筑装饰装修

一、建筑装饰装修概述

（一）建筑装饰装修的概念

建筑装饰装修是以建筑物主体结构为依托，采用建筑装饰材料或饰物，对建筑物的内、外空间进行的细部加工和艺术处理。根据处理的建筑部位，分为室外装饰装修（简称外装修）和室内装饰装修（简称内装修）。室外装饰装修效果是建筑物包括屋顶在内的所有外围护部分及其展现出来的形象和构造方式，购房人即使对其不满意，一般也不能更改，只能另选其他房屋；而对室内装饰装修，通常可根据自己的喜好、财力等情况进行更改，或拆除重新装饰装修。因此，房地产经纪人向客户推介房源时，外装修甚至比内装修更关键。

房地产经纪人在建筑装饰装修方面，主要不是要懂得如何做装饰装修（当然，为了使购房人对房屋有较好观感，使房屋较易卖出或卖个好价，可以建议卖方在出售前如何对房屋进行适当的装饰装修；或者为了使买方下决心购买，可以告诉买方不能只看到房屋表面，在购买后如何对房屋进行装饰装修，花费不多就可使房屋焕然一新），而是要懂得装饰装修的作用和基本要求，在此基础上怎样去查看房屋的装饰装修状况，包括调查了解房屋有无装饰装修，例如是否为毛坯房；对有装饰装修的，怎样去调查了解装饰装修的新旧程度、风格、档次（或等级）、所用材料、工程质量以及维护情况等，例如是新近装修的还是较早前装修的，是简单装修、普通装修、中档装修、中高档装修，还是高档装修、豪华装修、超豪华装修（或者分为经济型装修、普通型装修和豪华型装修 3 类）等。进而根据客户情况，判断现有装饰装修是否符合客户的需求，是否有继续利用的价值，是否对其简单翻新装修即可，还是需要拆除重新装修等。由于已有的装饰装修的普适性、风格、档次、新旧程度等的不同，购房人或租房人的审美观、收入水平等的不同，购房人和租房人角色的不同，购买或承租对象的用途以及为新房和存量房的不同，有无装饰装修各有利弊，因人而异。例如，有的购房人倾向于没有装饰装修的，以便购买后按照自己的喜好装饰装修；住宅的承租人通常希望是装饰装修好的，以便承租后可立即入住，如所谓"拎包入住"；商铺、办公、餐饮等用房的承租人通常倾向于没有装饰装修的，以便承租后按照自己的需要和风格装饰装修。对住宅购买人来说，新房的装饰装修一般是可以接受的，甚至有的毛坯房通过适当的装饰装修后易于出售或卖个好价钱，而二手房的装饰装修通常是不被接受的，购买后往往会对其重新装饰装修。

（二）建筑装饰装修的作用

建筑装饰装修的作用主要有下列 3 个。

（1）使建筑物美观。建筑物的装饰装修是通过建筑装饰材料的色彩、质感和线条等来表现的，如墙面材料及其色彩是体现装饰装修风格和特点的主要因素，选用不同的装饰材料或对同一种装饰材料采用不同的施工方法，可使建筑物的表面产生不同的审美效果。如采用某些涂料，可做成有光、平光或无光的饰面，也可做成凹凸、拉毛或彩砂的饰面。特别是室内墙面属于近距离观看范畴，甚至和人体直接接触，选用质感、触感较好的装饰材料，可使其与室内整体环境相协调。

（2）使建筑物适用。建筑装饰材料可改善室内的光线、温度、湿度、吸声、隔声以及防火、防霉菌等。例如，室内不同区域和部位对光线的明暗要求不同，通过对室内的顶棚、墙面、地面采用不同颜色、不同光泽等的材料，可改变室内的光线明暗程度。对室内墙面进行保温、隔热等处理，可提高墙体的保温、隔热性能。采用纸面石膏板，能起到调节室内空气相对湿度、改善室内舒适度的"呼吸"作用：当室内空气潮湿时，纸面石膏板能吸收一定水分，降低室内湿度，而当室内空气干燥时，纸面石膏板能散发一定水分，增加室内湿度。室内墙面采用吸声材料，可有效控制混响时间，改善音质；选择密度高的饰面材料或增加吸声材料，可提高墙体的隔声性能。

（3）使建筑物耐久。建筑物暴露在大自然中，受风吹、日晒、雨淋、冰冻以及腐蚀性气体、液体、微生物等的侵蚀，会产生粉化、开裂、脱落等破坏现象，使建筑物的耐久性受到影响。选用适当的装饰材料对建筑物表面进行装饰装修，能有效延长建筑物的使用寿命，降低其维护费用。例如，墙面、屋面刷涂料或贴面砖，可保护建筑物基体免受或减轻有关损坏，提高建筑物的耐久性。再如，室内墙体经装饰装修后，能免受人体、家具、家电等碰撞，免遭腐蚀性气体、液体和微生物等侵蚀，从而提高墙体的耐久性。

（三）建筑装饰装修的基本要求

1. 室外装饰装修的基本要求

（1）满足人们对建筑美观的需要。美观是对建筑外形的基本要求，应给人一种舒适的感觉。

（2）与周围环境协调统一。建筑物的周围环境包括自然环境（如绿地、水面、山坡等）、人工环境（如建筑群、广场、草坪、人工林等）和社会环境（如文化、传统、观念、政治等历史的、社会的因素）。建筑物因以物质的表现形式去体现文化等，其室外装饰装修应与周围环境特别是建筑群协调统一。

（3）保护墙体及装饰立面。室外装饰装修的主要功能是保护直接面向室外空间的建筑主体和装饰外立面。

2. 室内装饰装修的基本要求

室内空间的环境或总体效果是由多种因素决定的，如空间的具体形态，各界面（墙面、地面、顶棚等）色彩、图案、材质，室内灯光配置及采光效果，室内隔断等。一般来说，室内装饰装修应综合考虑各方面的因素，通过选配、设计界面构造方式和材质，才能取得总体效果的协调统一。

（1）满足审美要求。①各界面服从整体环境。例如，界面的色彩不能过分突出，因为其中的每个界面在整个环境中都是背景之一，在选择色彩、纹理和图案时，视觉上不能超过其前面摆放的物体。但对于需要营造特殊气氛的空间，有时需要进行重点装饰处理，以强化效果。②充分利用色彩的效果。色彩是对人的心理、生理产生影响效果显著、工艺简单且成本较低的装饰手段。确定室内环境基调，创造室内气氛，色彩具有很强的表现力。一般来说，室内色彩应以低纯度为主，局部位置可做高纯度装饰处理。③充分利用材料的质感。例如，粗糙的表面显得稳重、浑厚，还可吸收光线，使人感到光线柔和；细腻的表面使人感到轻巧、精致；光滑的表面可反射光线，使人感到光亮、清洁。因此，较大的空间适宜选用质地粗糙的材质，较小的空间适宜选用质地细腻的材质。④自然采光和室内灯光相协调。没有光线就没有视觉，通过光线位置、色彩对界面的影响，可创作出良好的室内审美效果。例如，起居室、厨房等，因集聚人较多和家务操作，光线应明亮些；卧室、卫生间属于安静和私密的空间，光线应暗淡些。

（2）满足室内界面功能要求。从长期使用角度出发，室内墙面应能遮挡视线，满足隔声、吸声、保温、隔热等要求；地面应耐磨，满足防滑、易清洁、防水、防潮、防静电等要求；顶棚应质轻、隔声、吸声、保温、隔热，其光线要符合不同视觉要求。

（3）满足室内界面物理要求。①满足空间的使用要求。不同的建筑部位对装饰材料的物理性质、力学性质、耐久性及观赏效果等要求差异较大。②满足相应部位的性能要求。例如,踢脚部位考虑到受人体、家具、家电等碰撞时仍然牢固及方便地面清洁,其装饰材料应强度高、质地硬且易清洁,如为硬质木材、石材等;起居室、卧室的墙面为满足悬挂电视机、空调机的需要,在其墙体内部适当位置应预埋防腐木砖或砌筑一定高度的实心墙。③满足建筑物理方面的特殊要求。例如,保温、隔热、隔声、防火、防水、防潮等,要根据功能需要和当地条件选用适当的装饰材料。

3. 建筑装饰装修选材的基本要求

建筑装饰材料的品种繁多、性能不同以及质量、寿命、价格差异较大,在选用时应主要考虑满足下列 5 个方面的要求。

(1) 满足使用安全要求。建筑空间是人们居住或活动的场所,其装饰装修可以美化环境、愉悦身心、提高生活质量。在选用装饰材料时,要妥善处理装饰效果与使用安全的关系。为确保建筑物的使用安全、有利于身心健康,应优先选用环保型材料和不燃或难燃等安全型材料,避免选用在使用过程中会挥发有害物质、易发生火灾等事故、在燃烧时会产生大量浓烟或有害气体的材料。此外,应从身心健康角度出发,尽量选用对人体无害的天然材料,选用保温、隔热、吸声、隔声的材料。

(2) 满足装饰效果要求。装饰材料的颜色、光泽、透明性、质感、形体和花纹图案等外观都会影响装饰装修效果,特别是材料的色彩对装饰装修效果的影响明显。例如,卧室、起居室的墙面、顶棚一般为白色,如果选用浅蓝或淡绿色,则可增加室内的宁静感;儿童活动室的墙面一般选用黄色、粉红色等暖色调,可适应儿童天真活泼的心理。

(3) 满足使用功能要求。在选用装饰材料时,应满足与环境相适应的使用功能。如外墙面应选用耐侵蚀、不易褪色、不易玷污、不泛霜的材料,室内地面应选用耐磨性和耐水性好、不易玷污的材料,厨房、卫生间、浴室应选用耐水性和抗渗性好、防滑、不易发霉、易擦洗的材料。

(4) 满足使用寿命要求。不同功能的建筑物及不同的装饰装修档次,要求所用装饰材料的耐久性不同。有的要求装饰装修的使用寿命较短,从而选用的材料耐用年限不一定很长,而有的要求装饰装修的使用寿命很长,从而选用的材料耐用年限应较长,如选用天然石材、硬质木材、陶瓷、不锈钢、铜等。

(5) 满足经济性要求。装饰材料的选用应考虑经济性,不仅要考虑一次性投入,还要考虑经济寿命和日后的维护费用,对于室内装饰装修的基本界面或重要局部位置,宁可适当增加一次性投入,延长装饰材料的使用寿命,避免过早整体维修和更新，从而达到总体上经济的目的。

二、建筑装饰装修风格

（一）室外装饰装修风格

建筑装饰装修风格是建筑物通过装饰装修所表现出的主要艺术特点或个性。室外装饰装修风格一般就是通常所说的"建筑风格"，如按国家或地区，可分为中式（又可分为传统中式、新中式）、法式、美式、英式、日式等建筑风格；按不同历史时期，可分为古典主义、新古典主义、现代主义、后现代主义等建筑风格。下面简要介绍后一种分类。

1. 古典主义建筑风格

这种建筑风格可分为中国古建筑风格和西方古典建筑风格。中国古建筑以木结构为代表，其主要特点是结构灵巧、风格优雅，其基本形式是在地面立好柱子，在柱上架设木梁和木枋，梁、枋上再用木料做成屋顶的构架，然后在构架上铺设瓦屋顶面，围绕柱子四周用砖或其他材料筑造墙体。

西方古典建筑风格主要有下列4种。

（1）古希腊建筑风格。希腊人利用石材建造房屋，产生了柱廊和三角形山墙的外立面形式。古希腊建筑风格以挺拔的柱式及简洁的形式使人感觉亲切，其柱顶通常做出装饰花纹。

（2）古罗马建筑风格。罗马人利用混凝土建造了大跨度的拱券，创造出柱式和叠柱式多层建筑形式。其中，罗马式拱券有着古朴的风格和动感的造型，拱券与优美柱子的组合成为建筑的经典。这种建筑风格装饰精致，内容丰富。

（3）欧洲中世纪建筑风格。这种建筑风格大量采用直线条和尖塔装饰，尖券比例瘦长，飞扶壁凌空动感强，全部柱墩垂直向上，给人以挺拔向上之势，直冲云霄之感，其外立面通常大量采用彩色玻璃和高浮雕技术，使整个建筑显得轻巧玲珑、光彩夺目。

（4）文艺复兴时期建筑风格。这种建筑风格采用古典柱式，将力学上的成就、绘画的透视规律以及新的施工机具都运用到建筑立面实践中，使这个时期建筑的外立面有繁有简，拱券、门窗、柱式、基座、屋顶等比例协调，相互呼应。

2. 新古典主义建筑风格

这种建筑风格是经过改良的古典主义建筑风格，一方面保留了材质、色彩的大致风格，仍以很强烈地感受传统的历史痕迹和浑厚的文化底蕴，另一方面又摒弃了过于复杂的肌理和装饰，简化了线条。

3. 现代主义建筑风格

这种建筑风格（20 世纪 20 年代至 60 年代）的特征是反映当时建筑工业化时代精神，建筑外观成为新技术的体现，尤其突出建筑造型自由且不对称，外立面简洁、明亮、轻快，通常为平屋顶。

4. 后现代主义建筑风格

这种建筑风格起源于 20 世纪 60 年代，活跃于二十世纪七八十年代，注重地方传统，强调借鉴历史，建筑内容丰富。如现代化办公楼的钢结构形式与玻璃幕墙结合，简洁而朴素，外观比例和谐，细部处理得当，具有强烈的视觉感染力。

（二）室内装饰装修风格

室内装饰装修风格通常简称"装修风格"，其种类和说法很多，如简约、中式、新中式、北欧、简欧、法式、美式、简美、地中海、日式、东南亚、伊斯兰等风格。下面分为传统风格、现代风格、自然风格和混合风格予以简要介绍。

1. 传统风格

这种风格是在吸取了传统的装饰中"形"与"神"特征的基础上，通过室内布置、线形、色调、陈设的造型等方面的处理，给人以浓郁的历史延续和地域文脉的感受。例如，以宫廷为代表的中国古典传统风格气势恢宏、壮丽华贵、雕梁画栋、金碧辉煌；突出体现建筑物的高空间、大进深，造型讲究对称，色彩对比鲜明的特点；装饰材料以木材为主，图案多为龙、凤、云锦、如意、牡丹、菱花等。在住宅中，颜色以蓝、绿、黑色为主，图案多采用松鹤、莲花、梅兰竹菊等，精雕细琢、瑰丽奇巧。

西方室内装饰装修的传统风格主要有下列几种。

（1）古罗马风格：主要以豪华、壮丽为特色，在两柱之间形成一个券洞，通过券、柱结合以及极富兴味的装饰性柱式，成为西方室内装饰中最鲜明的特征。至今在家庭装饰中还经常应用。

（2）哥特式风格：主要是对古罗马风格的继承，装饰中使用直升的线形、体量急速升腾的动势和奇突的空间推移。其装饰多用彩色玻璃镶嵌，以蓝、深红、紫色为主，力求斑斓、富丽、精巧的审美效果，住宅装饰的吊顶可局部采用这种风格。

（3）意大利风格：主要是通过充分发挥柱式优势，将柱式与穹隆、拱门、内墙界面有机地结合起来。这种风格多以轻快的敞廊、优美的拱券、笔直的线脚以及运用透视法将建筑、雕塑、绘画融于一室，使其具有强烈的透视感和雕塑感，创造出典雅、优美、豪华、壮丽的景象，体现出明朗、和谐的室内审美效果。

（4）巴洛克风格：主要是通过建筑绘画、雕塑以及与室内环境的结合，体现室内装饰装修的力度、变化和动感，具有夸张、浪漫、激情和非理性、幻觉等特点。该风格利用平面多变、强调层次和深度的手法，使用各种色泽的理石、宝石、青铜甚至黄金进行装饰，使室内环境显得华丽、壮观。

（5）洛可可风格：其特征是轻盈、华丽、精致、细腻。室内装饰造型高耸、纤细、优雅且不对称，制作工艺精致，构造、线条婉转、柔和，创造出轻松、明朗、亲切的空间环境。该风格装饰装修中主要是频繁使用形态、方向多变的涡券形曲线及弧线，利用大镜面作装饰，并大量运用花环、花束、弓箭、贝壳图案及纹样。在色泽上常用金色和象牙白，表现出色彩明快、柔和、清淡而豪华、富丽。

日本的和式风格一般采用木质结构，常利用檐、龛空间，创造出幽柔、润泽的光影，形成小、精、巧模式。和式风格利用明晰的线条、纯净的壁画及卷轴书画，使不同界面较具文化内涵。同时，室内宫灯悬挂、伞作造景，格调显得简朴、高雅。和式风格的另一特点是屋、院通透，注重利用回廊、挑檐使得空间敞亮、自由舒展。

伊斯兰风格的主要特征是东、西方合璧，室内色彩跳跃、华丽、对比性强，表面装饰突出粉画，以彩色玻璃面砖镶嵌，可用于入门口处的门厅或家中隔断。门窗用雕花、透雕的板材作栏板，还常用石膏浮雕作装饰。

2. 现代风格

这种风格重视功能和空间组合，注意发挥结构构成的形式美，强调造型简洁，尊重材料的性能，讲究材料自身质地和色彩的配置效果。以住宅的现代简约风格为例，其特点是简洁、明快、实用，提倡安静、祥和、明朗、舒适。在空间布局上，强调开敞、内外通透、平面布置自由；室内墙面、地面、顶棚等，均通过简洁的造型、纯洁的质地和单一有规律地排列室内几何形体，体现居室的精致与个性；在颜色搭配上，常用白色、橙色、黄色、红色、黑色及高饱和度的色彩，利用室内墙面、地面、顶棚的材料以及光线的变化，达到不同功能的空间划分。

3. 自然风格

这种风格也称为田园风格，倡导回归自然，强调在审美上推崇自然、与自然和谐，力求表现悠闲、舒畅。自然风格的室内装饰装修多用木材、石材、竹藤、织物等天然材料，突出天然材料的色彩、纹理、质感等。

4. 混合风格

这种风格也称为混搭风格，提倡室内装饰装修在总体上呈现多元化和兼容并蓄，既要趋于现代实用，又要吸取传统特征，汲取各种风格之所长，融古今中外于一体。

三、室外装饰装修

（一）建筑物的外观视觉

建筑物是一种视觉艺术，要给人以美感，其外立面的艺术形式应遵循建筑形式美法则，如统一与变化、尺度与比例、均衡与稳定、韵律与对比等。

1. 统一与变化

统一与变化是建筑外立面形式美中应遵循的最基本规律。为了追求整体效果和风格的统一，建筑外立面可多处重复使用相同或相似的形状、色彩和图案，如住宅的外墙上宜安装统一尺寸、形状、颜色和材质的外窗。

有的建筑物根据其功能要求，包括主要部分和从属部分。在建筑外形上恰当地处理好主要与从属、重点与一般的关系，可使建筑物形成主次分明、以次衬主，增强建筑物的表现力，取得完整统一的效果。

2. 尺度与比例

尺度是关于量的概念，是指相对于某些已知标准或常量时物体的大小。衡量建筑物的尺度需要一个标准，通常以建筑物的某个常规构件或部位为参照获得建筑物的尺度感。如住宅的窗台或栏杆的高度一般为 90cm，入户门、卧室门洞口尺寸不应小于 90cm×200cm，人们通常会以它们为参照来衡量建筑物的尺度。大的尺度可以表现出力度和宏伟感，以体现人们的崇尚之情；舒适宜人的尺度会给人以亲切感，通常设置在与人密切接触的部位；细小的尺度则给人以具体精致的感觉，通常用于建筑物的细部处理。

比例既包括建筑物整体或其某个细节本身的比例关系，也包括建筑物整体与局部的比例关系，以及局部与局部的比例关系。协调的比例可引起人们的美感。建筑物不论其形状如何，都有长、宽、高三个方向的度量，这三个方向度量的比例关系，决定着建筑物的大小、高矮、长短、宽窄、厚薄等。

3. 均衡与稳定

均衡是指平衡与和谐。建筑物的均衡是指利用空间或形体元素进行组合之后在直觉或概念上的等量状态。如在一幢四个单元的多层住宅中，以中心线为轴线，其左右两部分在体量大小、高低、外立面处理等方面都相同，就能给人以稳定、完整和均衡的感觉。建筑外立面可分为对称均衡和非对称均衡两种形式。

对称均衡是指把相同的单元放在无形的一条线的两边或围绕一个点，通过建筑对称布置来达到平衡的效果。利用对称轴线进行建筑平面布置或组合来实现平衡，一般能达到庄重的效果。对称本身就是均衡，又能表现出一种严格的制约关系。非对称均衡是指没有轴线构成的不规则平衡。此种均衡的构成是在建筑外立面中使各种要素以平衡点或一个控制性的视觉焦点为中心，通过适当的安排从而达到视觉上的平衡。

稳定主要是指建筑造型在上下关系处理上所产生的艺术效果。一般来说，体量大的、实体的、材料粗糙和色彩较暗的，感觉上要重些；体量小的、通透的、材料光洁和色彩明快的，感觉上要轻些。

4. 韵律与对比

韵律在建筑外观中是指建筑外立面有组织的变化和有规律的重复，这些变化犹如乐曲中的节奏一样形成了韵律感，给人以视觉上美的感受。建筑物中由于功能的需要或结构的安排，一些建筑构件是按照一定的韵律出现的，如外窗、阳台、柱子等。运用韵律的方法对建筑外立面进行美观效果评价的方法可归纳为：①连续的韵律，即在建筑外立面中出现的一种或一组元素使之重复和连续出现所形成的韵律感，如线条、色彩、形状、材质、图案的重复，可增强建筑外立面的美观效果。②渐变的韵律，即在建筑外立面中出现的一种或一组元素按照一定的秩序逐渐变化，如逐渐加长或缩短、变宽或变窄、色彩的冷暖变化，从而形成统一和谐的建筑外立面韵律感。

对比是指两个事物的相对比较。建筑造型中的对比具体表现在建筑体量大小、长短、高低、粗细的对比，形状方圆、锐钝的对比，线条曲直、横竖的对比，以及质地、虚实、方向和光影等方面的对比。

（二）建筑物的外观色彩

建筑物外观色彩是建筑外观的重要组成部分，如果得当，可增加建筑物的表现力，并能给人以美感。

1. 色彩的基本知识

1）色彩的要素

（1）色相。即色彩的面貌，如日光通过三棱镜分解出的红、橙、黄、绿、青、蓝、紫七色。

（2）纯度。也称为饱和度，是指色彩的纯粹程度，即不掺杂黑、白、灰的颜色，恰好达到饱和状态。纯度越高，颜色越鲜明。在七色中，红色的纯度最高，青绿色的纯度最低。低纯度色感弱，高纯度色感强。高纯度色趋于华美、艳丽、明快，低纯度色趋于质朴、忧郁。

（3）明度。即色彩的明暗程度。物体的形状主要通过明度差别来显示，明暗对比给人以清晰感。如在建筑外立面中，接近白色的明度高，接近黑色的明度低。明度不同会产生不同的感情效果，高明度会给人愉快的感觉，低明度会给人朴素、沉稳的感觉。

2）色调的划分

色调由色彩的色相、纯度和明度三要素决定。根据色相，分为红色调、黄色调、绿色调、蓝色调、紫色调等。根据纯度，分为清色调、浊色调。根据明度，分为亮色调、暗色调。根据色调在冷暖方面给人的感觉，分为暖色调、冷色调。各种红色或黄色构成的色调属于暖色调，各种蓝色或绿色构成的色调属于冷色调。

2. 建筑物外观色彩的影响因素

（1）建筑功能。建筑物外观色彩应符合建筑物使用功能的要求。例如，居住建筑的外观色彩应具有轻松、舒适、愉快的特点；商业建筑的外观色彩宜艳丽、华美、鲜明，以体现商业的性质，使顾客有购物的欲望。

（2）建筑环境。建筑物外观色彩不仅要考虑周边环境的要求，还应考虑建筑物的观赏距离、光源照射等环境因素。例如，沿街商业建筑可采用大面积的色彩变化来获得深刻印象，从而在较远处就能吸引人们的视线。当近距离驻足观看建筑物时，则会注意到建筑物的细部构件和色彩。

（3）地域因素。色彩的感觉和使用通常随着地域的不同而不同。不同的地域或民族因其不同历史文化的积淀，会对色彩形成一些特定的认识。例如在我国古建筑的外观中，红色是吉祥喜庆的颜色，而黄色则具有神圣、权势等含义。

（三）外墙面的装饰装修

外墙面装饰装修所用材料及施工方式的不同，使外墙面表现出不同的色彩、质感和线型效果。常见的外墙面类型有以下 6 种。

1. 清水墙饰面

清水墙饰面是墙面不外加其他覆盖性装饰面层，只在墙体块状材料（如砖块）的外表面进行勾缝或模纹处理，利用墙面材料的色彩和质感，以取得装饰效果的一种墙体装饰方法。这种饰面的优点是耐久性好、不易变色，利用墙面特有的线条、质感可起到淡雅、凝重、朴实的装饰效果。

清水墙饰面主要有砖墙面、石墙面、混凝土墙面。其中，砖墙面、石墙面用得相对广些。用于砌筑清水墙的砖常用的有青砖和红砖，为保证砌体的规整，应大小均匀、色泽一致、质地密实、吸水率低且棱角分明，砌筑工艺应讲究，灰缝平齐宽度一致，接槎严密，有美感。石材有料石和毛石两种，其质地坚实、防水性好，在产石地区石材外墙用得较多。

2. 抹灰类饰面

抹灰类饰面分为一般抹灰和装饰抹灰。一般抹灰是用加色或不加色的水泥砂浆、石灰砂浆、混合砂浆、石膏砂浆等形成各种装饰抹灰层的做法。一般抹灰的材料来源丰富、装饰效果较好，还具有保护墙体、发挥墙体物理性能等功能，在墙面装饰中应用较广。如在普通住宅中，一般外墙面抹水泥砂浆，挑檐板、阳台和雨篷等的底部抹石灰砂浆。

装饰抹灰是选用适当的抹灰材料和操作工艺，使抹灰面直接具备装饰效果而无需再做其他饰面的做法。住宅中常见的外墙面装饰抹灰做法有水刷石、干粘石、斩假石、假面砖等。

3. 涂料类饰面

涂料是一种胶体溶液，将其涂抹在物体表面，经过一定时间的物理、化学变化，能与基体材料很好地粘结并形成完整而坚韧的保护膜。涂料类饰面是将建筑涂料涂刷于墙基表面而形成的墙体装饰面层。这种饰面的优点是自重轻、维修方便、更新快，无论涂料出现开裂还是脱落，都不会对人体造成伤害，而且涂料可配成所需的各种颜色；其缺点是容易褪色，耐久性较差。

涂料类装饰外墙面应坚实牢固、平整、光滑，颜色要均匀一致，不发生皱皮、开裂。外墙涂料应有足够的耐水性、耐碱性、耐污染性和耐久性。

4. 贴面类饰面

贴面类饰面是将人造或天然板材通过构造连接或镶贴的方法而形成的墙体装饰面层。这种饰面的优点是坚固耐用、装饰性强、容易清洗；其缺点是有可能脱落，对人体等造成伤害。常用的贴面材料有以下 3 类：①陶瓷制品，如瓷砖、面砖、陶瓷锦砖等；②预制块材，如仿大理石板、水磨石板等；③天然石材，如天然大理石板、天然花岗石板等。

5. 铺钉类饰面

铺钉类饰面是将装饰面板通过镶、钉、拼贴等构造手法固定在骨架上而形成的墙体装饰面层。这种饰面的优点是耐久性好，采用不同的装饰面板能取得不同的装饰效果。常用的装饰面板有玻璃面板、金属面板、石材面板、人造面板等。骨架多为木骨架和金属骨架。

6. 幕墙饰面

幕墙饰面是镶嵌固定在外墙骨架上的装饰面板，对建筑物有装饰和围护作用。幕墙通常由金属骨架、面板材料、附件及密封填缝材料组成。

建筑幕墙的种类很多，根据面板材料，分为玻璃、金属、石材、人造板材等幕墙。

幕墙的主要优点是重量轻、易维护、易更换、较美观。其中，玻璃幕墙的优点是外观华丽宏伟，使建筑物从不同角度呈现不同色调，能随着阳光、月光、灯光的变化给人以动态美；缺点是易产生光反射、光污染、能耗较大。石材幕墙的优点是天然材质、庄严肃穆、高贵典雅、质地坚硬、强度高、抗冻性强；缺点是重量大、安装石材的龙骨钢材防火性差。金属幕墙的优点是重量轻，防水、防污性能好；缺点是抗变形能力较差、强度较低、耐久性不及玻璃幕墙和石材幕墙。

四、室内装饰装修

(一) 室内装饰装修的色彩和质感

1. 室内装饰装修的色彩要点

室内的墙面、地面和顶棚构成了室内空间的基本要素，对室内空间的整体视觉效果产生很大影响，在室内装饰装修中占有重要地位。

(1) 墙面的颜色。室内墙面在室内空间的气氛营造和划分上起着支配作用，比如墙面较暗时，即使灯光明亮，室内空间也会显得暗淡。暖色系的颜色能产生快活温暖的气氛，冷色系的颜色会有清凉感。一般情况下，墙面的颜色要比顶棚的颜色稍深，宜采用明亮的中间色。

室内墙面中，踢脚线在装修美观上也占相当比重，人的视线经常会自然落在踢脚线上。为了体现沉稳的感觉，踢脚线一般应采用明度比墙面低的颜色。踢脚线是脚踢得着的墙面区域，具有保护墙面的功能，可使墙体和地面之间结合牢固，减少墙体变形，避免外力碰撞对墙面造成破坏，此外有利于防潮和清洁卫生，较易擦洗，防止拖地时弄脏墙面。室内墙面与地面交接处应在墙面上设置踢脚线，其高度为 $80\sim120$mm。根据所用材料，踢脚线有水泥、水磨石、地砖、木板、竹板、塑料、不锈钢等踢脚线。

墙面中的门窗颜色，包括门框、门套、窗框、窗套等的颜色，不宜与墙面形成过分的对比，一般可采用明亮色，通常房间的门扇应尽量明亮一些。墙面较暗时，门窗可采用较亮一些的颜色。但墙面为明亮色时，暗色门扇也可使人感觉醒目。当窗扇长期处在逆光环境下时，颜色不宜过深。

(2) 地面的颜色。室内地面的颜色可不同于墙面的颜色。当采用与墙面同色系的颜色时，可适当降低地面的明度来达到与墙面对比的效果。

(3) 顶棚的颜色。顶棚可用白色或接近于白色的明亮色，这样室内照明效果较好。当采用与墙面同色系的颜色时，应比墙面的明度更高一些。

2. 室内装饰材料的质感与选择

室内装饰材料的质感在视觉和触觉上对室内装饰装修风格有着重要影响。结合装饰材料的质感差异，可实现不同的室内装饰效果。

(1) 粗糙与光滑。表面粗糙的材料有天然文化石、火烧板、砖块、喷砂玻璃、粗糙的织物等。表面光滑的材料有玻璃、金属、釉面陶瓷、铝板、镜面石板材等。但都是表面粗糙的材料，在视觉和触觉上是不同的，如粗糙的砖块表现较硬，而粗糙的织物表现较软。

（2）柔软与坚硬。许多纤维织物有柔软的触感，如纯羊毛织物虽然可编织成粗糙的织物，但摸上去是柔软的；棉麻织物耐用且柔软，通常作为轻型的面材或窗帘。硬质的材料通常耐久、不变形、线条挺拔，如木板、金属、玻璃等。坚硬的材料大多有较好的光洁度，明亮光滑，甚至晶莹剔透或有漂亮的花纹，选择这类材料能使室内富有生机。

（3）冷与暖。装饰材料质感的冷与暖表现在触觉和视觉上，选用时应同时从触觉和视觉两个方面考虑。在触觉上，如座面、扶手、躺卧之处一般要求柔软或温暖。金属、玻璃、大理石给人带来冷硬的触觉，用多了会产生冷漠的效果。在视觉上，因色彩的不同，质感表现的冷暖与触觉不尽相同。如红色、橙色的大理石、花岗石在触觉上是冷的，而在视觉上是暖的；白色、浅蓝色、浅灰色的毛织地毯在触觉上是暖的，而在视觉上是冷的。

（4）光泽与透明度。许多经过加工的材料具有很好的光泽。例如，抛光的金属、玻璃，磨光的大理石、花岗石，通过光滑表面的反射，可使室内空间感扩大，使室内环境达到高雅、华丽的效果。又如瓷砖表面光泽、易于清洁，被广泛用于厨房、卫生间、浴室。利用透明材料可增加空间的广度和深度。在空间效果上，透明材料是开敞的，不透明材料是封闭的。在物理方面，透明材料具有轻盈感，不透明材料具有厚重感和封闭感。例如，利用玻璃隔断可使较狭窄的室内空间变得宽敞，利用镜面反射可扩大虚拟的空间视觉。

（5）弹性。走在草地上要比走在混凝土地面上舒适，坐在有弹性的沙发上要比坐在硬面椅子上感觉舒适，因为材料弹性产生反作用达到力的平衡，从而感到省力并得到适当休息。常见的弹性材料有泡沫塑料、橡胶、竹子、藤、软木等，常见的弹性地板有 PVC 地板、橡胶地板、亚麻地板、软木地板等。

（6）纹理。纹理是装饰材料表面上的花纹或线条，其种类很多。保留天然的纹理通常比刷油漆形成的纹理效果好，如某些天然木材、石材的纹理是人工无法达到的天然图案。但纹理过多也会造成视觉上的混乱，应尽量避免。

（二）室内墙面的装饰装修

1. 室内墙面的种类

室内墙面的种类很多，主要分为下列 5 类：

（1）抹灰类墙面。包括一般抹灰饰面和装饰抹灰饰面。

（2）涂料类墙面。目前室内墙面使用最多的涂料是乳胶漆，其主要特点是遮盖力强、颜色种类多、装饰性较好、可以擦洗、维护方便、成本较低。质量合格的乳胶漆对人体健康一般不会造成危害。

（3）裱糊类墙面。包括壁纸、墙布等饰面装饰。壁纸也叫墙纸，是用胶粘剂将其裱糊于墙面或顶棚表面的材料。壁纸根据所用材料，分为纸基壁纸、织物壁纸、天然材料面壁纸、塑料壁纸等；根据外观效果，分为印花壁纸、压花壁纸、浮雕壁纸；根据功能，分为装饰性壁纸、耐水壁纸、防火壁纸。壁纸的主要特点是色彩花型丰富、档次品位较高、环保性好、性价比较高、更换容易、清洁方便、耐久性较好。墙布通常比壁纸更好。

（4）贴面类墙面。包括陶瓷制品、天然石材、人造石材和预制板材等饰面装饰。贴面类墙面多用于厨房、卫生间、浴室的墙面。瓷砖的花色品种很多。内墙面砖一般上釉，俗称瓷片，其色彩稳定、表面光洁、易于清洗。陶瓷锦砖俗称马赛克，是由多种几何形状、各种颜色小块瓷片铺贴形成图案丰富、繁多的装饰砖，其主要特点是质地坚实、色泽美观、图案多样，并且耐酸碱、耐磨、耐水、耐压、耐清洗。

（5）罩面板类墙面。包括木质、金属、玻璃及其他板材饰面装饰。

2. 室内墙面的基本构造

根据构造层次，室内墙面从里到外由下列 3 个部分组成。

（1）抹灰底层。它是室内墙体抹灰的基本层次，不同房间的墙体选用不同的墙面材料和构造做法，如住宅的起居室、卧室的墙体，抹灰底层通常为水泥石灰砂浆；厨房、卫生间的墙体，抹灰底层通常为水泥砂浆。

（2）中间层。室内墙体为了墙面找平和粘结面层通常设中间抹灰层。另外，根据墙体位置和功能要求，还可增加防潮、防腐、保温、隔热、隔声等中间层。

（3）面层。为了满足使用功能和装饰功能，室内墙面材料可以是各类抹灰、涂料、块材、卷材、板材等。例如，起居室、卧室、书房的墙面应清洁、典雅，多为涂料、壁纸、壁布等；厨房、卫生间、浴室的墙面为了防水、易清洗，多用瓷砖。

（三）室内地面的装饰装修

1. 室内地面的性能

室内地面包括底层地面（即首层室内地面）和楼层地面，应满足人们的使用要求，具有隔声、防水、保温等性能，其中的面层应具有下列 5 个性能：

（1）耐久性，即耐磨、平整。室内地面的耐用年限一般为 10 年。

（2）安全性，即防滑、防潮、耐火、耐腐蚀、电绝缘性好。

（3）舒适性，即有一定的弹性和蓄热性能。

（4）健康性，即易清洁、不起尘，不产生或少产生对人体健康有害的污染。

（5）装饰性，即色彩、图案、质感等应考虑室内空间的形态、交通路线及建筑物或房间的使用性质等因素，可满足人们的审美要求。

2. 室内地面的种类

室内地面的种类很多，根据构造方法，分为下列5类：

（1）整体类地面。这是直接施工在混凝土垫层上的整体式面层，主要有以下3种：①水泥砂浆地面，简称水泥地面，其优点是使用耐久。②混凝土地面，其优点是坚硬耐久，常见于库房、设备间等室内地面。③水磨石地面，其优点是坚硬耐久、耐磨、易清洗、美观，多见于办公楼等室内地面。

（2）铺贴类地面。这是将块状材料粘贴在水泥砂浆找平层上的面层。根据面层材料，分为陶瓷类地面和石材类地面。常见的陶瓷类地面有陶瓷地砖地面和陶瓷锦砖地面。陶瓷地砖的质地坚硬、强度高、耐磨性好、防水、耐酸、易清洗，但给人以硬、脆的感觉，保温性能较差，不适用于卧室，常用于厨房、卫生间、浴室、餐厅、门厅、客厅、阳台。常见的石材类地面有天然大理石地面和天然花岗石地面。天然大理石具有花纹品种多、色泽鲜艳、质地细腻、抗压强度高、吸水率低、耐磨、不变形等特点。大理石板主要有云灰、白色和彩色3类。浅色大理石板的装饰效果庄重而清雅，深色大理石板华丽而高贵。天然花岗石具有结构细密、性质坚硬、耐酸、耐腐、耐磨、吸水率低、抗压强度高、耐冻性强、耐久性好等特点。

（3）木竹类地面。这是采用木质或竹质板材铺设的地面。常见的有复合地板、实木地板、竹地板地面。复合地板有实木复合地板和强化复合地板，与实木地板相比，具有价格适中、质量较稳定、不易变形、易保养等特点，适用于卫生间以外的空间，尤其适用于有地热的房间。其中，实木复合地板的主要优点是纹理自然、脚感较好，主要缺点是耐水性较差、板材中胶粘剂挥发会影响房间的空气质量；强化复合地板的主要优点是强度高、耐磨损、不变形、易清洗、防潮性好，主要缺点是脚感较差，如果板材中的胶粘剂质量较差，还会挥发出较多的甲醛，对人体健康有影响，但因价格较低，用途较广泛。实木地板是天然木材经烘干等加工而成的地板，其材质有柞木、水曲柳、柚木、黄檀、紫檀等多种，具有纹理和色彩自然、脚感舒适、保温隔热性能好、使用安全、装饰效果好等特点，但价格较高。竹地板是天然竹材经加工而成的地板，具有自然、清新、高雅，以及坚硬、防水、耐磨、光滑度好等特点，其硬度、弯曲强度和抗压强度约为木材的两倍以上，且价格通常比实木地板低。

（4）卷材类地面。主要有地毯地面、塑料地板地面。地毯地面是将地毯用作覆盖材料的地面。根据材质，分为纯毛地毯、混纺地毯、化纤地毯、塑料地毯、剑麻地毯；根据规格，分为方块地毯和成卷地毯。塑料地板的优点是色彩丰富，具有较好的耐磨、耐水、保温性能和一定的弹性，易清洗、成本低；缺点是易燃，某些品种在燃烧时会产生有害物质，对人体健康有一定影响。

（5）涂料类地面。这是将涂料直接涂刷在水泥压光基面上的地面。

室内地面还可根据使用功能，分为防滑地面、防静电地面、防腐蚀地面等；根据装饰效果，分为美术地面、席纹地面、拼花地面等。

3. 室内地面的基本构造

底层地面的基本构造层次为面层、垫层和基层（地基）。楼层地面的基本构造层次为面层、基层（楼板）。其中，面层的主要作用是满足使用要求，基层的主要作用是承担面层传来的荷载。为了满足找平、防水、防潮、隔声、保温、隔热、弹性、管线敷设等功能的要求，室内地面通常还要在面层与基层之间增加相应的中间层。

（四）顶棚的装饰装修

根据饰面与基层的关系，顶棚分为直接式顶棚和悬吊式顶棚。

1. 直接式顶棚

这种顶棚是在屋面板或楼板结构底面直接做饰面材料的顶棚，具有构造简单、构造层厚度小、可取得较高的室内净高、造价较低等特点。但这种顶棚因不能敷设隐蔽管线，多用于普通房屋或层高不够高的房间。

直接式顶棚根据施工方法，分为直接抹灰式、直接喷刷式、直接粘贴式、直接固定装饰板等顶棚。直接抹灰式、直接喷刷式顶棚常用于普通住宅的卧室、书房等。

2. 悬吊式顶棚

这种顶棚称为吊顶，是悬吊在屋顶或楼板结构下的顶棚。吊顶可结合灯具、通风管道、音响、网络、红外感应、消防设施等进行整体设计，形成变化丰富的立体造型，以改善室内环境，满足不同使用功能的要求。住宅的吊顶常见于门厅、起居室、餐厅、厨房、卫生间等。

吊顶的类型很多，根据顶棚面层材料，主要有以下 4 种：①石膏板吊顶，其质地洁白、美观大方，具有质量轻、强度高、防火、吸声等特点，主要用于门厅、起居室、卧室等无水汽的地方。②PVC 板吊顶，具有轻质、不易燃、不吸尘、不破裂、价格低等优点，一般用于有水和潮气的厨房和卫生间。③铝合金板吊顶，具有强度高、质量轻、结构简单、拆装方便、耐腐蚀等优点，是厨房、卫生间等空间的理想顶棚面层材料。④矿棉板吊顶，具有保温、隔热、吸声、防震等功能，可用于办公用房吊顶。

　　此外，吊顶还有以下 5 种分类：①根据外观，分为平滑式、井格式、阶梯式、悬浮式、锯齿式等吊顶；②根据龙骨材料，分为木龙骨、轻钢龙骨、铝合金龙骨等吊顶；③根据饰面层与龙骨的关系，分为活动装配式、固定式吊顶；④根据施工工艺，分为暗龙骨、明龙骨吊顶；⑤根据悬吊在屋顶或楼板结构下局部水平面的数量不同，分为一级吊顶、二级吊顶等。

第五节　建　筑　材　料

一、建筑材料的种类

　　建筑材料是建造和装饰建筑物所用的各种材料的统称，是构成建筑物的物质基础。建筑材料的品种、质量等直接关系到建筑物的安全、耐久、适用、经济和美观。例如在一些地区，人们买房除了怕买到凶宅，还怕买到海砂屋。海砂屋是指不使用河砂而使用成本较低的不合格的海砂所建造的房屋。海砂如果未经淡化或淡化处理不符合要求，时间久了会造成钢筋腐蚀，破坏混凝土结构，对房屋使用安全造成严重影响，甚至造成房屋坍塌。

　　建筑材料的种类繁多，新型材料不断出现，各种材料的性能和用途不尽相同。根据材料的来源，分为天然材料和人造材料。根据材料在建筑物中的功能，分为承重和非承重材料、保温和隔热材料、吸声和隔声材料、防水材料、装饰材料等。根据材料的用途，分为结构材料、墙体材料、屋面材料、地面材料、饰面材料等。根据材料的化学成分，分为无机材料、有机材料和复合材料，具体分类和实例见表 2-1。

建筑材料根据化学成分的分类　　　　表 2-1

分　类			实　例
无机材料	金属材料	黑色金属材料	铁、钢、不锈钢等
		有色金属材料	铝、铜等及其合金
	非金属材料	天然石材	天然大理石、天然花岗石等
		烧土制品	砖、瓦、陶瓷、玻璃等
		无机胶凝材料	水泥、石灰、石膏等
		砂浆、混凝土	砌筑砂浆、抹面砂浆、普通混凝土、轻骨料混凝土等

续表

分　类		实　　例
有机材料	植物材料	木材、竹材等
	塑　料	聚乙烯塑料、聚氯乙烯塑料、酚醛塑料等
	沥青材料	石油沥青、煤沥青等
复合材料	金属与非金属复合材料	钢筋混凝土、钢纤维混凝土等
	有机与无机复合材料	聚合物混凝土、沥青混凝土、玻璃钢等

二、建筑装饰材料的种类

建筑装饰材料也称为建筑装修材料，属于建筑材料中的一类，是指铺设或涂刷在建筑物的内外表面，起着保护、完善和美化建筑物作用的材料。例如，用建筑装饰材料进行墙面、地面、顶棚等的装饰装修。

建筑装饰材料除了可根据上述材料的来源和化学成分进行分类，通常还可根据材质，分为木质类、石材类、陶瓷类、玻璃类、金属类、塑料类、皮革类、纤维类、涂料类、无机胶凝材料等；根据装饰建筑物的部位，分为墙面（又分为外墙面、内墙面）、地面、顶棚、门窗等装饰材料，具体见表2-2。

建筑装饰材料根据装饰部位的分类 　　　　　　　　表 2-2

分　类		实　　例
墙面装饰材料	涂料类	无机类涂料：石灰、石膏、碱金属硅酸盐、硅溶胶等 有机类涂料：醋酸乙烯树脂、丙烯酸树脂、环氧树脂等 复合类涂料：环氧硅溶胶、聚合物水泥、丙烯酸硅溶胶等
	壁纸、墙布类	塑料壁纸、玻璃纤维贴墙布、织锦缎、壁毡等
	软包类	真皮类、人造革、海绵垫等
	人造装饰板	印刷纸贴面板、防火板、PVC板、三聚氰胺贴面板、胶合板、微薄木贴面板、铝塑板、彩色涂层钢板、石膏板等
	陶瓷类	彩釉砖、马赛克、大规格陶瓷饰面板、劈离砖、琉璃砖等
	石材类	大理石、花岗石、青石板、人造石材、水磨石等
	玻璃类	饰面玻璃板、玻璃马赛克、玻璃砖、玻璃幕墙材料等
	金属类	铝合金板、不锈钢板、铜合金板、镀锌钢板等
	其他类	斩假石、剁斧石、真石漆、水刷石、干粘石等

续表

分类		实例
地面装饰材料	地板类	实木地板、竹地板、复合地板、塑料地板等
	地砖类	陶瓷地砖、陶瓷马赛克、缸砖、大阶砖、水泥花砖等
	石材类	大理石、花岗石、青石板、人造石材、水磨石等
	涂料类	聚氨酯类涂料、苯乙烯丙烯酸酯类涂料、酚醛地板涂料、环氧类地面涂料等
顶棚装饰材料	吊顶龙骨	木龙骨、轻钢龙骨、铝合金龙骨等
	吊顶挂配件	吊杆、吊挂件、挂插件等
	吊顶饰面板	石膏板、矿棉板、PVC板、钙塑板、铝合金板等
门窗材料	门窗框扇	木门窗、铁门窗、钢门窗、不锈钢门窗、铝合金门窗、断桥铝门窗、塑钢门窗、玻璃钢门窗、木包铝门窗、铝包木门窗等
	门窗玻璃	平板玻璃、钢化玻璃、磨砂玻璃、压花玻璃、夹丝玻璃、镀膜玻璃（如Low—E玻璃）、中空玻璃等
建筑五金		门窗五金、给水排水五金、燃气五金、暖通五金、电气五金、结构五金等
卫生洁具		陶瓷卫生洁具、塑料卫生洁具、不锈钢卫生洁具等
管材型材	管材	钢管、塑料管、铝塑复合管、铜管、陶瓷管等
	异型材	踢脚线、窗帘盒、楼梯扶手、画（挂）镜线、多棱型管、波纹板等
胶结材料	无机胶凝材料	水泥、石灰、石膏、水玻璃、菱苦土等
	胶粘剂	瓷砖胶粘剂、石材胶粘剂、板材胶粘剂、壁纸胶粘剂、多用途胶粘剂等

三、建筑材料的基本性质

为了建筑物的安全、耐久、适用、经济、美观，要求不同部位的建筑材料发挥不同的作用，具有相应的性质。例如，作为结构构件的材料，因要承受各种外力的作用，应具有所需的力学性质；外墙面和屋面材料，应能经受长期的风吹、日晒、雨淋、冰冻等破坏作用；屋面防水材料、地下防潮材料，应具有良好的耐水性和抗渗性；内墙材料，应具有隔热、吸声和隔声的性能；在易受酸、碱、盐类物质腐蚀的部位，材料还应具有较高的化学稳定性。建筑材料的性质主要有物理性质、力学性质和耐久性。

（一）建筑材料的物理性质

建筑材料的物理性质，可分为与质量、与水和与温度有关的性质。

1. 与质量有关的性质

（1）密度：是指材料单位体积的质量，即材料的质量与体积之比。分为表观密度和实际密度。表观密度是材料的质量与材料在自然状态下的体积之比。实际密度是材料的质量与材料在绝对密实状态下的体积之比。材料在绝对密实状态下的体积是指不包括材料内部孔隙的体积，即材料在自然状态下的体积减去材料内部孔隙的体积。建筑材料中，除钢材、玻璃、沥青的内部孔隙可忽略不计外，绝大多数材料的内部都有一定的孔隙。

（2）密实度：是指材料在绝对密实状态下的体积与在自然状态下的体积之比。凡是内部有孔隙的材料，其密实度都小于1。密实度反映固体材料中固体物质的充实程度，其大小与材料的强度、耐水性、导热性等有关。密实度又等于表观密度与实际密度之比。因此，表观密度与实际密度越接近的，密实度越接近于1，材料就越密实。

（3）孔隙率：是指材料内部孔隙的体积占材料在自然状态下的体积的比例。孔隙率和密实度是从不同角度来说明材料的同一性质。材料的许多重要性质与其孔隙率大小有着密切关系。一般情况下，材料的孔隙率越大，其密度、强度越小，耐水性、抗渗性、抗冻性、耐腐蚀性、耐磨性和耐久性越差，但保温性、吸声性、吸水性和吸湿性越强。

2. 与水有关的性质

（1）吸水性：是指材料在水中吸收水分的性质，可用材料的吸水率来反映。

（2）吸湿性：是指材料在潮湿的空气中吸收水分的性质，可用材料的含水率来反映。材料还可向干燥的空气中散发水分，称为还湿。材料吸水后会导致绝热性降低，强度和耐久性下降。材料吸湿和还湿会引起其体积变化和变形，影响使用。

（3）耐水性：是指材料在饱和水作用下不破坏，强度也不显著降低的性质。

（4）抗渗性：也称为不透水性，是指材料抵抗压力水渗透的性质。

（5）抗冻性：是指材料在吸水饱和状态经历多次冻融循环作用下不破坏，强度也不显著降低的性质。

3. 与温度有关的性质

（1）导热性：是指在材料两侧存在温差时，热量由温度高的一侧通过材料传递到温度低的一侧的性质。

（2）热容量：是指材料受热时吸收热量和冷却时释放热量的性质。

为了保持建筑物室内温度的稳定性，建筑物的围护结构（如外墙、屋顶）应选用导热性差、热容量较大的建筑材料。

（二）建筑材料的力学性质

建筑材料的力学性质是指建筑材料在各种外力作用下抵抗破坏或变形的性质，主要有下列 7 个。

（1）强度：是指材料在外力作用下抵抗破坏的能力。材料在建筑物上所受的外力主要有压力、拉力、弯曲及剪力。材料抵抗这些外力破坏的能力分别称为抗压强度、抗拉强度、抗弯强度和抗剪强度。

（2）弹性：是指材料在外力作用下产生变形，外力去掉后变形能完全消失的性质。材料的这种可恢复的变形，称为弹性变形。

（3）塑性：是指材料在外力作用下产生变形，外力去掉后变形不能完全恢复，但也不即行破坏的性质。材料的这种不可恢复的残留变形，称为塑性变形。

（4）脆性：是指材料在外力作用下未发生显著变形就突然破坏的性质。脆性材料的抗压强度远大于抗拉强度，因此脆性材料只适用于受压构件。建筑材料中大部分无机非金属材料均为脆性材料，如天然石材、砖、陶瓷、玻璃、普通混凝土等。

（5）韧性：是指材料在冲击或振动荷载作用下产生较大变形尚不致破坏的性质。钢材、木材等属于韧性材料。

（6）硬度：是指材料表面抵抗硬物压入或刻画的能力。

（7）耐磨性：是指材料表面抵抗磨损的能力。材料的耐磨性与其成分、结构、强度、硬度等有关。材料的硬度越大，耐磨性越好。

（三）建筑材料的耐久性

耐久性是指材料在环境和使用中经受各种常规破坏因素的作用而能保持其原有性能的能力。材料用于建筑物后，要长期受到来自环境和使用方面的破坏因素的作用，如在环境中紫外线照射、空气和雨水侵蚀、气温变化、干湿交替、冻融循环、虫菌寄生等破坏因素的作用，在使用中摩擦、载荷、废气、废液等破坏因素的作用。这些破坏因素的作用可归结为物理、化学和生物的作用。它们或单独，或交互，或综合地作用于材料，使材料逐渐变质、损毁而失去使用功能。

不同材料的耐久性有所不同，影响其耐久性的因素也不同，如木材会虫蛀腐烂，并易毁于火灾，石材会风化溶蚀，钢材会氧化锈蚀，塑料易老化变形，涂料会褪色脱落。采用耐久性好的材料虽然会增加成本，但因材料的使用寿命较长，建筑物的使用寿命也相应延长，而且会降低建筑物的维修费用，最终会提高综合经济效益。

复习思考题

1. 房地产经纪人为什么要学习建筑和装饰装修知识？
2. 建筑物的分类主要有哪些？各种分类对建筑物是如何划分的？
3. 对建筑物的基本要求有哪些？
4. 建筑物一般由哪些部分组成？各组成部分的主要作用、要求及主要内容是什么？
5. 什么是建筑构件？其中哪些是承重构件，哪些是非承重构件？承重构件中哪些是竖向承重构件，哪些是水平承重构件？
6. 地基和基础的概念及其之间的区别是什么？
7. 什么是承重墙和非承重墙？分清它们有何现实意义？
8. 房屋设施设备主要有哪些？各种设施设备的主要功能是什么？
9. 对住宅的供水、供电、供气、供热、电梯情况应主要了解哪些方面？
10. 综合布线系统和房屋智能化的含义是什么？了解它们有何意义？
11. 什么是建筑装饰装修？它有哪些作用？
12. 室外和室内装饰装修的基本要求是什么？二者有何区别？
13. 建筑装饰装修选材的基本要求是什么？
14. 什么是建筑装饰装修风格？影响建筑装饰装修风格的因素有哪些？
15. 什么是室外装饰装修风格？有哪几种？名称是什么？各有何特点？
16. 什么是室内装饰装修风格？有哪几种？名称是什么？各有何特点？
17. 建筑物外观视觉形式美的原则有哪些？主要特点是什么？
18. 建筑物外观色彩常见种类有哪些？色彩的知觉效应有哪些？
19. 建筑物外观色彩的影响因素有哪些？
20. 外墙面装饰装修常见种类有哪些？
21. 室内装饰装修的色彩要点是什么？
22. 室内装饰材料的质感是什么？
23. 室内墙面的常见种类有哪些？各自的基本构造要求是什么？

24. 室内地面的常见种类有哪些？各自的基本构造要求是什么？
25. 顶棚的常见种类有哪些？其特点是什么？各适合什么样的房间？
26. 什么是建筑材料？它有哪些种类？
27. 什么是建筑装饰材料？它有哪些种类？
28. 建筑材料的基本性质主要有哪些？了解它们有何作用？

第三章　城市和环境景观

目前，房地产经纪对象主要是城市房地产，其中又以住宅为主。一个城市房地产市场的规模大小（如年成交套数、成交面积、成交金额）、价格水平及其长期趋势等，与这个城市的性质、规模、人口增长（如为人口净流入还是人口净流出）等密切相关，并受其城市规划的影响。此外，人们在买房或租房时越来越关注房屋的周围环境和景观，如除了关注有无优美的小区园林景观、整洁卫生的小区环境等好的方面，还特别关注附近有无垃圾站、高压线等所谓"厌恶性设施"，有无噪声、恶臭、眩光等环境污染及其危害程度。因此，房地产经纪人要做好经纪服务，应具有一定的城市和环境景观知识，对所在的城市、社区、片区特别是住宅小区有较全面深入的了解，并能对供交易的房地产的周围环境和景观作出必要的描述、说明甚至评价。为此，本章介绍城市和城市化，城市规划和居住区，环境和景观的概念、分类、要素和评价，住宅的环境好坏，以及环境污染等。

第一节　城市和城市化

一、城市的概念和类型

（一）城市的概念

人类起初过着"居无定所"的生活，后来发展到一定阶段逐渐形成了大小不等的集中定居的地方，即居民点。我国目前的居民点由小到大依次是村庄、乡镇、建制镇、城市。这些居民点根据性质和人口规模，分为城市和乡村两大类。其中，城市和建制镇属于城市型居民点，统称城市或城镇；乡镇和村庄属于乡村型居民点，统称农村或乡村。

城市是一定数量的非农人口和非农产业的集聚地，是一种有别于乡村的居住和社会组织形式，是国家或一定区域的政治、经济、文化中心。人们日常生活中所说的城市，通常是狭义的，是指国家按行政建制设立的城市（即直辖市、市），不包括国家按行政建制设立的镇（即建制镇，如县城）。如果包括建制镇，则习惯上称为城镇。因此，城市和城镇这两个概念有时是相互通用的，有时又是严格区分的。

（二）城市的类型

可根据城市的规模、行政等级、职能以及内部结构、平面几何形状、道路形态、地形地貌、地理位置等，将城市分为不同的类型。

1. 根据城市规模的分类

城市规模是指城市的大小，主要有人口规模、用地规模和经济规模。用地规模是如建成区面积，经济规模是如国内生产总值（Gross Domestic Product，GDP）。由于用地规模、经济规模与人口规模之间一般是正相关的，所以通常用人口规模来表示城市规模。城市人口规模有常住人口规模和户籍人口规模，前者是经常居住在城市的人数，后者仅是有户口的人数，一般采用常住人口规模。

根据《国务院关于调整城市规模划分标准的通知》（国发〔2014〕51号），以城区常住人口为统计口径，将城市分为下列5类。

（1）小城市：是指城区常住人口50万以下的城市，其中20万以上50万以下的城市为Ⅰ型小城市，20万以下的城市为Ⅱ型小城市。

（2）中等城市：是指城区常住人口50万以上100万以下的城市。

（3）大城市：是指城区常住人口100万以上500万以下的城市，其中300万以上500万以下的城市为Ⅰ型大城市，100万以上300万以下的城市为Ⅱ型大城市。

（4）特大城市：是指城区常住人口500万以上1 000万以下的城市。

（5）超大城市：是指城区常住人口1 000万以上的城市。

结合上述居民点系列和城市规模分类，我国居民点的分类见图3-1。

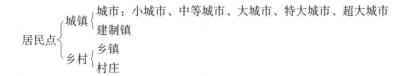

图3-1 中国居民点的分类

2. 根据城市行政等级的分类

中国的城市是有行政等级的，从高到低依次分为下列5级。

（1）直辖市：行政等级相当于省级或正部级，由国务院直接管辖，目前共有北京市、上海市、天津市、重庆市4个。

（2）副省级市：行政等级相当于副省级或副部级。

（3）地级市：行政等级一般相当于地区和自治州一级或正厅级。

（4）县级市：行政等级一般相当于县级或正处级，在行政上不设区，下辖镇和乡。

（5）建制镇：行政等级一般相当于正科级。有的省存在副县级镇。

此外，省人民政府所在地的市，称为省会城市。县人民政府所在地的建制镇，称为县城。直辖市、副省级市和地级市一般是设区的市，并且通常领导数量不等的县或代管数量不等的县级市。

3. 根据城市职能的分类

城市职能是指城市在国家或一定区域中所起的作用和承担的分工。现实中，一个城市通常有多个职能，单一职能的城市较少。根据城市职能，可分为具有综合职能的城市和以某种职能为主的城市，并可进一步分为各种各样职能的城市。例如，具有综合职能的城市可分为全国性、大区级、省区级、地区级的政治、经济、文化中心。以某种职能为主的城市可分为商业贸易城市、工业城市（又可分为轻工业城市、重工业城市、采掘工业城市、综合性工业城市等）、铁路枢纽城市、海港或内河港埠城市、风景旅游城市等。

在城市的众多职能中，最突出的职能构成了城市性质。城市性质是指城市在一定区域、国家以至更大范围内的政治、经济与社会发展中所处的地位和担负的主要职能，它代表了城市的个性、特点和发展方向。每个城市一般在其城市总体规划中明确了自己的城市性质或战略定位。

4. 城市的其他分类

根据城市的内部结构，分为单中心城市和多中心城市。中小城市一般是单中心的，大城市通常是多中心的。

根据城市的平面几何形状，分为块状城市、带状城市和星状城市等。多数城市是块状的，如北京市、上海市、广州市。某些城市因受行政区划、地形等的限制，是带状的，如深圳市、兰州市。

根据城市的道路形态，分为棋盘形城市、放射形城市和不规则形城市等。多数城市是不规则形的。北京市可视为棋盘形的。

根据城市的地形地貌，分为平原城市、丘陵城市、山地城市、高原城市、盆地城市和河谷城市等。多数城市是平原城市或丘陵城市，如郑州市是典型的平原城市，武汉市、南京市是丘陵城市。重庆市是典型的山地城市。

根据城市的地理位置，可分为东部城市、中部城市和西部城市；沿海城市和内陆城市；南方城市和北方城市；内地城市和边境城市。

此外，为了便于对不同区域的房地产市场进行统计分析等，通常还根据城市级别、人口规模、产业结构、GDP、人均可支配收入等综合指标、房地产市场和房地产业发展水平等，把城市分为一线城市、二线城市、三线城市和四线城市。其中，一线城市包括北京、上海、广州、深圳 4 个城市。二线城市一般是指国家统计局所称 40 个重点城市中除上述一线城市以外的城市。三线城市主要指一些经济欠发达地区的省会城市及大多数地级市。四线城市主要为县级市和县城。

还可以根据是否实施住房限购措施，把城市分为限购城市和非限购城市。根据人口流入情况，把城市分为人口净流入城市和人口净流出城市。

二、城市的区域范围

与城市的区域范围有关的概念，主要有下列 6 个。

（1）城市行政区：是指城市行政管辖的全部区域。城市行政区的范围一般远大于城市居民点的实体区域范围，也就是说行政概念上的市和镇通常是城乡的混合体。如果从土地面积来看，城市行政区中的城市建设用地只占很小一部分，大部分是农用地等其他土地。根据行政区划，城市行政区可分为市区和郊区。

（2）市区：是城市的核心，集中了大量的非农人口和第二、第三产业，也是全市的政治、经济、文化中心。

（3）郊区：是市区以外的区域，即市区的外围，主要是城市的副食品生产基地，同时分布有大量与市区联系密切的功能设施，如城市水源地、郊区公园或休闲度假区、垃圾处理场等。市区与郊区的交叉地带，或者城市与乡村的过渡地带，通常称为城乡接合部，也称为城郊接合部、城乡交错带、城市边缘地区。而原来为郊区，后来市区范围扩大，变为市区中的村庄地区，称为"城中村"。较大的城市通常还将郊区分为近郊区和远郊区。近郊区比远郊区靠近市区。

（4）城区：在人们日常生活中是指城里和靠近城的地区，在统计上是指在市辖区和不设区的市、区、市政府驻地的实际建设连接到的居民委员会所辖区域和其他区域。城区的范围一般比市区的范围小，此外还有中心城区的概念。

（5）城市建成区：是指城市行政区内实际已成片开发建设、市政公用设施和公共设施基本具备的地区。该地区范围内绝大部分是城市建设用地。受地形等因素的影响，建成区内也会分布一些非建设用地，如河、湖等。城市建成区面积能较真实反映城市用地规模的大小。

（6）城市规划区：是指城市建成区以及因城市建设和发展需要，必须实行规划控制的区域。城市规划区通常大于城市建成区，小于或等于城市行政区，其具体范围由有关人民政府在组织编制的城市总体规划中划定。

三、城市的功能分区

一个城市在世界地图或中国地图上看，是位于某处的一个"点"，而实际上是一个范围很大的"面"。从"面"上看，城市是由住宅、工厂、公共服务设施、绿地、道路等各种物质要素按照一定规律"拼"在一起的。这些物质要素在城市中发挥着不同的作用，对区位有不同的要求，既要保持相互联系，又要避免相互干扰。城市中各种物质要素按照不同功能进行分区布置，一些物质要素相对集中布局在一定的区域范围内，便形成了各种功能区，比如商业区、办公区、金融区、居住区、文教区、工业区等。常见的城市功能区及相关概念如下。

（1）中央商务区（CBD）：CBD 是英文 Central Business District 的缩写，也译为中心商务区，是指城市中金融、贸易、信息和商务办公活动高度集中，并附有购物、文娱、服务等配套设施的综合经济活动的核心地区，通俗地说就是人们通常所说的市中心，是城市中商业和商务活动集中的主要地区。

中央商务区这个概念最早是美国学者伯吉斯（E. W. Burgess）于 1923 年在其创立的城市内部空间结构的"同心圆模式"（见图 3-2）中提出的。该模式认为，城市是由中心向四周作辐射形扩展，形成一系列的同心环区域（环带）。

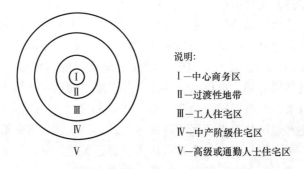

说明：

Ⅰ—中心商务区
Ⅱ—过渡性地带
Ⅲ—工人住宅区
Ⅳ—中产阶级住宅区
Ⅴ—高级或通勤人士住宅区

图 3-2　同心圆城市内部空间结构

在图 3-2 中，第一环带是中央商务区；第二环带是过渡性地带，过去是住宅区，后来一部分被零售商业所侵占，另有一些为小型工厂、批发商业及货仓；第三环带是工人住宅区，主要是产业工人集中居住的地带，多数从过渡性地带迁来，因不愿意离工作地点太远而居住于此；第四环带是中产阶级住宅区，为良好住宅地带，主要是中产阶级、从事机关工作的人员居住在这里；第五环带是高级或通勤人士住宅区，散布着高级住宅和花园别墅，多为在市中心工作的中上层人士或富人居住区，因为这些人需要驾车到市中心工作，所以称为通勤人士住宅区。

（2）商业区：是指城市中市级或区级商业设施比较集中的地区。

（3）居住区：全称城市居住区，是指城市中住宅建筑相对集中布局的地区。

（4）文教区：是指城市中高等院校等学校和科研机构比较集中的地区。

（5）工业区：是指城市中工业企业比较集中的地区。

（6）仓储区：是指城市中为储藏城市生活或生产资料而比较集中布置仓库、储料棚或储存场地的独立地区或地段。

（7）风景区：是指城市范围内自然景物、人文景物比较集中，以自然景物为主体，环境优美，具有一定规模，可供人们游览、休息的地区。

（8）综合区：是指城市中根据规划可以兼容多种不同使用功能的地区，即多用途区。

（9）卫星城：是指在大城市市区外围兴建的与市区既有一定距离又相互间密切联系的城市。为了缓解市区人口过于集中、交通拥挤、住房供应不足等问题，大城市通常在郊区发展卫星城，以接纳市中心区过多的人口和产业。

（10）开发区：是指由国务院和省级人民政府确定设立的实行国家特定优惠政策的各类开发建设地区。

此外，人们有时还使用"商圈"这个词，它一般是指大型商场等以其所在地点为中心向四周扩展，其经营活动影响辐射的范围。房地产经纪机构为使其门店更好地开展经纪业务，也可确定自己门店的"商圈"。这些"商圈"可以参照自己门店附近大型商场的商圈来确定，或者以自己门店所在地点为中心来划定。

四、城市化

（一）城市化的概念和衡量指标

城市化也称为城镇化，是指人类生产和生活方式由乡村型向城市型转化的过程，突出表现在分散的乡村人口向各种类型的城镇转移、集聚。城市化会带来城镇房地产需求，尤其是城镇住房需求。

一般用一国或一地区的城镇人口占总人口比重这个指标来衡量该国或该地区的城市化水平。该指标称为城市化率或城镇化率，分为常住人口城镇化率和户籍人口城镇化率。常住人口城镇化率是指城镇常住人口占总人口比重，户籍人口城镇化率是指城镇户籍人口占总人口比重。因城镇户籍人口一般小于常住人口，所以户籍人口城镇化率通常小于常住人口城镇化率。

（二）城市化发展阶段

城市化是一个必然过程，是 18 世纪产业革命后经济社会发展的世界性现象，各个国家先后开始从以农业为主的乡村社会，转向以工业和服务业为主的城市社会。城市化进程一般分为下列 3 个阶段。

（1）初始阶段：也称为起步阶段，城市化率低于 30%，其特征是城市化水平较低，城市化速度较慢，以熟人社区为主。

（2）快速阶段：也称为加速发展阶段，城市化率达到 30% 以上，但低于 70%，其特征是城市化速度加快，人口向城镇迅速集聚，以生人社区为主。

（3）成熟阶段：也称为后期阶段、饱和阶段，城市化率达到 70% 以上，其特征是城市化水平很高，城市化速度减慢，人口主要在城镇之间流动，又回到以熟人社区为主。

目前，发达国家的城市化率达到 80% 左右。我国 2023 年的常住人口城镇化率为 66.16%，还有较大的提升空间，未来城市化会带来较大量的城镇住房需求。

（三）城市化的类型

1. 向心型城市化与离心型城市化

如果从城市中心来考察城市发展过程，城市化有两大阶段：一是向城市中心集聚的向心型城市化（也称为集中型城市化）；二是从城市中心向外扩展或扩散的离心型城市化（也称为分散型城市化）。城市发展的初中期主要是向心型的，中后期主要是离心型的。

在城市离心发展过程中又有郊区化（也称为郊外化）和逆城市化两种不同的类型和阶段。郊区化是人口、就业岗位和服务业从大城市中心向郊区迁移的一种分散化过程。逆城市化是人口从大城市和主要的大都市区向小的都市区甚至非都市区迁移的一种分散化过程。出现郊区化和逆城市化的一个主要原因是向心型城市化导致了城市人口过密、交通拥堵、环境恶化等"城市病"，而优美的环境、新鲜的空气、低价的土地、宽阔的空间以及小汽车进入家庭、高速公路发达等，使人们迁往郊区和农村。

中国的城镇化随着工业化进程的加快，特别是改革开放政策的深化，多年来快速发展。就整个过程看，目前仍处于乡村人口和非农产业向各级中心城市集聚的向心型城市化阶段。

2. 外延型城市化与飞地型城市化

根据城市离心扩散的方式，城市化分为外延型城市化和飞地型城市化。如果城市的离心扩散一直保持与建成区接壤，连续渐次地向外推进，这种扩散方式称为外延型城市化。如果在推进过程中，出现了空间上与建成区断开，职能上与中心城市保持联系的城市扩散方式，则称为飞地型城市化。

外延型城市化是一种常见的城市化类型，在大中小城市的边缘地区都可以看到这种外延现象。

飞地型城市化一般在特大城市的情况下才出现。因为特大城市的人口规模、用地规模已很大，各种城市问题和矛盾较多，如果继续采取外延型发展方式，将使各种城市问题和矛盾更加突出。在这种情况下，通常采取跳出中心城市现有建成区边界，到条件适宜的地理位置上发展，以分散中心城市的压力，有的则形成特大城市郊区的卫星城。

第二节　城市规划和居住区

一、城市规划有关术语和指标

城市规划是关于城市的未来发展、空间布局和各项工程建设的综合部署，是一定时期内城市发展的蓝图。城市规划分为城市总体规划和详细规划。详细规划分为控制性详细规划和修建性详细规划。在房地产经纪活动中，有必要了解城市规划有关术语和指标。

（1）用地性质：是指规划用地的使用功能，通俗地说就是规划确定的土地用途。

（2）用地面积：是指规划地块划定的面积。在实际中，要分清项目规划占地面积以及其中的建设用地面积和代征道路用地面积、代征绿化用地面积等代征地面积，即：

$$规划占地面积＝建设用地面积＋代征地面积$$

（3）容积率：是指一定用地范围内建筑面积总和与该用地总面积的比值，即：

$$容积率＝\frac{建筑面积总和}{用地总面积}$$

其中，建筑面积总和是用地范围内所有建筑物的建筑面积之和；用地总面积以城市规划行政主管部门批准的建设用地面积为准，不含代征道路用地面积、代征绿化用地面积等代征地面积。例如，某宗建设用地总面积为 $10\,000\mathrm{m}^2$，该用地范围内所有建筑物的建筑面积之和为 $25\,000\mathrm{m}^2$，则容积率为 2.5。容积率是反映建筑物密度和环境质量的一个重要指标。

（4）建筑密度：也称为建筑覆盖率，是指一定用地范围内建筑基底面积总和与该用地总面积的比率，即：

$$建筑密度（\%）=\frac{建筑基底面积总和}{用地总面积}\times100\%$$

例如，某个居住区的建筑密度，是该居住区用地内所有建筑物的基底总面积与该居住区用地面积的比率。建筑密度是反映环境质量的一个重要指标，着重于平面二维的环境需求，保证一定的旷地和绿地。对某个居住区来说，建筑密度越小，说明该居住区的活动场所、绿地等面积越大，也就意味着其居住环境质量越高。因此，对住宅使用人来说，建筑密度越小越好。

（5）绿地率：是指一定用地范围内各类绿地面积总和与该用地总面积的比率（%），即：

$$绿地率（\%）=\frac{各类绿地面积总和}{用地总面积}\times100\%$$

例如，某个居住区的绿地率，是该居住区用地内各类绿地面积之和与该居住区用地总面积的比率。绿地率是反映环境质量的一个重要指标。对住宅使用人来说，绿地率越高越好。

（6）绿化覆盖率：简称绿化率，是指一定用地范围内绿化覆盖面积总和与该用地总面积的比率（%），或者说是全部绿化种植投影面积与用地总面积的百分比，即：

$$绿化率（\%）=\frac{绿化覆盖面积总和}{用地总面积}\times100\%$$

对住宅使用人来说，通常绿化覆盖率越高越好。但需说明的是，因树的影子也被算入绿化覆盖面积，绿化覆盖率大于绿地率，因此在实际中要注意二者的区别不仅是一个字，而且内涵有较大不同，以免混淆和误解。例如，甲住宅小区的绿地率为30%，乙住宅小区的绿化率为30%（绿地率为25%），该2个小区各有1套房源，如果该2个小区的区位和2个房源的户型、楼层、朝向、房龄等其他状况都相当，则甲住宅小区的那个房源较好。

（7）建筑间距：是指两栋建筑物（如两幢住宅楼）外墙面之间的水平距离。建筑间距主要是根据所在地区的日照、通风、采光、防止噪声和视线干扰、防火、防震、绿化、管线埋设、建筑布局形式，以及节约用地等要求，综合考虑确定。住宅的布置，通常以满足日照要求作为确定建筑间距的主要依据。

（8）建筑限高：即建筑高度控制，是指一定用地范围内允许的（地面上）最大建筑高度。

（9）交通出入口方位：是指一定用地范围内允许设置机动车和行人出入口的

方向和位置。

（10）停车泊位：是指一定用地范围内应配置的停车位数量。

（11）用地红线：是指经城市规划行政主管部门批准的建设用地范围的界线。

（12）道路红线：是指城市道路（含居住区级道路）用地的规划控制线，即城市道路用地与两侧建设用地及其他用地的分界线。一般情况下，道路红线就是建筑红线，任何建筑物（包括台阶、雨罩）不得越过道路红线。根据城市景观的要求，沿街建筑物可以从道路红线外侧退后建设。

（13）建筑控制线：也称为建筑红线，是指建筑物基底位置的控制线。

（14）建筑后退红线距离：是指建筑控制线与道路红线或道路边界、地块边界的距离。

（15）城市绿线：是指城市各类绿地范围的控制线。城市绿线范围内的用地不得改作他用；在城市绿线范围内，不符合规划要求的建筑物、构筑物及其他设施应当限期迁出。

（16）城市紫线：是指国家历史文化名城内的历史文化街区和省、自治区、直辖市人民政府公布的历史文化街区的保护范围界线，以及历史文化街区外经县级以上人民政府公布保护的历史建筑的保护范围界线。在城市紫线范围内禁止对历史文化街区传统格局和风貌构成影响的大面积改建，损坏或者拆毁保护规划确定保护的建筑物、构筑物和其他设施。

（17）城市黄线：是指对城市发展全局有影响的、城市规划中确定的、必须控制的城市基础设施用地的控制界线。

（18）城市蓝线：是指城市规划确定的江、河、湖、库、渠和湿地等城市地表水体保护和控制的地域界线。

二、城市居住区的规模和分级

城市居住区简称居住区。因为房地产经纪对象大量是住宅，而除见缝插针、零星建设的住宅外，一套住宅通常位于某个居住区内，所以房地产经纪人应对居住区有较全面深入的了解。

城市居民一生中约有 2/3 以上的时间是在居住区内度过的。居住区应能为城市居民提供满足其日常物质与生活文化需求的安全、卫生、方便、舒适、美丽、和谐以及多样化的居住生活环境。

居住区的规模有居住人口规模、用地面积规模、住宅建筑面积规模。居住人口规模是指居住区的居住总人数或居住总套（户）数。用地面积规模是指居住区的用地总面积。住宅建筑面积规模是指居住区的住宅建筑总面积。

根据《城市居住区规划设计标准》GB 50180—2018，居住区依据其居住人口规模，按照居民在合理的步行距离内满足基本生活需求的原则，分为下列4级：

（1）15分钟生活圈居住区，是以居民步行15分钟（步行距离800～1 000m）可满足其物质与生活文化需求为原则划分的居住区范围；一般由城市干道或用地边界线所围合，居住人口规模为50 000～100 000人（17 000～32 000套住宅），配套设施完善的地区。

（2）10分钟生活圈居住区，是以居民步行10分钟（步行距离500m）可满足其基本物质与生活文化需求为原则划分的居住区范围；一般由城市干道、支路或用地边界线所围合，居住人口规模为15 000～25 000人（5 000～8 000套住宅），配套设施齐全的地区。

（3）5分钟生活圈居住区，是以居民步行5分钟（步行距离300m）可满足其基本生活需求为原则划分的居住区范围；一般由支路及以上级城市道路或用地边界线所围合，居住人口规模为5 000～12 000人（1 500～4 000套住宅），配建社区服务设施的地区。

（4）居住街坊，是由支路等城市道路或用地边界线围合的住宅用地，是住宅建筑组合形成的居住基本单元；居住人口规模在1 000～3 000人（300～1 000套住宅，用地面积2～4hm²），并配建有便民服务设施。

此外，居住区根据住宅建筑平均层数，即一定用地范围内住宅建筑总面积与住宅建筑基底总面积的比值所得的层数，分为低层（1～3层）、多层Ⅰ类（4～6层）、多层Ⅱ类（7～9层）、高层Ⅰ类（10～18层）、高层Ⅱ类（19～26层）。居住区还分为新建居住区和既有居住区（既有居住区中配套设施等缺乏或落后的，称为老旧住宅小区），封闭住宅小区和非封闭住宅小区。

三、城市居住区的区位选择

《城市居住区规划设计标准》GB 50180－2018规定，居住区应选择在安全、适宜居住的地段进行建设，并应符合下列规定：①不得在有滑坡、泥石流、山洪等自然灾害威胁的地段进行建设；②与危险化学品及易燃易爆品等危险源的距离，必须满足有关安全规定；③存在噪声污染、光污染的地段，应采取相应的降低噪声和光污染的防护措施；④土壤存在污染的地段，必须采取有效措施进行无害化处理，并应达到居住用地土壤环境质量的要求。

此外，在城市规划中，为了合理布置居住用地和工业用地，最大限度减轻有害工业对居住区的污染，通常利用风玫瑰图，一般情况下可根据最小风频原则进行布局，即对空气有污染的工业应布置在全年最小风频风向的上风侧，居住区应布置在全年最小风频风向的下风侧或最大风频风向的上风侧，即通常所说的"上风上水"，因为这个方位全年受污染的概率最小。

四、城市居住区的配套设施

居住区的配套设施项目的多少、规模及空间布局等，决定着居住生活的便利程度和质量。如果没有或缺少，会给居民日常生活带来不便；如果布局不当，也会影响居民正常的居住与生活。因此，居住区应有符合规定的配套设施，并布局合理、方便居民使用，避免烟、气（味）、尘及噪声对居民的污染和干扰。

居住区的配套设施是为居住区居民提供生活服务的各类必需的设施，主要包括下列6类。

（1）基层公共管理和公共服务设施：包括小学、初中、体育馆（场）或全民健身中心、中型或大型多功能运动场地、卫生服务中心（社区医院）、门诊部、养老院、老年养护院、文化活动中心（含青少年活动中心、老年活动中心）、社区服务中心（街道级）、街道办事处、司法所、派出所等。

（2）商业服务业设施：包括菜市场或生鲜超市、商场、健身房、餐饮设施、银行营业网点、电信营业网点、邮政营业场所等。

（3）市政公用设施：包括开闭所、燃料供应站、燃气调压站、供热站或热交换站、通信机房、有线电视基站、垃圾转运站、消防站、市政燃气服务网点和应急抢修站等。

（4）交通场站设施：包括轨道交通站点、公交首末站、公交车站、非机动车停车场（库）、机动车停车场（库）等。

（5）社区服务设施：是指5分钟生活圈居住区内，对应居住人口规模配套建设的生活服务设施，包括社区服务站（含居委会、治安联防站、残疾人康复室）、社区食堂、文化活动站（含青少年活动站、老年活动站）、小型多功能运动（球类）场地、室外综合健身场地（含老年户外活动场地）、幼儿园、托儿所、老年人日间照料中心（托老所）、社区卫生服务站、社区商业网点（超市、药店、洗衣店、美发店等）、再生资源回收点、生活垃圾收集站、公共厕所、公交车站、非机动车停车场（库）、机动车停车场（库）等。

（6）便民服务设施：是指居住街坊内住宅建筑配套建设的基本生活服务设施，包括物业管理与服务、儿童和老年人活动场地、室外健身器械、便利店（菜店、日杂等）、邮件和快递送达设施、生活垃圾收集点、居民非机动车停车场（库）、居民机动车停车场（库）等。

五、城市居住区的绿地和道路

居住区内不都是住宅，除了住宅建筑和配套设施，还有绿地和道路。

居住区内绿地与居民关系密切，对改善居住环境具有重要作用，主要是方便居民户外活动，并有美化环境、改善小气候、净化空气、遮阳、隔声、防风、防尘、杀菌、防病等功能。一个优美的居住区内绿化环境，有助于居民消除疲劳、振奋精神，可为居民创造良好的游憩、交往场所。居住区内绿地主要有公共绿地、宅旁绿地等。公共绿地是为居住区配套建设、可供居民游憩或开展体育活动的公园绿地。宅旁绿地是指住宅四旁的绿地。衡量居住区内绿地状况的指标，主要有绿地率和人均公共绿地面积。

居住区内道路主要有机动车道、非机动车道和步行道，担负着分隔地块和联系不同功能用地的双重职能，其布置应有利于居住区内各类用地的划分和有机联系。居住区内道路应安全便捷、尺度适宜、步行友好；机动车与行人及非机动车不宜混行，宜人车分流；地面不行走机动车、不停车，机动车进入地下车库。

第三节　环　境　和　景　观

一、环境的概念

目前，环境是人们最熟悉、最常用的词语之一，例如人们时常讲自然环境、生态环境、生存环境、居住环境、室内环境、工作环境、营商环境、市场环境等。虽然不同的人对环境一词可能有不同的理解，但环境均是相对于某个主体而言的，是围绕着某个主体并对该主体会产生影响的所有外界事物，即环境是指某个主体周围的情况和条件。如果这个主体指的是整个人类，则环境就是整个地球甚至包括太阳辐射等宇宙因素。如果这个主体指的是居民，则环境主要就是居住区。总之，离开了主体的环境没有意义，并且主体不同，环境的范围大小、具体内容等也会有所不同。

对从事房地产经纪活动来说，主要是站在房地产交易当事人特别是购买人或承租人的角度，来看待其拟交易房地产的室内外环境及其好坏。因此，本章所讲的环境是以处于某一房地产（如某套住宅）之中的人为主体的环境，是指人处于某一房地产之中时，该房地产的室内外直接或间接影响人的生活、学习、休息和工作等的各种自然因素和人文因素的总体，如空气质量、园林绿化、卫生状况、居民素质等。虽然人与环境是相互影响的，但从事房地产经纪活动主要是调查了解作为经纪对象的房地产的室内外环境对房地产使用人的影响。

二、环境的分类

环境既包括以空气、水、土壤、岩石、阳光、生物（如植物、动物、微生物）等为内容的物质因素，也包括以观念、制度、行为准则等为内容的非物质因素；既包括自然因素，也包括人文因素；既包括非生命体形式，也包括生命体形式。可以根据不同的需要，对环境进行不同的分类。通常根据环境的属性，分为下列 3 类。

（1）自然环境，是指未经过人的加工改造而天然存在的环境。又可根据自然环境要素，分为空气环境、水环境、土壤环境、地质环境和生物环境等。

（2）人工环境，是指在自然环境的基础上经过人的加工改造所形成的环境，如居住区、建筑物、园林绿化、建筑小品等。人工环境与自然环境的区别，主要在于人工环境对自然物质的形态做了较大改变，使其失去了原有面貌。

（3）社会环境，是指由人与人之间的各种社会关系所形成的环境，包括政治制度、经济体制、文化传统、宗教信仰、社会治安、邻里关系等。对买卖或租赁某套住宅的人来说，该住宅所在地区（如所在的城市、城市内某个行政区、某个居住区或居住小区）的居民职业（如工人、教师、公务员、金融机构人员）、收入水平（如低收入家庭、中等收入家庭、高收入家庭）、文化素养（如受教育程度）、民族、宗教信仰、年龄（如以中青年为主、以老年为主）、犯罪率等，都是其社会环境。

对处在某个住宅小区内的某套住宅来说，可根据其环境的范围大小，分为大环境、小环境和微环境。大环境通常是指该住宅所在区域和住宅小区周边的环境。小环境通常是指该住宅所在住宅小区内的环境。微环境通常是指该住宅所在楼幢周边和楼幢内公共空间（如大堂、走廊、过道、楼梯间）的环境。

三、住宅的环境好坏

一套住宅最理想的是大环境、小环境和微环境都好。但有的住宅可能大环境较好，而小环境和微环境较差；有的住宅可能小环境和微环境较好，而大环境不够好。其中的大环境通常会随着城市建设等而得到改善。

说城镇中某套住宅的环境较好，通常是指该住宅的小环境较好，较具体来说：一是所在社区和居住区（或住宅小区）的园林绿化、环境卫生状况、社会治安、居民素质（如职业、受教育程度）等较好；二是没有环境污染，或者环境污染低于所在地区的平均水平，比如空气污染低于所在城市空气污染的平均水平；

三是周边没有厌恶性设施，或者与厌恶性设施的距离在实际影响距离及心理影响距离之外（必须满足有关安全规定）。

厌恶性设施一般是指会使人们产生厌恶、恐惧等心理的设施或场所，如公共厕所、垃圾收集站、垃圾转运站、垃圾填埋场、垃圾焚烧厂、污水处理厂、高压线、变电站、火葬场、殡仪馆、公墓、传染病医院、牲畜屠宰场、危险化学品及易燃易爆品仓库或工厂、核电站、化工厂、汽车加油站、加气站、液化气供应站等。

四、景观及其相关概念

（一）景观的含义

景观的含义与风景、景色、景致、风光相近，是指一定区域内由山水、树木、花草、建筑以及某些自然现象等形成的可供人观看的景象，是复杂的自然过程和人类活动在大地上的烙印，包括自然和人为作用的任何地表形态及其印象。通俗地说，某一房地产的景观是站在该房地产的某些位置（如房屋外门口、窗前、阳台等）向外观望时，出现在人的视野中的地表部分和相应的天空部分及其给予人的全体印象，即放眼所见的景色及所获得的印象。

景观一词按照中文的字面解释，包括"景"和"观"两个方面。"景"是自然环境和人工环境在客观世界所表现的一种形象信息。"观"是这种形象信息通过人的视觉传导到大脑，产生一种实在的感受，或者产生某种联系和情感。可见，景观包括客观形象信息和主观感受两个方面。不同的人在相同的眺望空间和时间中，感受到的景观印象程度是不同的，其中还夹杂着个人的喜好、怀恋和情感。如不同层次的消费者，其审美观通常有所不同。因此，景观好坏的判别与观察者的知识层次、眼界、审美观、心理等有关，当然也有许多共性的认识。

对一宗房地产来说，其景观可理解为该房地产的配景或背景，包括周围的园林绿化、建筑小品以及向四周观望所能看见的外围状况。房屋的景观可分为站在外门口向外看的景观、从外窗向外看的景观、站在阳台向外看的景观、站在平台向外看的景观。看某一房地产的景观，还要看进出该房地产的沿途景观。景观好的房地产，如能看到绿水（如海、江、河、湖、水库、水渠等）、青山、知名建筑（如知名宝塔、钟楼、城楼、桥梁、体育场馆、剧院、电视塔、大楼、广场等）、公园、大片绿地（如高尔夫球场）、成片树林（如森林、果园）的住宅，其价值通常较高；反之，景观差的房地产，如能看到公共厕所、垃圾站、垃圾场、烟囱、火葬场、墓地等的住宅，其价值通常较低。一套住宅的景观与其所处的区位、楼幢、单元、楼层、朝向相关，即它们的不同，住宅的景观可能不同。例如，位于海边同一幢住宅楼中的各套住宅，因前方建筑物遮挡，5层以下没有海景，5层及以上有海景。

（二）景观与环境的关系

景观与环境有所不同。环境通常指的是环绕于人们周围的各种客观事物，包括各种自然因素和社会因素，它们既可以实体形式存在，也可以非实体形式存在。景观通常指的是构成人们周围环境的实体部分，是看得见的，并且强调这些实体部分提供人们观赏的美学价值，使人看起景来眼睛舒服，心情愉快。

景观与环境又是相关联的：一方面，环境影响景观的形成和发展变化；另一方面，景观又往往能反映环境的某些方面。这是因为环境在景观中发挥着重要的作用，环境质量直接影响到人们的生理、心理以及精神生活，在人们活动的步行道、广场、休息的空间中，创造性地设计景观能赋予空间一定的特色，给人留下深刻的印象。目前，许多商品房开发项目以景观作为卖点，一般依托良好的环境景观开发而形成，或者在突出环境禀赋、景观效应的同时，重视景观设计。

（三）景观与园林的关系

园林属于景观的范畴，是指在一定区域内运用艺术设计和工程技术手段，通过利用和改造原有地形地貌（如筑山叠石、挖池理水）、种植树木花草、营造建筑和布置园路等途径创作而成的美的自然环境和游憩境域。一个园林空间是由地形、建筑、树木等围合而成的。园林一词从中文的字面上看，是"园＋林"的集合，是园池（园＋池）、园亭（园＋亭）、园山（园＋山）、林亭、亭台等众多词汇的最终代称。显然，仅是一圈篱笆围起一块种植花草的园子是不够的，加上园林建筑、山水、工程构筑物和园林植物等才可称为园林。

园林包括庭园、宅园、小游园、花园、公园、植物园、动物园，以及森林公园、风景名胜区、自然保护区或国家公园的游览区和休养胜地等。园林的主要作用是作为人们游憩、观光的场所。

园林景观的特点有：①园林景观是固定在某处的标志性景观；②美是园林景观的标志；③园林景观是心理和生理的共同表现；④园林景观需要不断护理。

五、景观的分类

（一）自然景观和人文景观

根据景观的来源，景观可分为自然景观和人文景观。

自然景观是指未经人类活动所改变的地表起伏、水域和植物等所构成的自然地表景象及其给予人的感受。通俗地说，自然景观即天然景观，泛指地表自然景色，是未受到或仅受到人类间接、轻微、偶尔影响而原有自然面貌未发生明显变化的景观。

人文景观是指被人类活动改变过的自然景观，即自然景观加上人工改造所形成的景观。通俗地说，它是由人为因素作用形成（或构成）的各种景观，是古今人类文化、生产生活活动的产物。人为因素主要有文化、建筑等因素。

（二）软景观和硬景观

根据景观的基本成分，可分为软景观和硬景观。

软景观是指软质的东西，如自然的树木、水体、和风、细雨、阳光、天空，以及人工植被、水流等仿自然景观，如修剪过的树木、抗压草皮、水池、喷泉等。

硬景观是指硬质的东西，主要是人造的设施，通常包括铺装、雕塑、凉棚、座椅、灯光、果皮箱等。

六、景观要素

景观要素包括自然景观要素和人工景观要素。自然景观要素主要指自然风景，包括山丘、石头、树木、花草、河流、湖泊、海洋、云彩等。人工景观要素（包括文化景观要素）主要包括各种建筑物，宽阔的林荫道系统，优美的城市广场，艺术性的街区，大量的喷泉、雕塑，以及文物古迹、文化遗址、园林绿化、艺术小品，还有各种博物馆、图书馆、影剧院、音乐厅、体育场馆，负有盛名的学府，琳琅满目的商店橱窗，满足各种游乐需求的游憩空间，多样化的邻里等。

上述各种景观要素为创造高质量的空间环境提供了大量素材，通过对它们进行系统组织，可形成独具特色、赏心悦目的景观。

七、景观评价

景观评价是指根据特定的需要，按照一定的程序，采用科学的方法，对某一景观的价值高低或好坏程度进行判断的活动。

景观评价的内容很广泛，从拟取得房地产者的角度看，主要是对其中的美学价值进行评价，主要从景观的视觉美学角度出发，评价景观的视觉质量，进而得出景观的美学等级，如景观很美、美、一般、差、很差。

景观的美学价值是一个范围广泛、内涵丰富而又难以准确界定的问题，不同的人有不同的审美观，可以说"仁者见仁，智者见智"，但是仍然可以按照大多数人能感知的景观正向、负向和生态美学原则，归纳出景观美感评价的一般特征。如景观正向美学特征有：①合适的空间尺度；②有序而又不整齐划一；③多样性和复杂性；④清洁性；⑤安静性；⑥景观要素的运动与生命的活力等。景观负向美学特征有：①尺度的过大或过小；②杂乱无章；③空间组分不协调；④清洁性和安静性的丧失；⑤出现废弃物和垃圾等。此外，生态美学原则对于这种景观评价也有指导意义，这些原则主要有：①最大绿色原则；②活力、健康原则；③清新、洁净原则；④独特性与吸引力原则；⑤多样、有序原则；⑥观察、体验自然的愉悦原则。

景观较难用科学的方法进行评价，因为景观不仅依赖于自然、人文特性和其深广的内涵，而且在很大程度上还取决于人们的主观评定。因此，景观评价大多是定性的。但随着统计学和计算机技术的发展，许多心理学家、美学家、地理学家、生态学家和建筑、园林工作者也开始对景观进行系统的研究，并使景观由定性分析转向定量分析。

第四节　环　境　污　染

一、环境污染概述

（一）环境污染的概念

环境污染是有害物质进入环境，对人们的正常生活、身心健康等产生不良影响的现象。例如，汽车行驶、人群喧闹、工厂生产、建筑施工等产生令人厌烦的声音，工业废水、生活污水的排放使水质变坏、发出异味等，均属于环境污染。

（二）环境污染的类型

环境污染的类型很多。例如，根据自然环境要素，分为空气污染、水污染、土壤污染等。根据污染物的形态，分为噪声污染、废气污染、废水污染、固体废物污染、辐射污染等。根据污染的空间，分为室外环境污染、室内环境污染。根据污染的时间，分为长期污染、短期污染。根据污染物分布的范围，分为局部性污染、区域性污染等。

（三）环境污染源

1. 环境污染源的概念

环境污染源简称污染源，是指造成环境污染的发生源或环境污染的来源。即向环境排放有害物质的场所、设备、装置等都是污染源，例如公共厕所、垃圾站、垃圾处理厂、垃圾堆放地、垃圾填埋场、高压输电线路、无线电发射塔、烟囱、化工厂或化工厂原址、集贸市场、建筑工地，移动的机动车（汽车、摩托车等）、火车、飞机、轮船，受污染的河流、沟渠，农药、化肥残留地，会产生有害物质的建筑材料、装修材料等。

2. 环境污染源的类型

根据污染物发生的类型，分为交通污染源、生活污染源、工业污染源、农业污染源等。

根据污染源存在的形式，分为固定污染源和移动污染源。固定污染源是指位置固定的污染源，如高压输电线路、工厂等。移动污染源是指位置移动的污染源，如机动车、火车、飞机等。

根据污染物排放的形式，分为点源、线源和面源。点源是指集中在某一点的一定范围内排放污染物，如烟囱。线源是指沿着一条线排放污染物，如汽车在道路上行驶造成道路两侧一定范围内的污染。面源是指在一个大范围内排放污染物，如工业区许多烟囱构成一个区域性的污染源。

根据污染物排放的空间，分为地面源和高架源。地面源是指在地面上排放污染物的污染源，如垃圾站。高架源是指在距地面一定高度上排放污染物的污染源，如烟囱。

根据污染物排放的时间，分为连续源、间断源和瞬时源。连续源连续排放污染物，如火力发电厂的排烟。间断源间歇排放污染物，如某些间歇生产过程的排气。瞬时源在无规律的短时间内排放污染物，如事故排放。

根据污染源存在的时间，分为暂时性污染源和永久性污染源。暂时性污染源经过一段时间之后通常会自动消失，如建筑施工噪声、扬尘产生于施工期间，待建筑工程竣工后就不存在了。永久性污染源一般是长期存在的，如在住宅旁边修建交通主干道带来的汽车噪声和尾气污染，将是长期的。

二、噪声污染

（一）噪声和噪声污染的概念

噪声是指在工业生产、建筑施工、交通运输和社会生活中产生的干扰周围生活环境的声音。噪声污染是指超过噪声排放标准或者未依法采取防控措施产生噪声，并干扰他人正常生活、工作和学习的现象。

目前，噪声污染较为普遍和严重。为了防治噪声污染，保障公众健康，保护和改善生活环境等，我国制定了《中华人民共和国噪声污染防治法》和《声环境质量标准》GB 3096－2008等噪声污染防治法律法规和相关标准。

（二）噪声污染的特征

噪声污染有下列3个特征。

（1）能量污染。噪声污染源停止产生声音，噪声污染即自行消除。

（2）感觉公害。噪声对人的影响不仅与噪声源的性质、强度有关，还与受影响者的心理、生理状况有关。一般来说，喜欢清静的人、脑力劳动者、老年人、体质差的人、病人比喜欢热闹的人、体力劳动者、年轻人、体质好的人、健康人对噪声的干扰更敏感、忍受程度小。

（3）局限性和分散性。局限性是指噪声影响范围的局限性，分散性是指噪声源分布的分散性。随着离噪声源距离的增加和受建筑物、绿化林带的阻挡，声能量会衰减，受影响的主要是噪声源附近地区。

（三）噪声污染的危害

噪声污染对人体健康及生活环境有许多不良影响。人们在休息、交谈、工作和学习中，如果受到噪声干扰则难以进行。噪声还有许多危害，例如：①对睡眠的干扰。噪声会影响人的睡眠质量和数量。②对心理的影响。噪声易使人分散注意力、烦恼激动、易怒，甚至失去理智。③对生理的影响。噪声污染会对人体的全身系统特别是神经、心血管和内分泌系统产生不良影响。④对听力的损伤。人们在强噪声环境中暴露一定时间后听力会下降，离开噪声环境到安静的场所休息一段时间后听觉会恢复，这种现象为听觉疲劳。如果长期在强噪声环境中，听觉疲劳就不能恢复。⑤对儿童成长的影响。噪声污染会影响儿童智力发育，吵闹环境中的儿童智力发育程度会比安静环境中的低。

（四）噪声污染源

1. 工业噪声

工业噪声是指在工业生产活动中产生的干扰周围生活环境的声音，主要是工厂在开工时产生的振动、机械摩擦、撞击等噪声，对周边居民的日常生活干扰十分严重。有些工厂还在夜间加班，其产生的噪声使人难以入睡。

2. 建筑施工噪声

建筑施工噪声是指在建筑施工过程中产生的干扰周围生活环境的声音，主要是建筑工地上各种建筑机械和建筑工人手工操作产生的噪声。这类噪声具有突发性、冲击性、不连续性等特点，易使人烦躁。

3. 交通运输噪声

交通运输噪声是指机动车、铁路机车车辆、城市轨道交通车辆、机动船舶、航空器等交通运输工具在运行时产生的干扰周围生活环境的声音，其特点是声源面广而不固定，日益成为城市的主要噪声，其中又主要是机动车在行驶时产生的噪声。此外，越来越多的城市有了机场，飞机起飞和着陆越来越频繁，其在起飞、着陆及低空飞行时产生的噪声对机场周边和起降航线周围居民有很大影响。

4. 社会生活噪声

社会生活噪声是指人为活动产生的除工业噪声、建筑施工噪声和交通运输噪声之外的干扰周围生活环境的声音，主要是社会人群活动产生的噪声，如休闲广场、公园、集贸市场、商业街、歌舞厅、露天游泳池、体育场、展览馆、中小学校、火车站、汽车客运站等场所的喧闹声、吆喝声、高音广播喇叭声等，特别是"广场舞"。这些噪声会干扰人们正常休息、交谈、工作和学习，使人心烦意乱。

三、空气污染

（一）空气污染的概念

空气污染也称为大气污染，是指向空气中排放有害物质，对人们的正常生活、身心健康等产生不良影响的现象。空气质量优良，比如负氧离子含量较高，则有益于人体健康；反之，空气质量较差，则有损于人体健康。

为了防治大气污染，保障公众健康等，我国制定了《中华人民共和国大气污染防治法》和《环境空气质量标准》GB 3095—2012。其中，《环境空气质量标准》规定了环境空气中各项污染物不允许超过的浓度限值。如果环境空气中某项污染物超过了该浓度限值，则认为它污染了环境空气。超过越多，说明污染越严重。

（二）空气污染物的类型和危害

排入空气中的污染物种类很多。根据污染物的形态，分为颗粒污染物和气态污染物两大类。

1. 颗粒污染物及其危害

（1）颗粒污染物的概念

颗粒污染物也称为总悬浮颗粒物，是指能悬浮在空气中，空气动力学当量直径（以下简称直径）小于等于 $100\mu m$（微米）的颗粒物。

（2）颗粒污染物的种类

颗粒污染物主要有尘粒、落尘和飘尘。尘粒和落尘的颗粒较大，靠自身的重力可沉降到地面。飘尘也称为可吸入颗粒物，是直径在 $10\mu m$ 以下的颗粒物，它的颗粒相对较小，不易沉降，能长时间在空中飘浮，对人体危害最大。其中，直径小于等于 $2.5\mu m$（为人类纤细头发直径的 $1/20\sim1/30$）的颗粒物，称为细颗粒物，也称为可入肺颗粒物，即通常所说的 $PM_{2.5}$，是表征空气环境质量的主要污染物指标。细颗粒物主要来自化石燃料的燃烧（如汽车尾气、煤烟）、挥发性有机物等。

（3）颗粒污染物的危害

颗粒污染物对人体的危害程度与其直径大小和化学成分有关。细颗粒物不易被阻挡，人吸入后会直接进入支气管，干扰肺部的气体交换，易引发哮喘、支气管炎、心血管病等疾病，还可通过支气管和肺泡进入血液，其中的有害气体、重金属等溶解在血液中，对人体健康的危害更大。煤烟尘能把建筑物表面熏黑，严重时能刺激人的眼睛，引起结膜炎等眼病。

随着现代工业的发展，镉、锌、镍、钛、锰、砷、汞、铅等很多重金属颗粒物污染空气后，能引起人体慢性中毒，其中以铅的危害多而重。铅通过血液到达人的大脑细胞，沉积凝固，危害神经系统，使智力、记忆力减退，形成痴呆症或引起中毒性神经病。

2. 气态污染物及其危害

气态污染物是指以气体形态进入空气中的污染物，主要有硫氧化物、氮氧化物、一氧化碳、碳氢化合物。污染空气的硫氧化物以二氧化硫的数量最多，危害最大。二氧化硫是无色、有刺激性臭味、有毒、有腐蚀性的气体，它对人体的危害，在浓度较低时主要是刺激上呼吸道，在浓度较高时会刺激呼吸道深部，对骨髓、脾等造血器官也有刺激和损伤作用。二氧化硫在空气中还能同水蒸气和其他化合物结合而形成硫酸雾，其毒性比二氧化硫大，随雨、雪降落而形成"酸雨"，除了损害呼吸道系统和皮肤，还会腐蚀建筑物、设备和露天放置的各种金属。

污染空气的氮氧化物主要是一氧化氮、二氧化氮。一氧化氮本身对人体无害，但进入空气转变为二氧化氮后便变成有害。二氧化氮对呼吸器官有刺激作用，慢性二氧化氮中毒可引起慢性支气管炎和慢性肺水肿。

一氧化碳大部分来自汽车尾气，在城市空气污染物中含量较多，是一种无色、无味、有害的气体，不利用检测仪器很难识别，因此其危害性比刺激性气体还要大。

碳氢化合物包括甲烷、乙烷、乙烯等，是空气中的一类重要的污染物，与空气中的氮氧化物在阳光作用下形成浅蓝色烟雾，被称为光化学烟雾，危害很大。

（三）空气污染源

1. 主要空气污染源

（1）交通污染源。主要是机动车、火车、飞机、轮船等排放有害物质进入空气。由于交通工具以燃油为主，主要污染物为碳氢化合物、一氧化碳、氮氧化物和含铅污染物，尤其是汽车尾气中的一氧化碳和铅污染。

（2）生活污染源。这类污染源具有分布广、排放污染物量大、排放高度低等特点，主要有：①生活燃料的污染。居民家庭使用煤炭等燃料做饭或取暖，由于燃烧不充分，经常排出大量烟尘。②居住环境的污染。由于建筑及其装饰装修的发展，建筑材料、装修材料释放的甲醛、苯、氯氨等有机化合物，石棉以及氡等，成了重要的污染物，尤其在半封闭的通风和空调系统中危害更为严重，引起所谓的空调病和办公室综合症。③其他生活污染。如公共厕所、垃圾站、污水沟等也是污染源，它们挥发有害气体，特别是恶臭气体。

（3）工业污染源。产生空气污染的工业企业主要有钢铁、有色金属、火力发电、水泥、化工、造纸、农药、医药等企业。它们在生产中排放各种有害物质。

2. 空气污染源的源强和源高及其影响

源强是单位时间内污染物的排放量。污染物的浓度与源强正相关，即源强越大，污染越严重。

源高是污染源排放的高度，对污染物的浓度分布有很大影响。一般来说，离污染源越远，污染物的浓度越低。但就高架源来说，情况较复杂，例如烟囱，地面污染物的浓度在离烟囱很近处较低，随着距离的增加而增加，达到最大值后又逐渐减小，即污染物的最大浓度不是在最近处，而是在相隔了一段距离处。

四、水污染

（一）水污染的概念

水污染是指因某些物质的介入，导致水体化学、物理、生物或放射性等方面特性的改变，从而影响水的有效利用，造成水质恶化，危害人体健康、破坏生态环境等的现象。

水污染可分为地表水污染、地下水污染和海洋污染。地表水的污染物大多来自工业排放的废水、城市生活排放的污水以及农田、农村居民点的排水。被污染的地表水可能随雨水渗到地下，引起地下水污染。海洋污染的范围主要是沿海水域的污染，主要是临海工厂排放的废水、沿海居民丢弃的垃圾、船舶航行中排出的废油等所致。

（二）水污染物及其危害

与居住生活有关的水污染物及其危害主要有下列几种。

（1）植物营养物及其危害。植物营养物虽然是植物生长繁殖所必需的营养素，但如果过多进入天然水体，会使水质恶化，从而危害人体健康。天然水体中过多的植物营养物主要来自农田施肥、农业废弃物、城市生活污水及某些工业废水。

（2）酚类化合物及其危害。酚有毒性，水遭受酚污染后，将严重影响水产品的产量和质量；人体经常摄入，会产生慢性中毒，发生呕吐、腹泻、头痛、头晕、精神不振等症状。水中酚的来源主要是冶金、煤气、炼焦、石油化工、塑料等工业排放的含酚废水，以及城市生活污水。

（3）氰化物及其危害。氰化物是剧毒物质。水中的氰化物主要来自化学、电镀、煤气、炼焦等工业排放的废水。

（4）酸碱及其危害。水体如果长期遭受酸碱废水污染，水质会逐渐恶化。酸性废水主要来自矿山排水和各种酸洗废水、酸性造纸废水等。碱性废水主要来自碱法造纸、人工纤维、制碱、制革等工业废水。

（5）病原微生物及其危害。病原微生物有病菌、病毒、寄生虫3类，对人体健康带来威胁。水中病原微生物主要来自医院废水和生活污水，制革、屠宰、洗毛等工业废水，以及牲畜污水。

（6）放射性物质及其危害。污染水的最危险的放射性物质是锶、铯等，这些物质半衰期长，经水和食物进入人体后，能在一定部位积累，增加对人体的放射性照射，严重时可引起遗传变异和癌症。在水环境中，有时放射性物质虽然不多，但能经水生食物链而富集。放射性物质的主要来源有：①原子能核电站排放废水；②核武器试验带来的，主要是空气中放射性尘埃的降落和地面径流；③放射性同位素在化学、冶金、医学、农业等部门的广泛应用，随污水排入水中，造成对人体的危害。

五、固体废物污染

（一）固体废物的概念和种类

固体废物是指在生产和消费过程中被丢弃的固体或泥状物质，包括从废水、废气中分离出来的固体颗粒。

固体废物的种类很多，根据废物的形状，分为颗粒状废物、粉状废物、块状废物和泥状废物（污泥）。根据废物的化学性质，分为有机废物和无机废物。根据废物的危害状况，分为有害废物和一般废物。其中，有害废物是指能对人体健康或环境造成现实危害或潜在危害的废物。为了便于管理，又可将有害废物分为有毒的、易燃的、有腐蚀性的、能传播疾病的、有较强化学反应的废物。根据废物的来源，分为城市垃圾、工业固体废物、农业废弃物和放射性固体废物。

（二）固体废物的危害

固体废物对环境的污染是多方面的，如散发恶臭、污染空气。许多固体废物所含的有毒物质和病原体，除了通过生物传播，还以空气为媒介传播。下面简要介绍城市垃圾和工业固体废物及其危害。

1. 城市垃圾及其危害

城市垃圾的种类多而杂，主要包括城市居民生活垃圾、商业垃圾、建筑垃圾、市政维护和管理中产生的垃圾。城市垃圾如果处理不善，会影响市容市貌和卫生环境。城市垃圾中的许多物质为有机物，会腐烂而产生臭味。许多城市垃圾本身或在焚化时，会散发出臭气和毒气。

2. 工业固体废物及其危害

工业固体废物包括工业生产中排入环境的各种废渣、粉尘和其他废物。随着工业生产的发展，工业废物量日益增加，其中以冶金、火力发电等工业排放量最大。4种主要的工业固体废物及其危害如下。

（1）煤渣和粉煤灰。煤渣是从工业和民用锅炉及其设备燃煤所排出的废渣，也称为炉渣。目前排出煤渣最大量的工业是燃煤火力发电厂。大量煤渣弃置堆积，可放出含硫气体污染空气。粉煤灰是煤燃烧所产生的烟气中的细灰，一般是指燃煤火力发电厂从烟道气体中收集的细灰，也称为飞灰、烟灰。如果不处理或处理不够，会造成空气污染，排入河流中还会造成水污染。

（2）有色金属渣。有色金属渣是指有色金属矿物在冶炼过程中产生的废渣，包括赤泥（从铝土矿提炼氧化铝后排出的，一般含大量氧化铁，因此呈赤色泥土状）、铜渣、铅渣、锌渣、镍渣等。有的有色金属渣含有铅、砷、镉、汞等有害物质。有色金属渣如果堆置在露天，受风吹雨淋，会对土壤、水、空气造成污染。

（3）铬渣。铬渣是在生产金属铬和铬盐过程中产生的工业废渣。铬渣中含有剧毒的六价铬等，如果露天堆放，受雨、雪淋浸，渗入地下或进入河流中，会严重污染环境，危害人体健康。

（4）化工废渣。化工废渣种类繁多，以塑料废渣、石油废渣为主，酸碱废渣次之。化工废渣中有毒物质最多，对环境污染最严重。

六、辐射污染

（一）辐射污染的种类

辐射包括电磁辐射和放射性辐射。电磁辐射是指能量以波的形式发射出去，放射性辐射是指能量以波的形式和粒子一起发射出去。因此，辐射污染分为电磁辐射污染和放射性辐射污染。

（二）电磁辐射污染

1. 电磁辐射污染的概念

电磁辐射污染是指电磁辐射的强度达到一定程度时，对人体机能产生一定的破坏作用。它可分为光污染和其他电磁辐射污染。

2. 光污染及其危害

光污染是指人类活动造成的过量光辐射对人们生活和生产环境形成不良影响的现象。4种主要的光污染及其危害如下。

（1）视觉污染：是指杂乱的视觉环境，如杂乱的垃圾堆物、乱摆的货摊、五颜六色的广告等，会使人感到不舒服。

（2）灯光污染：如路灯、聚光灯、夜景照明等户外照明设置不当，造成灯光照进住宅，影响居民的日常生活和休息等。

（3）眩光污染：如车站、机场等过多闪动的信号灯，会使人视觉不适。

（4）其他光污染：如写字楼、商场、宾馆等建筑物的玻璃幕墙等，在阳光或强烈灯光照射下产生的强反射光，会扰乱人们的视觉，成为交通事故的隐患。

3. 其他电磁辐射污染及其危害

其他电磁辐射污染通常称为电磁辐射污染，简称电磁污染，是指人为发射的和电子设备工作时产生的电磁波对人体健康产生的危害。其污染源主要有高压输电线路、变电站、广播电视发射塔、卫星通信地面站、雷达站、移动通信基站、高频设备等。但如果房屋离这些污染源较远，就不用担心电磁辐射污染问题。

电磁辐射对人体的危害程度随着电磁波波长的缩短而增加。根据电磁波的波长，分为长波、中波、短波、超短波、微波。其中，中、短波频段俗称高频辐射。经常接受高频辐射的人普遍感到头痛、头晕、周身不适、疲倦乏力、睡眠障碍、记忆力减退等，还能引起食欲不振、心血管系统疾病及女性月经周期紊乱。在高压输电线路下面，人和动物的生长发育受阻碍；在距其 90～100m 的半径范围内，人的脉搏跳动时快时慢，血压升高或下降，血液中白血球数高于正常值。超短波和微波对人体的损害更大。如微波除了上述危害，还能损伤眼睛，严重的会导致白内障。

（三）放射性辐射污染

1. 放射性辐射污染的概念

放射性辐射污染简称放射性污染，是指排放出的放射性物质造成的环境污染和人体危害。

2. 放射性辐射污染的来源

放射性辐射污染的来源主要有下列 4 个。

（1）地球上的天然放射性源。这通常是指存在于地表、空气和水圈的天然放射性。由于不同地区放射性物质的含量、元素有较大差异，自然界中天然放射性本底造成的剂量有较大差别。

（2）人类活动增加的辐射。随着社会进步，人们利用许多天然石材或工业生产中的副产品来做建筑材料等，如用钢渣或粉煤灰制砖等。这些建筑材料中往往含有放射性元素。

（3）医疗照射引起的放射性。现代医学的发展，使放射在医学上得到广泛应用。医疗照射已成为主要的人工污染源。

（4）核燃料的"三废"排放。在核燃料的产生、使用和回收3个阶段均会产生"三废"，并对周围环境带来一定的污染。特别是核反应堆发生事故或发生地震时，所造成的放射性污染程度将大大增加。

3. 放射性辐射污染的危害

放射性辐射污染会影响细胞的分裂，使细胞受到严重的损伤以至出现生殖、死亡、细胞减少、功能丧失，或者造成致癌、致突变作用。当人体受到一定剂量的照射后，会出现头痛、头晕、食欲不振、睡眠障碍以致死亡等。而在受超容许水平的较高剂量的长期慢性照射下，能够引发癌症、白内障、不育症，甚至造成提前死亡。

人们买房或租房除了怕买到或租到"凶宅"、海砂屋，还怕买到或租到辐射屋。辐射屋是指使用受到放射性辐射污染的钢筋等建筑材料所建造的房屋。例如，受到核污染的废金属可能被加工成建筑材料，其辐射并不会因为重新加工而消失，如果用它们建造房屋，就会产生放射性物质，对房屋使用人造成严重伤害。

七、室内环境污染

（一）室内环境污染概述

人们越来越关注和重视室内环境污染问题，甚至认为它比室外环境污染问题更重要，因为：①室内环境是人们接触最多、最密切的环境。人的一生中的大部分时间是在室内度过的。②室内环境污染物的种类日益增多。随着经济社会发展，大量会产生有害物质的建筑材料、装修材料及日用化工产品进入室内。③室内环境污染物越来越不易扩散。为了防止室外过冷或过热的空气影响室内温度，以节约能源，许多建筑物越来越密闭，使室内环境污染物难以及时排出室内。

室内环境污染主要是室内空气污染和辐射污染。反映住宅室内空气质量的两个常用指标是甲醛和总挥发性有机化合物（TVOC）浓度，如果经有资质（具有CMA中国计量认证资质）的专业机构检测，表明它们不符合国家有关标准，即"超标"，如居室空气中甲醛的浓度大于 $0.08mg/m^3$，则说明存在室内空气污染。

（二）室内环境污染的来源

根据污染物形成的原因和进入室内的不同渠道，室内环境污染有室外来源和室内来源两个方面。

存在于室外环境中的污染物可通过门窗、孔隙或其他缝隙进入室内。例如，室内的空气来自室外，当室外空气受到污染后，通过门窗等进入室内，影响室内空气质量。再如，某些房屋的地基中含有一些可逸出或可挥发的有害物质，它们可通过房屋基础的缝隙逸入室内。这些有害物质的来源主要有：①地层中固有的，如氡及其子体；②地基在建造房屋之前已遭受工农业生产或生活废弃物的污染，如受农药、化工燃料、汞、生活垃圾等污染，而未对其彻底清理就在其上建造房屋，如在未清除干净的化工厂原址、垃圾填埋场上建造的房屋。

室内来源的污染物主要来自建筑材料和装修材料。室内环境是由建筑材料和装修材料围合而成的与外界环境隔开的微小环境。这些材料往往含有种类不同、数量不等的污染物，其中的一些具有挥发性或放射性，可向室内释放甲醛、苯、甲苯、醚类、酯类等有害物质；某些不具有挥发性的重金属，如铅、铬等有害物质，当材料受损后剥落成粉尘，可通过呼吸道进入人体，造成中毒。有时虽然建筑材料和装修材料的污染物浓度不高，但在室内逐渐累积导致污染物浓度增加，人在其长期综合作用下会出现不良建筑物综合症、建筑物相关疾患等疾病。尤其是在装有空调系统的房屋内，因室内环境污染物难以及时排出室内，更容易使人出现某些不良反应及疾病。为了预防和控制民用建筑工程中建筑材料和装修材料产生的室内环境污染，保障公众健康，维护公共利益，《民用建筑工程室内环境污染控制标准》GB 50325—2020 从工程勘察设计、工程施工、工程检测及工程验收等方面，对室内环境污染的控制提出了具体要求。

此外，房屋内可能因曾经存放过污染物或发生过污染物泄漏等而受到污染，原房屋使用者搬出后未进行彻底清理，会使后搬入者遭受危害。

（三）建筑材料和装修材料的室内环境污染

6 种常用建筑材料和装修材料的室内环境污染如下。

（1）无机非金属材料。如砂、石材、砖、砌块、水泥、混凝土、混凝土预制构件等，它们影响人体健康较突出的是放射性辐射问题。由于取材地的不同，这些材料的放射性有所不同。某些材料中含有超过国家标准的辐射，如含有高本底的镭，镭可蜕变成放射性很强的氡，进入室内后造成室内氡污染，可引起肺癌。

（2）有机保温隔热材料。如合成隔热板，主要品种有聚苯乙烯泡沫塑料、聚氯乙烯泡沫塑料、聚氨酯泡沫塑料、脲醛树脂泡沫塑料等，它们是以各种树脂为基本原料，加入一定量的发泡剂、催化剂、稳定剂等辅助材料，经加热发泡而成。这些材料存在一些在合成过程中未被聚合的游离单体或某些成分，在使用过程中会逐渐逸散到空气中。此外，这些材料随着使用时间的延长或遇到高温，会发生分解，释放甲醛、氯乙烯、苯、甲苯、醚类、甲苯二异氰酸酯（TDI）等有害物质。

（3）吸声和隔声材料。吸声材料主要有石膏板等无机材料，软木板、胶合板等有机材料，泡沫玻璃等多孔材料，矿渣棉、工业毛毯等纤维材料。隔声材料主要有软木、橡胶、聚氯乙烯塑料板等。它们可释放石棉、甲醛、酚类、氯乙烯等有害物质，产生使人不舒服的气味，出现眼结膜刺激、接触性皮炎、过敏等症状。

（4）人造板材。它们在生产过程中通常加入以甲醛为主要原料的胶粘剂进行粘结，这些胶粘剂中一般含有大量甲醛等挥发性有害物质。例如，许多调查发现，从铺装人造地板的新装修房屋中可检测出较高浓度的甲醛、苯等有害物质，房屋里的人长期吸入这些物质，对身体危害很大。

（5）涂料。它们含有许多有机化合物，可释放甲醛、氯乙烯、苯、甲苯二异氰酸脂、酚类等有害物质。涂料所用的溶剂是挥发性很强的物质，也是室内空气污染的重要来源。涂料中的颜料和助剂还可能含有铅、铬、镉、汞、锰以及砷、五氯酚钠等有害物质，对人体健康也会造成危害。

（6）壁纸。它们的成分不同，影响有所不同。某些化纤纺织物壁纸可释放甲醛等有害物质。塑料壁纸因含有未被聚合以及塑料的老化分解，可释放甲醛、氯乙烯、苯、甲苯、二甲苯、乙苯等挥发性污染物。天然纺织物壁纸特别是纯羊毛壁纸中的织物碎片，是一种致敏原，可导致人体过敏。

复 习 思 考 题

1. 房地产经纪人为什么要学习城市和环境景观知识？
2. 我国目前的居民点系列是怎样的？它们是如何分为城市和乡村的？
3. 什么是城市？它有哪些分类？各种分类有何实际意义？
4. 您所在的城市是属于哪种类型的城市？了解这些对做好房地产经纪业务有何帮助？
5. 城市行政区、市区、郊区、城区、建成区、规划区等的范围是如何界定的？
6. 什么是城市功能分区？城市主要有哪些功能区？
7. 什么是城市化或城镇化？城市发展有何规律？
8. 城市规划有关术语和指标主要有哪些？它们的含义是什么？
9. 城市居住区依据其居住人口规模分为哪几级？
10. 城市居住区的区位选择有哪些要求？
11. 城市居住区的配套设施有哪些？
12. 社区服务设施和便民服务设施分别有哪些？
13. 居住区内绿地主要有哪些？它们有何作用？

14. 居住区内道路主要有哪些？它们有何作用？

15. 什么是环境？对环境如何分类？

16. 自然环境、人工环境、社会环境的含义分别是什么？

17. 住宅的环境好坏如何分辨？

18. 什么是景观？如何观察一套住宅的景观？

19. 现实中住宅的哪些景观是好的？

20. 景观与环境是什么关系？与园林有何异同？

21. 什么是自然景观？什么是人文景观？

22. 景观要素是什么？

23. 什么是景观评价？

24. 景观美感评价的一般特征包括哪些方面？

25. 生态美学原则主要有哪些？

26. 什么是环境污染？它有哪些类型？

27. 什么是环境污染源？它有哪些分类？

28. 什么是噪声和噪声污染？

29. 噪声污染有哪些特征？其危害和污染源有哪些？

30. 什么是空气污染？其污染物、危害和污染源有哪些？

31. 什么是水污染？其污染物及危害有哪些？

32. 什么是固体废物？它有哪些危害？

33. 什么是辐射污染？它有哪几种？

34. 什么是光污染？其污染源主要有哪些？它们有哪些危害？

35. 什么是电磁辐射污染？其污染源主要有哪些？它们有哪些危害？

36. 高压输电线路、变电站、广播电视发射塔产生的污染属于何种污染？

37. 什么是放射性辐射污染？它有哪些危害？

38. 什么是室内环境污染？其污染源主要有哪些？它们有哪些危害？

第四章　房地产市场及其运行

　　房地产经纪服务虽然不是"一切为了成交"，但其最终结果仍需要促成交易。一笔房地产交易的促成，既需要房地产经纪人的辛勤工作，也有较大的不确定性，还取决于所处的房地产市场状况这个大环境、大背景。例如，房地产市场是火热还是低迷，是处于上升期还是下行期，以及房地产市场调控政策措施是放松还是收紧等，对房地产交易的成功率和成交速度有很大影响。因此，房地产经纪人要做好经纪服务，应懂得房地产市场是怎样形成和运行的，了解房地产市场机制、运行规律和发展变化趋势，并能为客户分析房地产市场形势及提供有关咨询。为此，本章介绍房地产市场的概念、要素、作用、特点、主要参与者、分类，以及房地产市场供求、竞争、波动和调控等。

第一节　房地产市场概述

一、房地产市场的概念和要素

(一) 市场的概念

　　人们对市场有许多定义和表述，例如：①市场是商品交易的场所。②市场是商品交易的任何场合。③市场是连接商品供给者和需求者的桥梁。④市场是将商品的买卖双方连接在一起的一种交换机制。⑤市场是能够使卖方和买方得到信息并相互交易的安排。⑥市场是相互作用，使交易成为可能的卖方和买方的集合。⑦市场是某种商品需求的总和。因商品需求是通过买者体现出来的，市场也可以说是某种商品所有现实买者和潜在买者所组成的群体。

　　上述种种市场定义或表述，从不同角度强调了市场的某个方面，对理解市场的内涵和作用以及认识和分析市场，均有所启示和帮助。例如，第 1 种定义是传统的狭义的市场定义，认为市场是集中进行商品交易的有形场所。第 2 种定义认为市场并不限于或不一定要有看得见的集中进行交易的有形场所。第 3、4、5、6 种定义主要强调市场的作用。特别是第 5 种定义接近于经纪的作用。第 7 种定义从市场营销的角度突出了消费者的需求，该定义的市场可用下列简明的公式来概括：

$$市场＝人口＋购买能力＋购买欲望$$

上述公式说明，人口、购买能力和购买欲望3个因素中，缺少任何一个因素都不能形成市场，并且分析市场潜力和市场规模，也要同时从这3个因素入手。例如，一个国家或地区的人口虽然很多，但如果人均收入很低，意味着购买能力很有限，那么它的市场就是很有限的；反之，虽然人均收入很高，但如果人口过少，它的市场也是很有限的。只有当人口较多且人均收入较高时，它的市场潜力才较大。像中国这样一个基于14亿多人口的房地产市场，房地产市场规模和市场潜力非常之大，为房地产经纪活动提供的空间十分广阔。同时需注意的是，仅有人口和购买能力还不够。如果商品或服务不对路，比如没有适合人们需要的房源，缺乏诚信、专业的经纪服务，难以引起消费者的购买欲望，也就难以形成应有的较大规模的市场。

（二）房地产市场的概念

房地产市场是指所交易的商品是房地产或以房地产为交易对象（标的物）的市场。房地产交易主要有买卖、互换、租赁等。

房地产市场既可以是有形的，也可以是无形的。有形的房地产市场是指看得见的集中进行房地产交易的固定场所，比如某个城市或其下辖区的"房地产交易市场""房地产交易大厅"；反之，则为无形的房地产市场，如许多房地产交易是通过看不见的网络、电话、微信沟通进行的，或者是通过分散在各处、时常变换的房地产经纪门店、约定的咖啡厅、茶室、交易对象现场等面对面协商而进行的。

（三）房地产市场的要素

房地产市场的要素是指构成房地产市场的必要因素，主要有3个：①市场主体，即房地产供给者（如房地产出卖人或出租人）和需求者（如房地产购买人或承租人）；②市场客体，即供交易（如买卖或租赁）的房地产商品和服务；③交易条件，即符合交易双方利益要求的交易价格、付款方式、交付日期等。只有同时具备上述三个要素，房地产交易才可能发生，房地产市场才能形成。

二、房地产市场的作用和特点

（一）房地产市场的作用

房地产市场的作用主要有3个：①传递房地产供求信息；②调节房地产资源配置；③提高房地产使用效益。例如，通过房地产价格涨落信号反映及调节房地产供求关系，如通过房价或房租上涨信号反映房屋供不应求，并抑制房屋需求、刺激房屋供给；通过房价或房租下降信号反映房屋供过于求，并抑制房屋供给，刺激房屋需求。

（二）房地产市场的特点

与一般商品市场相比，房地产市场有下列 11 个特点。

1. 交易标的物不能移动

房地产不像家具、家电等动产那样是可以移动的，因此房地产买卖不是随着房地产实物的交付而产生相应的物权转让，而是房地产实物随着房地产物权（如房屋所有权、建设用地使用权）的转让而转移。也就是说，动产可以移动，动产在谁的手里，谁就是该动产的权利人，除有相反证据及法律另有规定的外；房地产不能移动，不动产登记簿记载的权利人，就是享有该房地产物权的人，除有证据证明不动产登记簿确有错误外。

2. 交易标的物各不相同

房地产不仅多种多样，而且不同房地产之间差异较大，如地段、楼层、朝向、户型、房龄、装修、环境等差异，是非标准化的、不同质的。

3. 交易金额很大

房地产因价值较高，需有一定面积，交易需要大量资金，且通常需要贷款，如居民购买住房往往需要申请贷款，离不开商业银行等金融机构的支持与配合。

4. 交易成本较高

房地产交易涉及的契税、增值税、所得税、印花税、不动产登记费等税费较多、较高，支付的佣金等经纪服务费用也不是个小数。

5. 交易频次很低

住房等房地产因寿命长久，不像食品、衣服等易耗品那样需要经常购买，也不像电视机、电冰箱等耐用消费品那样每隔几年需要重新购买，通常要过一二十年才会为换房而重新购买，许多人甚至过去没有或仅有一两次房屋买卖经历，只有少数炒房者才有可能经常买卖房屋。

6. 交易时间较长

房地产交易因金额大、流程复杂、风险点多，如购房人一般要实地看房，并在多处房屋之间反复进行比选，买卖双方通常要多次协商交易价格、付款方式、交易税费负担、户口是否迁出、产权转移日期、房屋交付日期等交易条件，还要签订书面房屋买卖合同，缴纳交易税费，办理房地产贷款、不动产转移登记、抵押登记等，交易所需的时间较长，由此还导致经纪服务的链条较长、时间也较长。

7. 新房和存量房市场并存

人们对新房和存量房的接受程度通常无明显差异，在房地产市场成熟阶段，房地产交易以存量房交易为主。

8. 买卖和租赁市场并存

住宅、商铺、写字楼、仓库等类房地产，既有买卖市场又有租赁市场，甚至租赁交易比买卖交易还要活跃。

9. 市场状况各地不同

房地产市场是典型的区域性市场，一般可将一个城市的房地产市场视为一个市场。各城市的房地产市场规模大小、价格高低、供求关系、市场冷热和活跃程度等状况不尽相同，且发展变化也不同步，甚至出现分化。例如，一二线城市和三四线城市的房地产市场向热、冷两个相反方向发展，是长期趋势，主要是人口在城市之间流动导致的。人口从中小城市向少数特大城市集聚是世界性现象，早已完成了城市化的发达国家如今仍然如此。因此，房地产市场调控政策措施各地有所不同，出现了"因城施策""一城一策"，甚至"一城多策"。

10. 交易和市场易受管制

法律法规和政策对房地产交易和市场作出了许多规定或限制，比如规定某些房地产不得交易，为了房地产市场平稳健康发展或根据宏观经济形势需要，对住宅实行限购、限售、限贷、限价等，并会随着形势的发展变化而调整或改变。此外，还规定不得为不符合交易条件的保障性住房和禁止交易的房屋提供经纪服务等。

11. 普遍需要经纪服务

房地产交易因金额大、标的独特、税费较高、频次较低、流程复杂、时间较长、风险点多、专业性强，以及交易信息不充分、不对称，人们对房地产交易一般十分慎重，但是往往缺乏相关专业知识和实践经验，非常需要诚信、专业的经纪服务。因此，只要存在房地产市场、有房地产交易，就需要经纪服务。并且房地产市场越成熟，越需要经纪服务。在成熟的房地产市场中，通过经纪服务完成的交易占比（经纪渗透率）一般超过80%。

三、房地产市场的主要参与者

房地产市场参与者的角色较多，可分为以下3大类：①房地产交易双方或交易当事人，即房地产的供给者和需求者；②为房地产交易双方提供专业服务的房地产经纪机构及其他专业服务机构，统称房地产市场服务者；③对房地产交易、经纪等活动进行监督管理的行政管理部门和自律管理的行业组织。

（一）房地产供给者

1. 房地产供给者的类型

房地产供给者可能成为房地产经纪机构和房地产经纪人的卖方客户，了解他们有助于开拓房源。房地产供给者包括房地产出卖人和出租人。凡是合法拥有房地产并有权出售、出租的单位和个人，都有可能成为房地产供给者，可分为房地产开发企业（相当于生产者）和房地产拥有者两大类。房地产拥有者又可分为存量房拥有者和土地拥有者。

（1）房地产开发企业，简称开发商，是以营利为目的，从事房地产开发经营活动的企业，是新建商品房的供给者，包括出售和出租新建商品房。

（2）存量房拥有者，包括拥有存量房的个人和单位，是存量房的供给者，他们可能出售或出租自己的存量房。其中，个人拥有的存量住宅供给的情形主要有以下 6 种：①改善性需求释放的供给，如小房换大房（小面积换大面积、小户型换大户型）、旧房换新房、远处房换近处房（如郊区住房换市区住房，离工作地点较远的住房换离工作地点较近的住房）、环境较差房换环境较好房、非学区房换学区房等腾出的住房。在这种情况下，有的是买卖同时进行，有的是先卖后买，有的是先买后卖，并出现了"连环单"现象。这种情形在房价高的城市越来越多，因为通常只有卖掉原有的房子才能够买得起大房、新房等较好的房子。②离开本地释放的供给，如因移居其他城镇、出国等而卖房。③需要资金释放的供给，如看好股市或欠债要还等，卖房筹资去炒股、还债等。④获利变现释放的供给，如房地产投资、投机者认为达到了预期收益目标或房价涨得差不多了而卖房。⑤分家析产释放的供给，如多个继承人继承的房产、夫妻离婚后的房产，其中谁得房、谁拿钱都不好办，将房产卖掉后分配房款是一种较好的解决办法。⑥规避风险释放的供给，如担心房价未来会下跌而卖房，或拥有多套住房的人担心将来征收持有环节的税收而卖房等。

（3）土地拥有者，包括土地所有者和土地使用者，是土地的供给者，如政府出让建设用地使用权，单位转让建设用地使用权。

2. 房地产供给者的主要诉求

房地产出卖人的诉求主要是在保证交易安全的前提下售价较高、售出较快、回款较快。在这三者不可兼得的情况下，可根据出卖人对这三者的偏重程度进行细分。如在售价较高和售出较快之间不可兼得时，可分为看重售价高而不很在意售出快的，看重售出快而在售价上可作适当让步的（如急需资金的，急需腾出购房资格而购买新房、大房的）。房地产出卖人还可能有其他诉求，如晚些交房、不迁出户口等。

房地产出租人的诉求主要是租金较高、租出较快、满意的承租人（如要求整租，承租人有正当职业，居住人数不超过一定人数，应为同一家庭成员，要爱惜房屋、家具家电、设施设备，承租人不会给自己带来麻烦等）。在这三者不可兼得的情况下，也可根据出租人对它们的偏重程度进行细分。

（二）房地产需求者

1. 房地产需求者的类型

房地产需求者可能成为房地产经纪机构和房地产经纪人的买方客户，了解他们有助于寻找客源。任何个人和单位都有可能成为房地产需求者，因为人人都需要住房满足居住需要，每个单位都需要场地特别是建筑空间从事生产经营等活动。

房地产需求者也称为房地产消费者，可根据房地产需求的不同分为不同类型。例如，住房需求可分为购房需求和租房需求，相应地可将住房需求者分为购房人和租房人。住房需求还可分为主动需求和被动需求。主动需求是因收入增加等而积极、自愿地购买住房，被动需求是因房屋被征收拆迁、家庭人口增加、结婚等而需要购买住房。此外，根据购买房地产的目的或动机，房地产购买需求可分为自用性需求、投资性需求和特殊性需求 3 大类，每大类中又可细分。

（1）自用性需求，是购买房地产后自己使用的需求，即"为用而买"的需求。其中，住房的自用性需求也称为自住性需求（或自住购房需求、消费需求），又可分为刚性需求和改善性需求。刚性需求也称为基本需求，是指结婚、新增人口（如城镇化、其他城镇迁入）、征地拆迁货币化安置等产生的住房需求。

改善性需求是指为改善居住条件而产生的住房需求，即卖掉旧的小的差的，购买新的大的好的，比如旧房换新房、小房换大房、远处房换近处房、楼梯房换电梯房、配套和环境较差房换配套和环境较好房、非学区房换学区房等产生的需求。因住房单价越来越高、总价越来越大，卖掉原有的房子才能够买得起房子，置换型改善性需求越来越多。

（2）投资性需求，是为了获取房地产收益或以房地产规避损失而购买房地产的需求，可分为狭义的投资性需求、投机性需求和保值性需求。狭义的投资性需求简称投资性需求，是购买房地产后长期用于出租或出租较长时间（通常 5 年以上）再转售来获取回报的需求，即"为租而买"的需求。

投机性需求是为了再出售而暂时购买房地产，利用房地产价格涨落变化，以期从价差中获利的需求，即"为卖而买"的需求，特别是发生在投机者对未来的房地产价格看涨时而购买房地产，甚至出现疯狂的抢购。购买后大多空置，有可能临时出租。

保值性需求是担心通货膨胀（物价上涨、货币贬值）而购买房地产。通货膨胀是货币总量超过了流通中所需要的货币量，引起货币贬值，物价持续、普遍上涨的现象，即钱不值钱了。例如，手里有较多的人民币，在继续持有人民币、购买房地产、购买证券（如股票、基金、债券）、购买黄金、兑换为外币（如美元、欧元）等之间进行选择时，认为房地产相对来说可以保值增值而购买房地产。如有人说："钱放在银行里担心贬值，买股票、基金又有几个人不赔，没有出路了，还是放在房地产上会安心些。"购买后可能空置、出租或自用。

（3）特殊性需求，是为了特殊需要而购买房地产，比如为了子女上好的学校而购买所谓的"学区房"，为了将户口迁入而买房。购买后可能自用，有可能空置或出租。

上述需求中，自用性需求和投资性需求是常态。

2. 房地产需求者的主要诉求

房地产自用性需求者的诉求主要是在保证交易安全的前提下"物有所值""物美价廉"，即房地产满意、价格合适、交付较快。其中，住房承租人的诉求还有是整租还是合租；合租的，还有对合租人的性别、年龄、职业、生活习惯（如作息时间）等要求。

对投资性购买者来说，预期购买后在持有期间所能获得的租赁收益（或租金回报）和持有期末转售时的增值（或升值空间），对投机性购买者来说，预期购买后的房地产价格上涨幅度和转售时的获利多少，以及相关的风险大小，往往决定了他们的购买意愿和愿意支付的价格。

（三）房地产市场服务者

1. 房地产经纪机构

房地产经纪机构是房地产交易的"中间商"或"中介人"，是继房地产交易双方之后的重要市场参与者，为房地产交易者提供房源、客源、市场价格等信息及促成交易的相关服务。例如，发布房源信息，帮助房地产出卖人、出租人寻找购买人、承租人；搜集房源信息，帮助购买人、承租人寻找其欲购买、租用的房地产；向购买人、承租人提供房地产状况说明书、带领其实地查看房地产，帮助其了解房地产状况，协助交易双方订立房地产交易合同，代办房地产贷款、不动产转移登记、抵押登记等手续。此外，还可帮助房地产开发企业制定营销策略、提供销售价格建议等。

2. 其他专业服务机构

其他专业服务机构主要有下列5种。

（1）金融机构。房地产交易金额较大，需要金融机构提供贷款、交易资金监管、结算等服务。如商业银行为住房购买人提供商业性个人住房贷款。在存量住房买卖中，卖方通常有未还清的抵押贷款，买方往往也需要抵押贷款，因此还涉及新老债权人的进入和退出，也需要商业银行等金融机构提供相关金融服务。

（2）房地产估价机构。它们在房地产买卖以及相关的抵押贷款、交易税收等活动中提供房地产价值或价格评估服务。例如，在房地产成交之前进行估价，可为交易当事人提供所交易房地产的市场价格、市场价值或最可能实现的价格等专业意见，以免房地产出卖人"低卖"房地产，或房地产购买人"高买"房地产。在申请房地产抵押贷款时，出具房地产抵押估价报告，为商业银行、住房公积金管理中心等贷款人确定贷款额度提供参考依据。

（3）公证机构。具体为公证处，是依法设立，不以营利为目的，依法独立行使公证职能、承担民事责任的证明机构。在房地产交易中，公证机构根据当事人的申请，可以依法证明与房地产有关的法律行为（如房屋共有权人不能亲自到场，委托代办房地产交易合同、转移登记，需提供公证过的授权委托书）、有法律意义的事实（如继承）和文书的真实性、合法性。虽然房地产交易环节的公证并不是房地产交易的必经环节，但经过公证，可以减少相应的法律风险。

（4）律师事务所。在房地产交易中，律师事务所及其律师可以提供相关法律咨询顾问服务，比如在房地产买卖、抵押时，对相关合同和文件进行把关，避免出现有关法律问题或发生交易纠纷。此外，律师事务所还可以为房地产交易当事人提供律师见证服务，就有关房地产交易的法律行为或法律事实的真实性、合法性予以证明，维护当事人的合法权益。

（5）房地产交易、不动产登记和相关纳税服务机构。这些机构提供房地产交易合同网签备案、不动产登记及不动产权证书申领、房地产交易计税价格核定及缴税等服务。目前，通常实行房地产交易、不动产登记和房地产交易缴税等"一窗受理、并行办理"。

（四）房地产市场行政管理者

房地产市场行政管理者主要有下列两类。

（1）房地产管理部门。该部门在房地产市场管理方面主要是负责房地产交易、经纪等活动的监督管理，对房地产市场参与者的行为有着重要影响，如明确规定房地产经纪机构和房地产经纪从业人员不得发布虚假房源信息、不得对交易当事人隐瞒真实的房屋交易信息等。房地产管理部门有国务院房地产管理部门和地方房地产管理部门。目前，国务院房地产管理部门是住房和城乡建设部，地方房地产管理部门是各省（自治区）、市、县等各级地方住房和城乡建设（房地产）管理部门。

（2）其他相关管理部门，如市场监管部门、发展改革部门、人力资源社会保障部门等。

（五）房地产市场相关自律管理组织

房地产市场相关自律管理组织又称房地产行业组织，是房地产企业和从业人员的自律性组织，依照法律、法规和章程实行自律管理，为房地产企业和从业人员提供服务、反映诉求、维护权益、规范行为，以及促进房地产行业持续健康发展。目前，房地产自律管理组织有以房地产开发为主的，有以房地产中介服务（包括经纪、评估、咨询等）为主的，有以物业管理为主的，分为全国性行业组织和地方性行业组织。目前，中国房地产估价师与房地产经纪人学会（简称"中房学"）是我国依法设立的唯一全国性房地产中介服务行业组织。房地产经纪机构和房地产经纪从业人员加入依法设立的房地产中介服务行业组织，可享有其章程规定的权利，依法开展业务可得到行业组织的身份认同、专业水平评价等保障，合法权益可得到行业组织的维护。

第二节　房地产市场的分类

可以根据不同的需要、从不同的角度，对房地产市场进行分类。

一、按房地产流转次数的分类

按房地产流转次数，房地产市场分为一级市场、二级市场和三级市场。房地产一级市场是建设用地使用权出让市场，也称为土地一级市场。房地产二级市场是建设用地使用权出让后的房地产开发和经营，包括建设用地使用权转让市场、新建商品房销售（包括预售、现售）、租赁市场。房地产三级市场是投入使用后的房地产买卖、租赁等多种经营方式，包括购买的新建商品住房、已购公有住房、经济适用住房等的再次交易市场。

相关分类还有新房市场和存量房市场。新房市场也称为增量房市场、一手房市场，包括新建商品房市场。存量房市场也称为二手房市场，包括存量住房市场（也称为二手住房市场、住房二级市场）。随着房地产市场发展成熟，会从新房市场为主转向存量房市场为主。目前，北京、上海、广州、深圳等许多城市的存量住房成交量（如成交套数）超过新建商品住房成交量。

目前，一个城市的建设用地使用权出让市场是政府垄断供应，新建商品房市场是数量不多的房地产开发企业供应，二手房市场是众多的"小业主"供应。

二、按房地产交易方式的分类

按房地产交易方式，房地产市场分为买卖市场和租赁市场。住宅、公寓、商铺、写字楼等类房地产，同时存在着买卖市场和租赁市场，有时租赁市场比买卖市场还要活跃，交易频次较高，交易量还要大。随着大力培养和发展住房租赁市场、建立租购并举的住房制度，住房市场会从买卖为主转向租购并举。

三、按房地产用途的分类

按房地产用途，房地产市场分为居住房地产市场和非居住房地产市场。居住房地产市场主要是住房市场。非居住房地产市场又可分为商业用房市场、办公用房市场、工业用房市场等。

四、按区域范围的分类

按区域范围，房地产市场分为区域房地产市场和整体房地产市场。具体可分为某个城市、某个地区或者全国房地产市场。因为房地产市场主要集中在城市化地区，所以常见的是按城市来划分，如北京市房地产市场、上海市房地产市场、三亚市房地产市场等。对于较大的城市，因其内部不同区域的房地产市场通常存在明显差异，根据需要，还可按城市内不同区域来划分，如分为城区房地产市场、郊区房地产市场；或者按行政区划，分为东城区房地产市场、西城区房地产市场等。在宏观房地产市场分析中，有时需要了解较大区域的房地产市场状况，例如：①一线城市、二线城市、三线城市、四线城市房地产市场；②东部地区、中部地区、西部地区房地产市场；③东北地区、华北地区、华东地区、华中地区、华南地区、西南地区、西北地区房地产市场；④珠三角区域、长三角区域、环渤海区域房地产市场。值得指出的是，整体市场和区域市场是相对而言的，如某个城市房地产市场，相对于全国房地产市场来说是区域房地产市场，相对于该城市内部不同区域房地产市场来说则是整体房地产市场。

五、房地产市场的其他分类

对房地产市场还有许多其他分类，例如下列几种分类。

（1）按买卖双方在市场上对价格影响的强弱，房地产市场分为卖方市场和买方市场。卖方市场是房地产供不应求，卖方处于有利地位并对价格起主导作用的市场。买方市场是房地产供大于求，买方处于有利地位并对价格起主导作用的市场。随着房地产市场发展成熟，房地产市场总体上是从卖方市场转向买方市场。

在卖方市场下，房源是关键，掌握了房源就掌握了成交的主动权；在买方市场下，客源是关键，交易能否实现主要取决于客源。这从新建商品房销售来看更加明显，在房地产市场火热时，房地产开发企业甚至不用房地产经纪机构代理销售，全部自己销售；而在房地产市场低迷时，房地产开发企业普遍依赖有大量客源渠道的房地产经纪机构总代理销售或外场拓客分销。

（2）按达成交易与交付使用时间的异同，房地产市场分为现房市场和期房市场。

（3）按房地产档次（如建造标准、装饰装修标准或价格水平等），房地产市场分为高档房地产市场、中档房地产市场和低档房地产市场。但高档、中档和低档的评判标准及具体名称，会因不同用途（功能）的房地产和不同的划分标准而有所不同。例如，住房市场可分为普通住房市场、高档公寓市场、别墅市场等，办公用房市场通常分为甲级写字楼市场、乙级写字楼市场和丙级写字楼市场。

（4）按房地产市场所处时间，房地产市场分为过去、现在和未来的市场。人们经常需要了解过去和现在的房地产市场状况，预测未来的房地产市场走势，需要比较房地产现在、过去和将来的价格、交易量、供应量等。过去和现在的房地产市场状况主要靠调查统计获得，未来的房地产市场走势主要靠专业方法和数据模型预测分析而得到。了解过去和现在的房地产市场有助于预测未来的房地产市场。

第三节　房地产市场供给与需求

房地产供给和需求理论（简称供求理论）是房地产市场运行和价格变动的基础理论。房地产市场波动，房地产价格（或租金，下同）高低及其变动，从经济学上讲，是房地产供给和需求这两种力量共同作用的结果，其中待租售的房地产（包括新建商品房等增量房地产和二手房等存量房地产）形成了房地产供给面，房地产需求者形成了房地产需求面。其余因素对房地产价格的影响，要么是通过影响房地产供给，要么是通过影响房地产需求，要么是通过同时影响房地产供给和需求来实现的。从这种意义上讲，如果想知道某项政策措施或事件将如何影响房地产市场走向和价格变化，应首先分析它将如何影响房地产供给和需求。

一、房地产市场需求

（一）房地产市场需求的含义

房地产需求是指房地产需求者在某一特定时间内，在每一价格水平下，对某种房地产所愿意并且能够购买（或承租，下同）的数量。经济学所讲的需求和人们通常所讲的需要既相关又有所不同，其形成需要同时具备两个条件：一是有购买意愿；二是有支付能力。仅有购买意愿而无支付能力，只能被看作需要或欲望；仅有支付能力而无购买意愿，不能使购买行为发生。例如，对于一套总价为300万元的住房，甲、乙、丙、丁四个家庭中，甲虽然需要，但是买不起，即"有意愿、无能力"；乙虽然买得起，但是不需要，即"有能力、无意愿"；丙既不需要，也买不起，即"无意愿、无能力"；丁既需要，也买得起，即"有意愿、有能力"。在这种情况下，只有丁对这套住房有需求。因此，分清需求与需要是很重要的。在确定（或调查、估计、预测）某种房地产的需求时，通常只考虑对其有支付能力支持的需要。如果没有支付能力的约束，人们对房地产的需要可以说是没有限量的。

房地产市场需求是指在一定时间内，在每一价格水平下和一定市场上所有的房地产需求者对某种房地产所愿意并且能够购买的数量，即某种房地产的市场需求是该种房地产需求者的需求总和。

（二）决定房地产需求量的因素

某种房地产的需求量是由许多因素决定的，其中比较重要的因素有下列6个。

1. 该种房地产的价格水平

一般地说，某种房地产如果提价了，对其需求量会减少；如果降价了，对其需求量会增加。换句话说，较低的价格会带来较多的需求量。在理解这一点时，要区分这种"买低不买高"与后面将要讲到的预期未来价格涨落的情况不同。在预期未来价格涨落的情况下，人们往往是"买涨不买落"。除奢侈品外，其他商品的需求量与价格的关系一般也是价格越高，需求量越小；价格越低，需求量越大。由于需求量与价格反方向变化的这种关系很普遍，所以称为需求规律。

2. 消费者的收入水平

因消费者对商品的需求要有支付能力支持，需求量的大小还取决于消费者的收入水平。对大多数正常商品来说，当消费者的收入增加时，会增加对该种商品的需求；反之，会减少对该种商品的需求。但是对某些低档商品来说，其需求量可能随着人们的收入增长而下降，即当消费者的收入增加时，反而会减少对该种商品的需求，原因主要是人们的收入增长导致消费升级。

3. 人口数量或家庭数量

人口数量或家庭数量决定着市场规模大小，直接影响着房地产每一价格水平下的需求量。如果其他条件相同，人口数量或家庭数量的增加，会带来相应的需求量增加。

4. 消费者的偏好

消费者对商品的需求产生于其需要或欲望，而消费者对不同商品的需要或欲望又有强弱、缓急之分，从而形成消费者的偏好。消费者的偏好支配其在使用价值相同或相似的替代品之间的选择。某种房地产的替代品，是能够满足相同或相似需要、可替代该种房地产的其他房地产，比如新建商品房和二手房之间、郊区住宅和城区住宅之间、保障性住房和普通商品住房之间存在一定的替代关系。当消费者对某种房地产的偏好程度增强时，该种房地产的需求就会增加；反之，该种房地产的需求就会减少。例如，如果城市居民偏好于郊区住宅，出现了向郊区迁移的趋向，则对郊区住宅的需求就会增加。但是，人们的消费偏好不是固定不变的，在某些因素的作用下会发生变化。例如，早期的住宅都是平层住宅，后来出现了错层住宅，人们对错层住宅感到新鲜，意愿购买，但后来因使用不够方便而不喜欢了，又喜欢大平层住宅。

5. 相关物品的价格水平

某种房地产的价格虽然不变，但与它相关的物品价格发生变化时，该种房地产的需求也会发生变化。与某种房地产相关的物品，是该种房地产的替代品和互补品。某种房地产的替代品，是能够满足相同或相似的需要、可以替代它的其他房地产，如保障性住房与商品住房之间、新建商品房与二手房之间、租赁住房与出售的商品住房之间存在着一定的替代关系。在替代品的房地产之间，如果一种房地产的价格不变，而另一种房地产的价格上涨，则消费者就会把需求转移到这种价格不变的房地产上，从而该种房地产的需求会增加。反之，该种房地产的需求会减少。

某种房地产的互补品，是与该种房地产相互配合的其他房地产或物品，如住宅和与其配套的商业、娱乐房地产，郊区住房和收费的高速公路，商业、办公用房和与其配套的停车场。在互补品之间，如果一种物品的消费多了，则另一种物品的消费也会多起来。因此，当一种房地产的互补品价格降低时，对该种房地产的需求会增加，如郊区住房，当降低或取消连接它与市区的高速公路收费时，对其需求会增加；反之，对其需求会减少。

6. 消费者对未来的预期

消费者的行为不仅受当前的许多因素影响，还受他们对未来预期的影响。例如，消费者对房地产的现时需求不仅取决于现在的房地产价格水平和消费者收入水平，还取决于他们对未来房地产价格和自己收入的预期。在未来价格预期方面，消费者都有"买涨不买落"的心理。因此，当消费者预期房价未来会上涨时，就会愿意购买，从而增加对房子的现时需求，因为"今天不买，明天更贵"；

反之，就会放弃购买、持币观望，从而减少对房子的现时需求，因为"今天买进，明天更低"。在未来收入预期方面，当消费者预期自己的收入未来会增加时，就会增加对房地产的现时需求；反之，就会减少对房地产的现时需求。

由上可知，在其他条件不变的情况下，当一种房地产的价格较低时，当消费者的收入较高时，当家庭数量较多时，当消费者对该种房地产的偏好程度增强时，当该种房地产的替代品价格较高或互补品价格较低时，当消费者预期该种房地产价格未来会上涨或其收入未来会增加时，该种房地产的现时需求通常会增加；反之，该种房地产的现时需求通常会减少。

二、房地产市场供给

（一）房地产市场供给的含义

房地产供给是指房地产供给者在某一特定时间内，在每一价格水平下，对某种房地产所愿意并且能够提供出售（或出租，下同）的数量。供给的形成有两个条件：一是房地产供给者愿意供给；二是房地产供给者有能力供给。例如，在住房限购的情况下，虽然一些人拥有多套住房，但不愿意出售，因为卖后不能再买了。再如，在新建商品住房限价的情况下，有的房地产开发企业认为房价太低而不愿意出售了。有时虽然房地产供给者对某种房地产有提供出售的愿望，但由于资金、技术、资质、政策等原因而没有提供出售的能力，如在住房限售的情况下，所以也不能形成有效供给，就不能算作供给。

房地产市场供给是指在一定时间内，在每一价格水平下和一定市场上所有的房地产供给者对某种房地产所愿意并且能够提供出售的数量，即某种房地产的市场供给是该种房地产供给者的供给总和。

在现实中，某种房地产在某一时间的潜在供给量为：

潜在供给量＝存量－灭失量－转换为其他种类的房地产量

＋其他种类的房地产转换为该种房地产量＋新开发量

（二）决定房地产供给量的因素

某种房地产的供给量是由许多因素决定的，其中比较重要的因素有下列4个。

1. 该种房地产的价格水平

一般地说，某种房地产的价格越高，开发该种房地产会越有利可图，房地产开发企业愿意开发的数量就会越多；反之，房地产开发企业愿意开发的数量就会越少。供给量与价格同方向变化的这种关系，称为供给规律。

2. 该种房地产的开发成本

在某种房地产的价格水平不变的情况下，当其开发成本上升，如土地、建筑材料、建筑设备、建筑人工等价格或费用上涨时，房地产开发利润率会下降，从而会使该种房地产的供给减少；反之，会使该种房地产的供给增加。

3. 该种房地产的开发技术水平

在一般情况下，开发技术水平的提高可以降低开发成本，增加开发利润，房地产开发企业就会开发更多的房地产。

4. 房地产供给者对未来的预期

如果房地产供给者对未来的房地产市场看好，预测房价未来会上涨，则房地产开发企业会增加房地产开发量，从而会使未来的房地产供给增加，同时房地产供给者会倾向于把现有的房地产留着不卖，从而会减少房地产的现时供给；反之，如果他们对未来的房地产市场不看好，则结果会相反。

由上可知，在其他条件不变的情况下，当一种房地产的价格较高时，当该种房地产的开发成本较低或开发技术水平提高时，当房地产供给者预期该种房地产的价格未来会下跌时，该种房地产的现时供给通常会增加；反之，该种房地产的现时供给通常会减少。

需要指出的是，由于土地供给总量不可增加、建设用地使用权出让市场政府是唯一供应者、房地产开发期较长、房地产不可移动导致其不能在地区间调剂余缺等，使得房地产供给与一般商品供给有很大不同，不能随着房地产价格的涨跌变化及时进行增减调整。即在较短时间内，房地产开发企业要根据房价上涨或下跌及时增加或减少供给量，都存在着较大困难。但在较长时间内，房地产开发规模的扩大、缩小都是可以实现的，供给量可以对起初的房价变化作出较有效反应。房屋租赁市场也是如此，在较短时间内，由于用于出租的房屋数量是固定的，需求的增加只会提高房租。但在较长时间内，并且在房租缺乏管制的情况下，较高的房租会刺激人们新建、改建租赁房屋等，于是房屋供给会增加。

三、房地产供求关系

因交易双方一致同意后才能成交，房地产交易的价格和数量，必须是供求双方都愿意且能够接受的价格和数量。房地产均衡价格是房地产需求量与供给量相等时的价格。当市场价格偏离均衡价格时，会出现需求量与供给量不相等的非均衡状态。一般来说，在市场力量的作用下，这种供求不相等的非均衡状态会逐渐消失，偏离的市场价格会自动回到均衡价格水平。例如，当供给大于需求时，会出现过剩，导致卖者之间竞争，从而会推动价格下降；而当需求大于供给时，会出现短缺，导致买者之间竞争，从而会推动价格上涨。

均衡价格理论表明：均衡是市场价格运行的必然趋势，如果市场价格由于某种因素的影响脱离了均衡价格，则会出现过剩或短缺，导致卖者之间或买者之间竞争，从而会使价格下降或上涨，并趋向于均衡价格。

综上所述，房地产价格和房地产供求是相互影响的。从房地产价格对房地产需求量的影响看，房地产需求量与房地产价格反方向变化，即价格降低，需求量增加；价格提高，需求量减少。从房地产价格对房地产供给量的影响看，房地产供给量与房地产价格同方向变化，即价格上涨，供给量增加；价格下降，供给量减少。从房地产需求对房地产价格的影响看，房地产价格与房地产需求同方向变化，当供给一定时，如果需求增加，则价格上涨；如果需求减少，则价格下降。从房地产供给对房地产价格的影响看，房地产价格与房地产供给反方向变化，当需求一定时，如果供给增加，则价格下降；如果供给减少，则价格上涨。例如，挂牌出售的二手房多了，在其他因素不变的情况下，这些更多的二手房只能以较低的价格才能卖掉；反之，则价格上涨。

第四节　房地产市场竞争与结构

一、房地产市场竞争

房地产市场竞争是指房地产市场上交易各方为了自己的利益最大化而进行的努力。具体有卖方与买方之间的竞争，卖方与卖方之间的竞争，买方与买方之间的竞争。

在卖方与买方之间的竞争中，卖方为了贵卖，会极力抬高价格；买方为了贱买，会极力压低价格。至于最终的成交价格高低，主要取决于在竞争中哪一方对价格的影响力较强，例如是卖方市场还是买方市场。

在卖方与卖方之间的竞争中，特别是在买方"货比三家"的情况下，各个卖方为争夺买家，会进行价格竞争，使卖方原本想要贵卖的愿望适得其反，结果是压低价格。

在买方与买方之间的竞争中，特别是在卖方采取"价高者得"的情况下，各个买方为买到手，会进行价格竞争，使买方原本想要贱买的愿望适得其反，结果是抬高价格。

二、房地产市场结构

市场结构是指某种商品或服务的竞争状况和竞争程度。根据市场结构，将市场分为完全竞争市场、垄断竞争市场、寡头垄断市场和完全垄断市场。

（一）完全竞争市场

完全竞争市场是指竞争充分且不受任何阻碍和干扰的市场。该种市场必须具备以下5个条件：①有众多的卖者和众多的买者，且没有任何一个卖者和买者买卖商品或服务的数量在整个市场上所占的份额大到使其能对市场价格施加影响的程度，每个卖者和买者都只能是市场价格的被动接受者；②所买卖的商品或服务具有同质性，之间没有差别，因此任何买者不在乎从哪个卖者那里购买，不会对某个卖者产生偏好，任何卖者也无法通过自己的商品或服务来垄断市场；③市场信息完全，卖者和买者都掌握与自己的经济决策有关的一切信息，包括掌握当前价格的完整信息，并能预测未来的价格；④卖者和买者都可以自由地进入或退出市场；⑤卖者之间和买者之间都没有串通共谋行为，也没有政府干预。

（二）垄断竞争市场

垄断竞争市场是指既有垄断又有竞争，以竞争为主的市场。这种市场主要有以下3个特征：①卖者和买者都较多；②商品或服务有差别，如商品在功能、质量、外观、品牌、服务等方面有所不同；③市场信息较完全。

在垄断竞争市场中，虽然供给者提供的商品或服务有差别，但商品或服务之间又有一定的替代性，随着供给者数量的增加，供给者之间的商品或服务具有的竞争性也在增加。商品或服务的数量越多，消费者在不同商品或服务之间进行选择的余地也就越大，因此在一定程度上限制了供给者的垄断性，供给者既因商品或服务有差别而是价格的制定者，又因商品或服务之间有一定的替代性而是价格的接受者。

（三）寡头垄断市场

寡头垄断市场是指少数供给者提供的商品或服务的数量及其市场份额占该市场的绝大部分或全部的市场。这几个少数供给者被称为寡头。寡头不止一个，有两个或两个以上。在寡头垄断市场中，寡头之间虽然存在着竞争，但在他们提供的商品或服务有差别的情况下，寡头们往往倾向于非价格竞争，而不是低价竞争。在他们提供的商品或服务差别不大的情况下，因非价格竞争难以进行，并因寡头之间的低价竞争会使整个市场的商品或服务的价格下降而使每个供给者都受损失，寡头们在定价方面往往会达成某种默契甚至协议。

（四）完全垄断市场

完全垄断市场是指由一个卖者或一个买者控制的市场。通常多指由一个卖者控制的市场，称为卖方完全垄断市场，简称卖方垄断市场。在卖方完全垄断市场中，供给者往往在追求利润最大下决定供给的数量和价格。

卖方完全垄断市场有以下 3 个特征：①只有一个卖者，而买者较多；②商品或服务无相同或相近的替代品，即供给者提供的商品或服务是没有合适替代品的独特商品或服务；③新的供给者不能进入市场，潜在竞争与现实竞争一样是不存在的。

造成卖方完全垄断的原因主要有以下 4 个：①资源控制。如果一种商品的生产必需某些特定的资源，那么对这些资源的控制就会形成垄断。②政府许可限制。如许可证、特许权、资质证等均可造成垄断。③专利。④规模经济。

对市场竞争状态的分类，另一种更为简单和细分的分类主要根据市场中卖方和买方的数量来划分：①完全竞争，即众多卖方，众多买方；②垄断竞争，即较多卖方，较多买方；③寡头卖方垄断，即少数卖方，较多买方；④寡头买方垄断，即较多卖方，少数买方；⑤双边寡头垄断，即少数卖方，少数买方；⑥双寡头卖方垄断，即两个卖方，较多买方；⑦双寡头买方垄断，即较多卖方，两个买方；⑧卖方垄断，即一个卖方，较多买方；⑨买方垄断，即较多卖方，一个买方；⑩双边垄断，即一个卖方，一个买方。

上述各种市场类型中，完全竞争市场的竞争最充分，完全垄断市场不存在竞争，垄断竞争市场具有竞争但竞争不够充分，寡头垄断市场介于完全垄断市场和垄断竞争市场之间。完全竞争市场主要是一种理论假设，在现实中竞争往往是不完全的，因此可以说现实中不存在严格意义上的完全竞争市场，尤其是对具有不可移动、各不相同特性的房地产市场来说。但完全竞争市场作为一种理论分析工具，对分析市场机制是很有用的。

目前的房地产市场中，二手住房买卖市场因为是众多的"小业主"供应，其竞争性较强，一般属于垄断竞争市场。由于卖方和买方均主要是分散的个人，二手住房买卖市场的垄断竞争特征通常表现为竞争多于垄断。新建商品房买卖市场因为是数量不多的房地产开发企业供应，视当地（所在城市或地区）的房地产开发企业和新建商品房项目的数量、规模等情况，有的属于垄断竞争市场，有的属于寡头垄断市场。由于一个城市或其内某一区域市场上的房地产开发企业和新建商品房项目通常较少，容易形成区域性垄断，导致垄断多于竞争，特别是在一些中小城市及其房地产开发企业很少、房地产开发项目规模较大的情况下，会形成寡头垄断市场。国有建设用地使用权出让市场因为政府是唯一供应者，其垄断性最强，可以说是完全垄断市场，具体是卖方（政府）垄断市场。

第五节　房地产市场波动与调控

一、房地产市场波动

实行市场调节价的商品，其市场价格会随着时间而变化。没有价格只涨不跌的市场，也没有价格只跌不涨的市场。只要是市场，就会有波动，房地产市场也不例外。

反映房地产市场变化状况的指标主要有成交价和成交量（有成交套数、成交面积、成交金额。对房地产经纪来说，主要是成交套数）。一般来说，房地产的成交量比成交价对市场的反应及时、敏感，即成交量比成交价变化速度快、变化幅度大，从而对房地产经纪机构和房地产经纪从业人员的收入产生很大影响，甚至使其"饱一顿饿一顿"，因为房地产经纪佣金等收入与成交量密切相关。因此，房地产市场平稳健康发展有利于房地产经纪机构和房地产经纪从业人员，符合其长期利益。此外，从我国过去房地产市场变化情况看，总的来说，房地产市场无论是由冷转热，还是由热转冷，成交量的变化一般领先于成交价的变化，即所谓"量在价先"。当成交量不断放大时，反映市场趋热，经过一段时间后价格往往会上涨；而当成交量不断萎缩时，反映市场趋冷，经过一段时间后价格往往会下跌。

具体的成交量和成交价的互动变化，按照市场由冷转热再转冷的过程，可细分为以下 8 个阶段：①量升价稳，即成交量逐渐回升，导致成交价企稳；②量升价涨，即成交量继续上升，导致成交价开始上涨；③价涨量升，即成交价不断上涨，在"买涨不买落"下，成交量进一步上升；④价涨量缩，即成交价进一步上涨，在"购买力有限"下，成交量开始萎缩；⑤量缩价滞，即成交量继续萎缩，导致成交价不再上涨；⑥量缩价跌，即成交量进一步萎缩，导致成交价下跌；⑦价跌量缩，即成交价进一步下跌，导致成交量再次萎缩；⑧价跌量稳，即成交价更进一步下跌，许多人认为价格已跌至底部，纷纷入市，导致成交量企稳。

二、房地产市场周期

（一）房地产市场周期的含义

西方学者通过对成熟的房地产市场的长期观察与研究认为，房地产市场存在周期性变化或景气循环现象，即一定程度上存在着"繁荣—衰退—萧条—复苏"的周期轮回。当然，这种周期性变化不是数学上的严格意义的周期变化，也不像春、夏、秋、冬季节变换那样有规律，而是大体上每隔若干年出现市场行情（包括成交量和成交价）上升和下降的交替变化，即经过一段时间的上升之后会出现下降，下降到一定程度之后又会出现上升。

一个完整的房地产市场周期如图 4-1 所示，一般会经历繁荣、衰退、萧条和复苏四个阶段。图中的 A—B 为繁荣阶段，B—C 为衰退阶段，C—D 为萧条阶段，D—E 为复苏阶段；最高点 B 称为波峰（顶峰），是市场由盛转衰的转折点，此后市场进入下行期；最低点 D 称为波谷（或谷底），是市场由衰转盛的转折点，此后市场进入上升期。从一个波峰到另一个波峰，或者从一个波谷到另一个波谷，就是一次完整的市场周期。

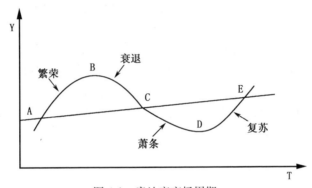

图 4-1　房地产市场周期

（二）房地产市场周期不同阶段的特征

1. 繁荣阶段的主要特征

在繁荣阶段，需求在复苏阶段的基础上继续增加，但增加的势头逐渐减弱，并在繁荣阶段的后期，需求出现减少的势头。由于自用性需求大部分已在复苏阶段释放，所以繁荣阶段可描述为"投机、投资性需求夹杂着自用性需求增加的时期"。繁荣阶段的主要特征有：先是成交量和成交价均快速上升，成交量在达到峰值后回落，价格涨势逐渐趋缓；房价以比房租明显快的速度上涨，存量房换手快，交易量大；大批房地产开发项目开工；房屋空置率经历着在复苏阶段的基础上继续下降，到繁荣阶段后期开始上升的过程。

2. 衰退阶段的主要特征

在衰退阶段，由于房价涨到顶峰，期望通过买进卖出价差获利的投机性需求减弱，通过租金收回投资并获取收益也不一定划算，所以投机、投资性需求减少；与此同时，在繁荣阶段大量开工的房地产开发项目陆续建成并投放市场，从而出现房地产供过于求，房价开始下降。衰退阶段的主要特征有：新房销售困难；投机、投资者纷纷设法将自己持有的房地产脱手；房价以比房租明显快的速度下降；房屋空置率不断上升。

3. 萧条阶段的主要特征

在萧条阶段，需求继续减少，新的供给很少产生或不再产生。萧条阶段的主要特征有：成交量很小，市场非常冷清；房地产开发项目开工率低；自用性需求依市场惯性减少，房租下降。

4. 复苏阶段的主要特征

在复苏阶段，需求温和增加，且在初期主要是自用性需求的恢复性增加，因此多发生在经济复苏时期。由于自用性需求恢复，成交量温和放大，库存逐渐消化，市场逐渐由供过于求转向供求平衡，房价也逐渐企稳回升。随着房价的回升，房地产的投资、投机性需求开始出现。因此，复苏阶段可描述为"自用性需求夹杂着投资、投机性需求增加的时期"。复苏阶段的主要特征有：成交量和成交价同向变化，都是从底部回升，温和放大，成交量先于价格启动，房屋特别是存量房的租金和价格几乎同步上涨。另外，在复苏阶段的初期，房屋空置率略高于正常水平；之后，随着需求不断增加，空置率逐渐下降；到复苏阶段的后期，空置率下降到正常水平。

三、房地产市场走势判断

影响房地产市场未来走势的因素不仅很多，而且非常复杂，可用于分析判断房地产市场走势的指标也很多，如房地产成交量、价格指数等。下面简要介绍房地产经纪机构及房地产经纪人通常掌握的可用于分析判断房地产市场短期走势和房地产市场冷热程度的 5 个主要指标。

（1）来访量：也称为访问量、客源量，是指房地产经纪从业人员接到的买房（或卖房）咨询次数。具体可用"日均来访量"指标。是提前反映房地产市场状况的指标。来访量增加，预示着未来的成交量会增加；反之，预示着未来的成交量会减少。该指标通过房地产经纪机构的相关业务记录数据可以得到。可细分为不同渠道的来访量，如网络来访量、电话来访量、门店来访量（上门量）。不同渠道的来访量还对研究不同营销渠道的作用和渠道的变化具有较大意义，例如近年来网络来访量的占比越来越大，意味着网络渠道的作用越来越大。

（2）带看量：也称为看房量，是指房地产经纪从业人员带领买房客户实地看房批次（不宜用人次，因为一家可能只有 1 人来看房，也可能同时有 2 人、3 人来看房，甚至有亲朋好友陪同看房，下同）。具体可用"日均带看量"指标。该指标比来访量对房地产市场状况的反映滞后一点，但要准确可靠些，因为来访后不一定去实地看房，而如果去实地看房，则说明购买意愿较强，成交的可能性较大。该指标通过房地产经纪机构的相关业务记录数据可以得到。

（3）平均带看次数：是指平均一套房屋自上市（挂牌、开盘）之日起至售出（签订买卖合同）之日止的期间被客户实地看房的批次。平均带看次数越少，说明市场越火热；反之，说明市场越冷清。该指标通过房地产经纪机构的相关业务记录数据可以得到。

（4）议价空间：是说明挂牌价和成交价之间差距的指标，实际上是折扣率。议价空间＝（挂牌价－成交价）/挂牌价×100%。从平均议价空间来看，如果它不断缩小，则说明市场向好。甚至在市场火爆时，可能不仅没有议价空间（议价空间为零），还可能出现卖方临时加价或"坐地起价"，或者多个买方现场竞相出价抢购导致成交价高于挂牌价。而当市场越来越低迷时，一方面挂牌价会走低，另一方面议价空间会扩大。反过来看，议价空间越大，说明市场越低迷。当平均议价空间变大到一定程度，还意味着市场价格会出现一定回调（下跌）。因此，通过观察平均议价空间的变化，例如是不断收窄还是不断扩大，可以判断房地产市场的冷热变化趋势。该指标可通过房地产经纪机构的相关业务记录数据计算得到。

（5）成交周期：也称为平均销售期，是指平均一套房屋自上市（挂牌、开盘）之日起至售出（签订买卖合同）之日止的时间（天数）。成交周期缩短，说明市场趋热；反之，成交周期拉长，说明市场趋冷。该指标通过房地产经纪机构的相关业务记录数据可以得到。

四、房地产市场调控

房地产市场状况尤其是房地产成交量，受房地产市场调控政策措施的影响很大。根据房地产市场运行状况和宏观经济发展状况，为了促进房地产市场平稳健康发展，稳定经济增长（如"保增长""稳增长"）或抑制经济过热，防范化解风险等，中央和地方政府过去出台了许多房地产市场调控政策措施，对房地产市场进行干预。未来，还有可能针对新情况新问题，出台一些新的房地产市场调控政策措施，也可能会放松或停止目前正在实施的某些房地产市场调控政策措施。

房地产市场调控政策措施可分为金融、财税、土地、住房保障、房地产市场管理等方面的政策措施。它们又可分为刺激房地产市场（如稳定房价或导致成交量增加）和抑制房地产市场（如抑制房价上涨或导致成交量减少）的政策措施。

这些政策措施会导致房地产成交量、成交价的变化。特别是成交量，从过去房地产市场调控的结果看，它是最敏感、变化最快、最大的。

（一）房地产金融政策措施及其影响

房地产金融方面的政策措施包括：放松或收紧个人住房贷款，比如对新增个人住房贷款规模、房地产贷款所占比例放开或管控；降低或提高个人住房贷款最低首付比例、贷款利率、最高贷款额度，延长或缩短最长贷款期限；实施差别化住房信贷政策，比如区分首套住房贷款和第二套（及以上）住房贷款的最低首付比例和贷款利率，宽松或严格第二套住房认定标准，比如是"认房又认贷"还是"认房不认贷"或"认贷不认房"。"认房又认贷"是在贷款买房时确定第二套住房，不仅要查看借款人名下已有住房套数，还要查看借款人过去的购房贷款情况。无论借款人名下有第二套或以上的住房，还是借款人名下有第二套或以上的购房贷款，都被认定为二套住房。"认房不认贷"是只查看借款人名下有无住房，而不查看有无住房贷款。"认贷不认房"是对拥有一套或以上住房并已结清相应购房贷款的家庭，为改善居住条件再次申请购房贷款，执行首套房贷款政策。

房地产买卖的金额很大，购房人通常需要贷款，房地产金融特别是个人住房信贷政策措施，通过影响购房支付能力而影响房地产需求，从而对房地产价格和成交量有很大影响。例如，降低个人住房贷款最低首付比例、贷款利率，提高最高贷款额度，延长最长贷款期限，放松第二套住房贷款条件，会降低购房门槛、减少购房支出、提高购房支付能力，从而会增加住房需求；反之，会减少住房需求。

（二）房地产财税政策措施及其影响

房地产财税方面的政策措施包括：给予房地产交易环节税收（如增值税、所得税、契税、印花税）优惠或加大房地产交易环节税收，如对出售住房所得减免或征收个人所得税，下调或提高住房转让增值税免征年限，下调或上调计税价格或纳税指导价；增加房地产持有环节税负，如对个人住房开征房地产税等。

房地产交易环节的税收关系到房地产交易成本，应由卖方缴纳的税收还可能转嫁给买方而变相成为房价的一部分，比如目前卖房人通常要求"净得价"。房地产持有环节的税收关系到房地产持有成本，会增加或减少房地产持有期间的负担或收益。因此，房地产财税政策措施对房地产价格和成交量有很大影响。例如，将住房转让增值税免征年限由2年提高到5年，即把个人将购买2年以上（含2年）的普通住房对外销售免征增值税，改为个人将购买5年以上（含5年）的普通住房对外销售才能免征增值税，会增加住房交易成本，从而会抑制房价上涨，导致成交量减少；反之，将住房转让增值税免征年限由5年下调至2年，会导致成交量增加，稳定房价或刺激房价上涨。

（三）土地政策措施及其影响

土地方面的政策措施包括：增加或减少房地产开发用地供应规模，如增加住宅用地供应总量，严控新增土地供应指标；调整土地供应结构或比例（包括调整商品住宅用地和保障性住房用地比例、高档商品住宅用地和普通商品住宅用地比例），如提高中小套型普通商品住宅用地供应比例，严格限制低密度、大套型和高档商品住宅用地供应；降低或提高出让地价水平，如采取"限房价、竞地价""限地价、竞保障性住房面积或持有型租赁住房面积""限地价、竞房价"，设定土地出让最高报价等方式控制出让地价水平；利用集体建设用地建设租赁住房等。

土地是开发建设商品房的"原材料"，并因土地一级市场政府是唯一供应者，政府的土地供应政策措施（如年度国有建设用地供应计划）决定着土地供应的数量、区位、价格等，对房地产市场有很大影响。一般来说，增加商品房用地供应的政策措施，会增加未来的商品房供给，从而会抑制房价上涨；反之，会刺激房价上涨。

（四）住房保障政策措施及其影响

住房保障方面的政策措施包括：调整商品住房和保障性住房供应比例，增加或减少保障性住房建设，实施公租房货币化等。

商品住房和保障性住房都是满足人们的居住需要，虽然它们的供应对象有所不同，但它们之间仍然存在着一定的此消彼长关系。因此，保障性住房建设力度及有关政策措施对房地产市场有较大影响，比如较高的保障性住房供给会降低商品住房需求，反之会增加商品住房需求。再如，实施公租房货币化有利于增加商品住房需求特别是商品住房租赁需求。

（五）房地产市场管理等方面的政策措施及其影响

这方面的政策措施包括：住房限购（包括限购区域范围、限购住房类型、限购套数、购房资格条件等。其中购房资格条件，是指如提高或降低非本地居民在购房所在地的个人所得税或社会保险缴纳年限等）、限售（如商品住房自取得不动产权证之日起5年内不得转让或满5年方可上市交易）、限价，制定并公布年度新建商品住房价格控制目标，购房落户（如是否给购房人落户）、补贴政策，房屋土地征收货币化补偿安置，外国人购房限制等。

这些政策措施对房地产市场的影响通常最为直接。例如，住房限购会直接减少住房购买需求，住房限售会直接减少住房供给。而如果放松或放开住房限购，则会直接增加住房购买需求；放松或放开住房限售，则会直接增加住房供给。放松或收紧购房落户限制，发放或停止购房补贴，房屋土地征收是否实行货币化补偿安置，也都会影响购房需求的增减变化。

复习思考题

1. 房地产经纪人为什么要了解房地产市场及其运行？

2. 什么是市场和房地产市场？

3. 如何区分有形市场和无形市场？请列举所在城市的房地产有形市场的名称和地址。

4. 房地产市场的要素有哪些？

5. 房地产市场有哪些作用和特点？

6. 为什么说房地产市场是地区性市场？地区性市场意味着什么？

7. 房地产市场参与者有哪些？他们在房地产市场中分别扮演什么角色？

8. 现实中人们买房和卖房的具体情形分别有哪些？

9. 房地产出卖人、出租人、购买人、承租人的具体诉求分别有哪些？

10. 房地产市场有哪些分类？了解这些分类有何现实意义？

11. 卖方市场和买方市场的含义是什么？房地产市场从卖方市场转变为买方市场会带来哪些改变？

12. 什么是房地产需求？需求与需要有何异同？

13. 决定房地产需求的基本因素有哪些？它们是如何影响房地产需求的？

14. 什么是房地产供给？

15. 决定房地产供给的基本因素有哪些？它们是如何影响房地产供给的？

16. 什么是供求均衡和均衡价格？其形成机制是什么？

17. 什么是市场竞争？

18. 市场中有哪些方面的竞争？其竞争的结果如何？

19. 市场结构有哪几种？各自的特征是什么？

20. 了解房地产市场结构有何实际意义？

21. 房地产市场为何与其他市场一样必定是不断变化的？

22. 房地产市场是怎样周期轮回的？可划分为哪几个阶段？各阶段的主要特征是什么？

23. 分析判断房地产市场短期走势的指标有哪些？如何在实际中运用？

24. 房地产成交量为何对房地产市场调控政策措施反应最敏感？

25. 为何房地产市场变化特别是成交量的变化对房地产经纪行业影响很大？

26. 为什么说房地产市场平稳健康发展对房地产经纪机构和房地产经纪从业人员有利？

27. 房地产市场调控政策措施有哪些？它们对房地产价格和成交量有什么影响？

第五章　房地产价格及其评估

房地产价格的高低直接关系到交易双方的重大经济利益，交易双方通常对房地产价格都很在意，因而价格高低是决定交易能否成功及成交速度的一个重要因素。此外，房地产市场价格或价值是人们作出卖房或买房决策之前必须了解的，也是房地产经纪人争取客户及指导客户讨价还价应当掌握的。因此，房地产经纪人要做好经纪服务，应熟悉当地的房地产市场价格行情及其走势，了解房地产价格影响因素和评估知识，能较客观、准确、快速地给出拟卖或拟买房地产的市场参考价或预计成交价，为卖方恰当确定和调整挂牌价（如让挂牌价既不使卖方吃亏，又能吸引买家，且留有买家还价的空间），为买方恰当出价（如让出价既不使买方吃亏，又能使卖方基本接受或感到买方有诚意，且留有卖方讨价的空间），或者为买卖双方协商议价提供咨询。为此，本章介绍房地产价格的含义、特点、主要种类、影响因素和主要评估方法等。

第一节　房地产价格概述

一、房地产价格的含义

房地产价格是房地产在特定的交易条件下，买方同意支付且卖方同意接受的货币额（包括货币、实物和其他经济利益，最终表示或折算为货币额）。在现代市场经济下，房地产价格一般用货币来表示，即采用货币计量，通常也是用货币形式来支付，但也可能用实物、其他经济利益等非货币形式来支付。

房地产之所以有价格，与任何其他商品有价格一样，是因为它们有用、稀缺，且人们对它们有需求，即同时具有使用价值、稀缺性和有效需求。

（1）使用价值：即有用性，是指物品能用来满足人们的某种需要，如水能解渴，粮食能充饥，住宅能居住。房地产如果没有使用价值，人们就不会产生占有它的要求或欲望，更不会花钱去购买或租用它，也就不会有价格。

（2）稀缺性：是指物品的数量还没有多到使任何人想要免费得到它时就能得到它。因此，说一种物品是稀缺的，并不意味着它是难以得到的，仅意味着它是不能自由取得的，即不付出一定的代价（如金钱）就不能得到，是相对缺乏的。一种物品仅有使用价值还不能使它有价格，因为如果该种物品的数量丰富，随时随地都可以自由取得，像空气和许多地方的水那样，尽管对人们至关重要，甚至没有它们，人就无法生存，但也不会有价格。房地产显而易见是一种稀缺的物品。此外，稀缺性对价格的影响是很大的，即俗话说的"物以稀为贵"。

（3）有效需求：是指对物品的有支付能力支持的需要，即不仅愿意购买，而且有能力购买。仅有需要而无支付能力（即想买但没有钱），或者虽然有支付能力但不需要（即有钱但不想买），都不会使购买行为发生，从而不能使价格成为现实。

二、房地产价格的特点

房地产价格与家具、家电等可以移动的有形产品（简称一般商品）的价格，既有共同之处，又有不同的特点。共同之处主要有：①都是价值的货币表现，即表示为同质、不同量的货币额；②都是反映稀缺程度，即物以稀为贵，量多则价低，量少则价高；③都是按质论价，即优质优价，劣质低价；④都是不断变动的，即会随着时间和市场供求状况等的变化而变动，但是实行政府定价的商品价格除外。房地产价格不同于一般商品价格的特点，主要有下列 8 个。

（一）价格与区位密切相关

一般商品因为可以移动，其价格与区位无关或关系不大。房地产因为不可移动，其价格与区位密切相关。在质量、产权、户型等其他状况均相同的情况下，区位较好的房地产，价格较高；区位较差的房地产，价格较低。商铺尤其如此，甚至有"一步三市"之说。从一个城市看，房地产价格总体上是从市中心向郊区递减。但许多城市是多中心的，在若干个中心或分中心会出现房地产价格"高地"。一些好的公共服务设施的存在，也会导致其周边的房地产价格高起。例如，教育质量高的中小学校附近的住房价格，公交、地铁等交通站点附近的住房价格，会明显高于其他位置的住房价格。而某些厌恶性设施的存在，例如垃圾站、传染病医院、火葬场或有噪声等污染的工厂，会导致其周边的住房价格低落。

（二）实质上是权益的价格

一般商品是动产，其物权的转让通常依照法律规定交付，其价格通常就是商品本身的价格。房地产是不动产，其物权的转让是依照法律规定登记，在交易中转移的是房屋所有权、建设用地使用权等房地产权利。因此，实物和区位状况相当的房地产，它们的权益状况可能千差万别，导致它们之间的价格差异较大。甚至实物和区位状况较好的房地产，因权益较小或权利受到过多、过大的限制，比如土地剩余使用期限很短，或产权不清，为临时建筑、违法建筑等，其价格较低，甚至没有价值。而有的房地产虽然实物和区位状况较差，比如老旧房屋，但可能权益较大，如产权清晰、完全，或附带额外利益，甚至可依法改扩建、改变用途或可重新开发利用，其价格较高。由此可以说，房地产价格实质上是房地产权益的价格。

（三）兼有买卖和租赁价格

一般商品通常价值不是很高、使用寿命较短，其中许多还是一次性消费品，其交易活动主要是买卖活动，其价格通常就是买卖价格。房地产的价值较高、寿命长久，其交易活动既有买卖活动又有租赁活动，其价格兼有买卖价格和租赁价格。公寓、商铺、写字楼、标准厂房、仓库等类房地产，甚至以租赁为主。买卖价格通常简称价格，租赁价格通常简称租金。就一宗房地产的价格和租金的关系来看，类似于一笔存款的本金和利息的关系。就市场上房价和房租的关系来看，一般来说，房价和房租之间是正相关的，即房价高房租就高，或者房租高房价就高。但在短期内，因为买卖和租赁之间具有一定的替代关系，如买房的人多了，租房的人就会少，或者租房的人多了，买房的人就会少，所以房价与房租的变化也可能是反向的。

（四）价格之间的差距较大

一般商品中的同种商品大多是批量生产的，具有同质性，且可以移动，其价格之间的差距通常不大。房地产因各不相同，且价格与区位密切相关，实质上是权益的价格，其价格之间的差距较大。即使相距不远甚至相邻的房地产，其价格之间的差距往往也较大。例如，位于同一小区内的不同住宅，因住宅楼位置、朝向、楼层、户型、室内装修等的不同，其价格之间的差距较大。即使位于同一住宅楼内户型、装修等相同的住宅，因前方有建筑物、树木等遮挡，处于高楼层或某一侧能看到美景（如海景）与处于低楼层或另一侧看不到美景，房价之间的差距也较大。即使同一幢内各套户型相同的联排住宅，其边户与中间户之间、东边户与西边户之间的房价差异也较明显。

（五）价格形成的时间较长

一般商品通常相同的数量较多、同质可比，价值又不是很高，其价格往往经过较短时间的比较，以标价或在标价的基础上通过短时间的讨价还价便可达成。房地产由于各不相同，相互间可比性较差，加上价值较高、风险点多，除非房地产市场火爆导致非理性抢购，否则人们对房地产交易通常十分慎重。即使房地产中可比性较好的存量成套住宅，从其挂牌出售到交易完成，一般也需要数月甚至更长时间。在房地产交易过程中，交易双方往往要反复协商交易价格、付款方式、交易税费负担方式等交易条件，还可能故意搁置一段时间以便冷静考虑、揣摩对方或迫使对方让价。因此，房地产价格形成的时间通常较长。

（六）价格包含的内容较丰富

一般商品价格包含的内容通常较简单，主要反映商品自身的质量、性能等实物状况。房地产价格包含的内容较丰富，除了反映房地产自身的实物状况，还反映其区位和权益状况，以及房地产自身状况以外的许多因素。

经常可以看到，两宗房地产的区位和实物状况相当或差异不大（如同地段同品质），但二者的价格差异较大；或者两宗房地产的价格相同或差异不大，但二者的区位和实物状况差异较大。其原因可能有：①房地产上附带的额外利益、债权债务不同，如住宅是否有附带赠送的面积、储藏室、车位、院落、露台、家具家电等，是否带有优质中小学校入学名额，是否可落户口，是否有水电费、物业费、房产税等余款或欠款。②房地产的交易条件不同，如付款方式不同，有的一次性付清，有的分期支付等；交易税费负担方式不同，有的全部由买方负担，有的全部由卖方负担，有的买卖双方各自负担。③房地产交易当事人情况不同，如住房因按照买卖者拥有的套数、时间等的不同实施差别化税收和信贷政策，即使同一套住房，不同买卖者享受的税收优惠也不尽相同，比如卖方是否"满五唯一"（即卖方购买该住房是否满5年，该住房目前是否为卖方家庭唯一住房），出售所需缴纳的增值税、个人所得税有较大差异；买方是否属于购买首套住房，所需缴纳的契税有较大差异，且贷款利率、最低首付比例等融资条件也有所不同。

（七）价格易受交易情况影响

一般商品具有同质性、价值不是很高，凭样品、品名、型号、规格等便可进行交易，且有较多的买者和卖者，其价格形成往往较客观，不易受交易当事人的实际交易情况的影响。房地产由于各不相同，且不能放到一起直接进行比较，要较全面、详细了解房地产，必须到现场进行实地查看；还由于房地产价值较高，相似的房地产通常只有较少的卖者和买者，尤其是较特殊的房地产（如北京老四合院、上海老洋房等），甚至只有一个卖者和一个买者，所以房地产价格通常因具体交易需要而个别形成，易受卖方急需资金、买方急需使用、买方特殊偏好、付款方式、交易税费负担方式以及感情冲动等实际交易情况的影响。

（八）价格时常受到政府干预

一般商品的价格通常由经营者自主制定，通过市场竞争形成，较少受到政府干预。房地产尤其是住房的价格（包括租金）通常受到政府的间接和直接干预或调控，并不完全通过市场竞争形成或由市场供求决定。

第二节 房地产价格的主要种类

一、挂牌价格、成交价格和市场价格

(一)挂牌价格

挂牌价格简称挂牌价,是所售房地产的标价,即卖方自己或委托房地产经纪人替其标出的所售房地产的要价或开价、报价。挂牌价不是成交价,且一般高于成交价。目前,我国住宅交易因有讨价还价的习惯,为了给买家还价、卖家让价留出一定的空间,挂牌价通常比预计的成交价适当高一些。

挂牌价虽然不是成交价,但也要真实,并定得合适。就挂牌价真实来说,它应是卖方自己确定或房地产经纪人建议、卖方认可的要价。挂牌价如果不真实,特别是为了招揽客户而故意标出明显低于市场价的虚假挂牌价,虽然一时可以吸引人们来询问,但会让人有上当受骗的感觉,最终会对房地产经纪人不利。就挂牌价定得合适来说,挂牌价如果定得过高,会无人问津,长时间卖不出;而如果定得过低,则会低卖,使卖方利益受损。挂牌价一般参考类似房地产的历史成交价,要接近当前市场价,比当前市场价适当高些,比如高3%到5%,留出一定的让价空间即可。

挂牌价应随着市场行情的变化而适时适度上下调整,比如挂牌价起初虽然定得较合适,但当遇到市场下行时,挂出后较长时间卖不出去甚至无人问津,为了卖出只得降价,从而应调低挂牌价;而当遇到市场上行,意向购买者越来越多甚至市场火热时,可以适当调高挂牌价。

(二)成交价格

成交价格简称成交价,是指在成功的交易中买方支付和卖方接受的金额。它是已经完成的事实,是个别价格,通常随着交易双方约定的交易条件,对市场行情和交易对象的了解程度,出售或购买的动机或急迫程度,交易双方之间的关系、议价能力和技巧,卖方的价格策略等的不同而不同。

要理解成交价格,需要对其形成机制,主要是卖方要价、买方出价和买卖双方成交价三者的关系有所了解。

(1)卖方要价是卖方出售房地产时所愿意接受的价格。因卖方总想多卖钱,卖方出售房地产时会有一个可以接受的最低价(简称卖方最低要价),当买方的最高出价不低于这个最低价时卖方才会出售,卖方的心态是在该价格之上越高越好。实际中还有卖方最高要价和较满意的售价。挂牌价可以说是卖方最高要价。

卖方较满意的售价比其最低要价高。

（2）买方出价是买方购买房地产时所愿意支付的价格。因买方总想少付钱，买方购买房地产时会有一个可承受的最高价（简称买方最高出价），当卖方的最低要价不高于这个最高价时买方才会购买，买方的心态是在该价格之下越低越好。实际中还有买方较满意的购买价格。买方的首次出价通常不是其最高出价，留有卖方上抬价格的空间。

（3）卖方要价和买方出价都只是买卖双方中某一方所愿意接受的价格。在实际交易中，只有当买方最高出价高于或等于卖方最低要价时，交易才可能成功。因此，在一笔成功的房地产交易中，买卖双方的成交价必然高于或等于卖方最低要价，低于或等于买方最高出价。

在图 5-1（a）中，因为买方最高出价为 260 万元，低于卖方最低要价的 300 万元，所以交易不能成功。在图 5-1（b）中，因为买方最高出价为 290 万元，高于卖方最低要价的 270 万元，所以交易可能成功，并由卖方最低要价和买方最高出价形成了成交价的可能区间，即 270 万元～290 万元。卖方和买方通常只知道该区间中自己的那一端，并都试图了解对方的那一端（但通常不成功）。实际的成交价将落在这个区间内，至于是刚好为卖方最低要价或买方最高出价，还是在二者中间或其他位置，取决于买卖双方相对的议价能力和讨价还价技巧，特别是该种房地产市场是处于买方市场还是卖方市场。在买方市场下，因买方在交易上处于有利地位，成交价会偏向卖方最低要价；在卖方市场下，因卖方在交易上处于有利地位，成交价会偏向买方最高出价。

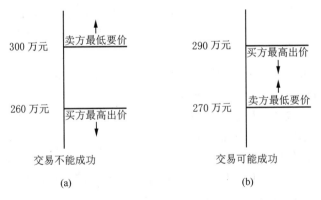

图 5-1　达成交易的基本条件示意

成交价格可分为正常成交价格和非正常成交价格。正常成交价格是指交易双方在正常交易情况下进行交易的成交价格，即不存在特殊交易情况下的成交价格。所谓特殊交易情况，包括利害关系人之间、对市场行情或交易对象缺乏了解、被迫出售或被迫购买（包括急于出售或急于购买，被强迫出售或被强迫购买）、对交易对象有特殊偏好、相邻房地产合并、人为哄抬价格、受迷信影响等的交易。反之，则为非正常成交价格。

（三）市场价格

市场价格简称市场价、市价，是指某种房地产在市场上的平均交易价格。

许多商品的市场价格是其大量成交价格的平均价格，比如是大量成交价格的平均数。但房地产由于各不相同，甚至相互间差异很大，所以某种房地产的市场价格应是以一些类似房地产的成交价格为基础测算的，且不能对这些成交价格直接采用平均的方法计算，在平均之前应剔除不正常和偶然的因素所造成的价格偏差，还应消除因房地产之间的地段、品质、产权等状况不同而造成的成交价格差异。

二、总价格、单位价格和楼面地价

（一）总价格

总价格简称总价，是指某宗或某个区域范围内的房地产整体的价格。它可能是一套建筑面积为 90m² 的普通住宅的价格，一幢建筑面积为 500m² 的别墅的价格，或一座建筑面积为 10 000m² 的商场的价格。总价格一般不能完全反映价格水平的高低。

（二）单位价格

单位价格简称单价，主要有房地单价和土地单价。其中，房地单价是建筑物与土地合在一起的房地产单价，通常简称房价。单位价格一般可以反映价格水平的高低。

认清单位价格，必须认清计价单位，否则只是一个单纯的数字符号，无经济意义。计价单位一般由货币和面积构成。

（1）货币：包括币种和货币单位。在币种方面，例如是人民币还是美元、港币等。在货币单位方面，例如是元还是万元等。

（2）面积：包括面积内涵和面积计量单位。在面积内涵方面，建筑物通常有建筑面积、套内建筑面积、使用面积之别。在面积计量单位方面，不同国家和地区的法定计量单位或习惯用法可能不同，如中国内地通常采用平方米，美国、英国和中国香港地区习惯采用平方英尺，日本、韩国和中国台湾地区一般采用坪。

（三）楼面地价

楼面地价也称为楼面价、楼板价，是一种特殊的土地单价，是指一定地块内分摊到单位建筑面积上的土地价格，即：

$$楼面地价＝\frac{土地总价}{总建筑面积}$$

由上述公式可推导出楼面地价、土地单价、容积率三者之间的关系：

$$楼面地价＝\frac{土地总价}{总建筑面积}×\frac{土地总面积}{土地总面积}＝\frac{土地单价}{容积率}$$

认识楼面地价的作用十分重要，因为楼面地价通常比土地单价更能反映土地价格水平的高低。房地产市场上的所谓面粉贵于面包，就是新出让地块的楼面地价高于同地段的商品房价格。

三、正常负担价、卖方净得价和买方实付价

（一）正常负担价、卖方净得价和买方实付价的含义

正常负担价全称交易税费正常负担价，是指房地产交易税费由交易双方按照税收法律、法规及相关规定各自负担下的价格，或者交易双方各自缴纳自己应缴纳的交易税费下的价格，即在此价格下，卖方缴纳自己应缴纳的税费，买方缴纳自己应缴纳的税费。

卖方净得价也称为卖方到手价，是指卖方出售房地产实际得到的金额，等于卖方所得价款减去其负担的房地产交易税费。

买方实付价是指买方取得房地产付出的全部金额，等于买方支付的价款加上其负担的房地产交易税费。

（二）正常负担价、卖方净得价和买方实付价的产生

房地产交易需要缴纳的税费种类和数额较多，如契税、增值税、城市维护建设税、教育费附加、所得税、土地增值税、印花税、补缴出让金等。根据税收法律、法规及相关规定，这些税费的负担方式有以下 3 种：①应由卖方缴纳，如增值税、城市维护建设税、教育费附加、所得税、土地增值税。②应由买方缴纳，如契税、补缴出让金。③买卖双方都应缴纳或各自负担一部分，如印花税。但是，在现实房地产交易中，按照交易双方约定或当地交易习惯，往往存在应由卖方缴纳的税费却由买方缴纳，或者应由买方缴纳的税费却由卖方缴纳。例如，目前许多城市的存量住宅交易中，卖方通常要求全部交易税费都由买方负担，即存量住宅价格实际上是卖方净得价。因此，在房地产交易税费都由买方负担下的价格是卖方净得价，都由卖方负担下的价格是买方实付价。

此外，一些城市的房地产价格之外还有代收代办费。这些费用也可能存在类似的转嫁问题。有时还根据价格中是否包含增值税，将价格分为含税价、不含税

价。含税价是指价格中包含增值税的价格，不含税价是指价格中不含增值税的价格。据此，卖方净得价属于不含税价，买方实付价属于含税价。

（三）正常负担价、卖方净得价和买方实付价之间的关系和换算

同一房地产在实际价格水平相同的情况下，正常负担价居中，卖方净得价最低，买方实付价最高。该三者之间的关系和换算公式如下。

$$正常负担价-卖方应缴纳的税费=卖方净得价$$

$$正常负担价+买方应缴纳的税费=买方实付价$$

$$买方实付价=卖方净得价+（买方应缴纳的税费+卖方应缴纳的税费）$$

$$卖方净得价=买方实付价-（买方应缴纳的税费+卖方应缴纳的税费）$$

【例 5-1】 某套住宅的卖方要求的净得价为 100 万元，卖方应缴纳的交易税费为 6 万元，买方应缴纳的交易税费为 3 万元。请计算该住宅的正常负担价和买方实付价。

【解】 该住宅的正常负担价和买方实付价计算如下：

正常负担价＝卖方净得价＋卖方应缴纳的税费

　　　　　＝100＋6

　　　　　＝106（万元）

买方实付价＝卖方净得价＋买方应缴纳的税费＋卖方应缴纳的税费

　　　　　＝100＋3＋6

　　　　　＝109（万元）

如果卖方、买方应缴纳的税费是正常负担价的一定比率，即：

$$卖方应缴纳的税费=正常负担价×卖方应缴纳的税费比率$$

$$买方应缴纳的税费=正常负担价×买方应缴纳的税费比率$$

则：

$$正常负担价=\frac{卖方净得价}{1-卖方应缴纳的税费比率}$$

$$正常负担价=\frac{买方实付价}{1+买方应缴纳的税费比率}$$

【例 5-2】 某套住宅的正常负担价为 100 万元，卖方应缴纳的增值税、所得税等交易税费为正常负担价的 6%，买方应缴纳的契税等交易税费为正常负担价的 3%。请计算该住宅的卖方净得价和买方实付价。

【解】 该住宅的卖方净得价和买方实付价计算如下：

卖方净得价＝正常负担价×（1-卖方应缴纳的税费比率）

　　　　　＝100×（1-6%）

$$=94（万元）$$

买方实付价＝正常负担价×（1＋买方应缴纳的税费比率）

$$=100×（1＋3\%）$$

$$=103（万元）$$

四、真实成交价、网签价、备案价、计税指导价和贷款评估价

真实成交价是房地产交易双方的实际成交价格。成交价格原本应是真实的或实际的成交价，但现实中存在为了少缴税、多贷款等而签订"阴阳合同"或不实申报成交价的情况。

网签价又称网签成交价，是指通过住房和城乡建设部门（或房产管理部门）的房屋网签备案系统办理房地产交易合同网签备案（或登记备案）手续时申报的成交价格，或网签备案合同中记载的成交价格。

备案价是房地产开发企业在销售新建商品房之前，向有关政府部门备案的新建商品房销售价格。该价格通常为新建商品房的最高售价，房地产开发企业在实际销售中不得擅自突破；如果确需调整，应重新办理价格备案手续。但也有在房地产市场低迷时，为了防止房地产开发企业竞相降价促销、恶意抢占市场份额的不正当竞争行为，倡议或要求商品房销售价格不得低于备案价的一定比例，如不得低于备案价的80%。

计税指导价也称为最低计税价，是为税务机关核定计税依据提供参考依据而评估的房地产价值或价格。

贷款评估价是在房地产抵押贷款中，为商业银行等金融机构核定贷款额度提供参考依据而评估的房地产价值或价格。

《城市房地产管理法》规定："国家实行房地产成交价格申报制度。房地产权利人转让房地产，应当向县级以上地方人民政府规定的部门如实申报成交价，不得瞒报或者作不实的申报。"因此，房地产交易应如实申报成交价，按照申报的成交价缴纳税费。申报的成交价明显低于正常市场价的，参照市场价或评估价（计税指导价）核定税费。此外，为遏制"阴阳合同"和"高评高贷"现象，要求商业银行办理房屋贷款业务，要以网签备案合同价款和房屋评估价（贷款评估价）的最低值作为计算基数确定贷款额度。

五、名义价格和实际价格

名义价格是表面上的价格，一般可直接观察到。实际价格一般直接观察不到，需要在名义价格的基础上进行计算或处理才能得到。名义价格不能确切反映

价格的真实水平。某些情形下，名义价格较高，而实际价格较低；另一些情形下，名义价格较低，而实际价格较高。

有多种含义的名义价格和实际价格，例如：①未扣除价格因素的价格为名义价格，扣除价格因素后的价格为实际价格。该种含义的名义价格虽然可能不变，但实际价格会因物价上涨而降低，或因物价下降而提高。在测算房地产自然增值时，应采用该种含义的实际价格。②在买房打折或赠送装修、物业费、车位、储藏室、家具家电、汽车等优惠的情况下，未打折或未减去相应的装修等价值的价格为名义价格，打折和减去相应的装修等价值后的价格为实际价格。与此相反，在商品房限价的情况下，名义房价较低，而搭售的车位、储藏室价格很高，甚至有所谓高价"茶水费""字画"等，因此实际房价较高。③在交易当事人为了避税等而不实申报成交价的情况下，申报的成交价或网签成交价为名义价格，真实的成交价为实际价格。④在不同的付款方式下，在成交日期讲明，但不是在成交日期一次性付清的价格为名义价格，在成交日期一次性付清的价格或将不是在成交日期一次性付清的价格折现到成交日期的价格为实际价格。

【例 5-3】 一套建筑面积为 $100m^2$、单价为 6 000 元/m^2、总价为 60 万元的住宅，可能有下列六种付款方式。请分别求取该六种付款方式下的名义价格和实际价格（如需折现，年折现率为 5%）。

（1）要求在成交日期一次性付清，无任何优惠。

（2）如果在成交日期一次性付清，则给予一定的折扣优惠，比如 95 折或减价 5%。

（3）以抵押贷款方式支付，如首期支付房价的 30%（即首付款 18 万元），余款向银行申请抵押贷款，贷款期限为 15 年，贷款年利率为 6%，按月等额偿还贷款本息。

（4）从成交日期起分期支付，如分三期平均支付，第一期于成交日期支付 20 万元，第二期于第一年年中支付 20 万元，第三期于第一年年末支付 20 万元。

（5）从成交日期起分期支付，如分三期支付，第一期于成交日期支付 20 万元，第二期于第一年年中支付 20 万元，第三期于第一年年末支付 20 万元。但是，采取这种分期方式支付价款的，买方在支付第二期、第三期价款时，应按照支付第一期价款之日中国人民银行公布的贷款利率，向卖方支付利息。

（6）约定在成交日期后的某个日期一次性付清，比如在第一年年末一次性付清。

【解】 上述六种付款方式下的名义单价均为 6 000 元/m^2，名义总价均为 60 万元。

上述第一、三、五种付款方式下，实际价格与名义价格相同，实际单价为 $6\,000元/m^2$，实际总价为 60 万元。

上述第二种付款方式下，实际单价为 $6\,000\times(1-5\%)=5\,700$（元/$m^2$），实际总价为 57 万元。

上述第四种付款方式下，实际总价为 $20+20\div(1+5\%)^{0.5}+20\div(1+5\%)=58.56$（万元），实际单价为 $5\,856元/m^2$。

上述第六种付款方式下，实际总价为 $60\div(1+5\%)=57.14$（万元），实际单价为 $5\,714元/m^2$。

六、现房价格和期房价格

现房价格是指已经建成的房屋及其占用范围内的土地的价格。期房价格是指目前尚未建成而在将来建成交付的房屋及其占用范围内的土地的价格。

在既可购买期房也可购买现房，且期房和现房的地段、用途、品质等相同的情况下，期房价格应低于现房价格。因为与现房相比，期房相当于先支付价款后取得货物，甚至没有见到样品就支付价款，存在以下问题和风险：①不能即时使用（自用或出租）；②有可能将来交付的品质（包括质量、装修、配套设施和周围环境等）不如预售时约定的品质，可能出现较大的面积差异引起是否补交或退还价款等纠纷；③有可能延期建成交付；④有可能停工或烂尾；⑤有可能在建成交付之前房价下跌。如果房价下跌，则购买期房不仅比购买现房早付款、负担利息，还要多付款。例如，一年前购买某商品房开发项目的一套期房总价为 600 万元，首付款 180 万元，贷款 420 万元。现在因房地产市场下行，该项目同类一套房总价下降到 550 万元。对比来看，一年前购买期房不仅要多付 50 万元，而且要为 420 万元贷款支付一年利息。实际上，还有 180 万元首付款的一年存款利息等机会成本损失（机会成本的含义见本书第六章第二节中的"资金的时间价值的含义"）。

以可出租的精装房为例，买现房可以立即出租，买期房在期房成为现房期间不能获得租金收入，期房价格和现房价格之间的关系为：

$$期房价格=现房价格-\frac{预计从期房达到现房期间}{现房出租的净收益的折现值}-相关风险补偿$$

【例 5-4】 某套新建商品住宅期房的面积为 $90m^2$，尚需 14 个月竣工交付。同地段同品质存量住宅的市场价格为 $8\,000元/m^2$，每月末的租赁净收益为 $2\,000$ 元/套。估计年折现率为 8%，期房相关风险补偿为现房价格的 5%。请计算该期房目前的市场价格。

【解】　设该期房目前的市场价格（单价）为 V，则：

$$V = 8\,000 - \frac{2\,000}{8\% \div 12}\left[1 - \frac{1}{(1+8\%/12)^{14}}\right] \div 90 - 8\,000 \times 5\%$$

$$= 7\,304\,（元/m^2）$$

同时需要注意的是，现实中人们之所以买期房，主要是因为期房户型较好、有挑选余地、房地产开发企业对商品房销售价格通常采取"低开高走"策略而使人感觉房价会升值等。此外，通常还存在期房比同地段存量现房价格明显高的相反现象。这主要是因为二者的品质或付款方式不同，比如期房的户型、小区配套和环境较好，或付款方式较灵活等。

七、起价、标价、成交价、特价和均价

起价、标价、成交价、特价和均价是新建商品房销售中较常见的几种房价。

（1）起价：也称为起始价，是一个房地产开发项目中商品房销售的起始价格，如某个新楼盘销售广告中的"每平方米 8 800 元起"或"总价 68 万元起"。起价一般为最低售价，通常是房地产开发项目中位置、户型、朝向、楼层、景观等最差的商品房的售价。但可能这种最低价的商品房并不存在，仅是在广告宣传中为了引起人们对商品房销售项目的注意而虚设的最低价。因此，起价一般不能反映所销售商品房的真实价格水平。

（2）标价：也称为表格价，是在商品房销售价目表上标出的不同楼幢、户型、朝向、楼层等商品房的销售价格，实质上是房地产开发企业对其商品房的报价、要价或挂牌价。一般情况下，买卖双方会围绕标价进行讨价还价，最后商品房销售者可能作出某种程度的让步，比如根据购房人是否贷款、付款进度等情况给予几个百分点的折扣，按照一个比标价低的价格成交。

（3）成交价：是商品房买卖双方的实际交易价格。商品房买卖合同中写明的价格一般就是这种价格。但现实中存在为了达到政府指导价、限价等要求或少缴税，将该价格拆分为房价款、装修款等情况；也存在为了"清盘"、消化"尾盘"，又不使人特别是不使之前的购房人感到明显降价，在该价格之外赠送装修、物业费、车位、地下室（或地下室面积不计入销售面积）甚至家具家电、小汽车等情况。

（4）特价：是房地产开发企业为了商品房促销等而特别降低的价格，比如推出所谓"特价房"对外销售。特价一般明显低于正常销售价格。

（5）均价：俗称楼盘均价，是一个房地产开发项目中所有商品房的平均价格，一般可以反映所销售商品房的总体价格水平。均价有标价的平均价格和成交

价的平均价格两种。标价的平均价格通常是房地产开发企业根据政府有关定价规定和自己的定价策略事先确定的，然后按照楼幢、户型、朝向、楼层等不同的差价调整到每套商品房，即确定出了标价。成交价的平均价格是商品房售出后对其成交价进行统计得出的。

八、买卖价格和租赁价格

（一）买卖价格

买卖价格也称为销售价格，简称买卖价，是房地产权利人采取买卖方式将其房地产转移给他人，由他人（作为买方）支付和房地产权利人（作为卖方）接受的金额。

（二）租赁价格

租赁价格通常称为租金，在房屋和土地合在一起租赁时一般称为房屋租赁价格，简称房租，是指出租房地产所收取或租用房地产所支付的金额。

房租的构成项目主要有以下 10 个：①地租（或土地使用费）；②房屋折旧费；③房屋维修费；④房屋管理费（如物业费）；⑤房地产税（为房地产持有环节的税收，如房产税、城镇土地使用税）；⑥房屋保险费；⑦租赁费用（如租赁代理费）；⑧租赁税费（如增值税、城市维护建设税、教育费附加）；⑨投资利息；⑩利润。

现实中的房租可能包含上述房租构成项目之外的费用，如可能包含家具家电使用费（或折旧费）、供暖费，甚至包含水电费等；也可能不含上述某些房租构成项目，如租赁双方约定房屋维修费、物业费、房地产税等由承租人负担。房租可能按使用面积、建筑面积、套、间或幢计算。其中，住宅一般按套、间或使用面积计租，非住宅一般按建筑面积计租。房租也有日租金、月租金和年租金，还有定额租金、定率租金（也称为分成租金、百分比租金，零售商业用房通常采用这种租金）等。

九、市场调节价、政府指导价、政府定价和交易参考价

市场调节价、政府指导价和政府定价是《中华人民共和国价格法》规定的，实质上是按照政府对房地产价格的干预或管控程度划分的 3 种价格。

市场调节价是指由经营者自主制定，通过市场竞争形成的价格。对于实行市场调节价的房地产，经营者可以依法自主制定价格。存量房的买卖价格和租赁价格一般实行市场调节价。政府指导价是指由政府价格主管部门或其他有关部门，按照定价权限和范围规定基准价及其浮动幅度，指导经营者制定的价格。对于实

行政府指导价的房地产，经营者应在政府指导价规定的幅度内制定价格。政府定价是指由政府价格主管部门或其他有关部门，按照定价权限和范围制定的价格。对于实行政府定价的房地产，经营者应执行政府定价。

政府对房地产价格的干预，还有实行最高限价、最低限价以及价格最大涨跌幅度限制等。最高限价是对房地产规定一个可以出售的最高价，如根据房地产市场调控的需要，规定新建商品房的最高销售价格。最低限价是对房地产规定一个可以出售的最低价。

此外，地方政府或其有关部门和单位还发布二手住房交易参考价或成交参考价格，旨在提高二手住房市场信息透明度，引导市场理性交易，引导房地产经纪机构合理发布挂牌价格，引导商业银行合理发放二手住房贷款。

十、补地价

补地价是指建设用地使用权人因改变建设用地使用权出让合同约定的土地使用条件等而应向国家缴纳的建设用地使用权出让金、土地出让价款、土地收益等。需要补地价的情形主要有以下 3 种：①转让、出租、抵押以划拨方式取得建设用地使用权的房地产；②改变土地用途等规划条件；③延长土地使用期限（包括建设用地使用权期间届满后续期）。

实际中的补地价数额取决于政府的政策。例如，已购公有住房的建设用地使用权一般属于划拨性质，其上市出售从理论上讲应缴纳较高的出让金等费用，但政府为了促进房地产市场发展和存量住房流通，满足居民改善居住条件的需要，对已购公有住房上市出售只收取较低的出让金等费用。住宅建设用地使用权期间届满的，虽然自动续期，但要不要补地价、补多少，目前尚无明文规定。

第三节　房地产价格的影响因素

一、房地产价格的影响因素概述

房地产价格的高低及其变动，是众多对房地产价格有影响的因素共同作用的结果。要把握房地产价格的影响因素，量化它们对房地产价格的影响，首先应具备下列认识。

（1）不同的影响因素或者其变化，导致房地产价格变动的方向是不尽相同的。有的因素或者其变化会导致房地产价格上涨，有的因素或者其变化会导致房地产价格下降。并且，对于不同类型的房地产，同一因素或者其变化导致房地产价格变动的方向可能是不同的。例如，某一地带有铁路，如果该地带是居住区，则铁路一般是贬值因素；而如果该地带是仓储或工业区，则铁路通常是增值因素。

（2）不同的影响因素或者其变化，导致房地产价格变动的程度是不尽相同的。有的因素或者其变化导致房地产价格变动的幅度较大，有的因素或者其变化导致房地产价格变动的幅度较小。以住宅的朝向和楼层为例，通常情况下朝向对价格的影响比楼层大。但是，对于不同类型的房地产，同一因素对价格的影响大小可能是不同的。例如，商场与住宅相反，楼层对价格的影响要比朝向大。

（3）不同影响因素的变化与房地产价格变动之间的关系是不尽相同的。有的因素随着其变化会一直提高或一直降低房地产价格；有的因素在某一状况下随着其变化会提高房地产价格，但在另一状况下随着其变化会降低房地产价格；有的因素从某一角度看会提高房地产价格，而从另一角度看会降低房地产价格，至于它对房地产价格的最终影响如何，是由这两方面的合力决定的。例如，修筑一条道路穿过某个居住区，一方面由于改善了该居住区的对外交通，方便了居民出行，会提高该居住区的住宅价格；另一方面由于带来了噪声、汽车尾气污染和行人行走的不安全，又会降低该居住区的住宅价格。至于它最终是提高还是降低该居住区的住宅价格，要看受影响住宅离该道路的远近以及该道路的性质等情况。其中，紧挨着道路的住宅比里面的住宅受到的负面影响大，除非有了该道路之后适宜并允许改变为商业用途。但是，如果该道路是一条过境公路，如高架路或全封闭的高速公路，则对该居住区的住宅价格只有负面影响，没有正面作用。

（4）不同影响因素对房地产价格有影响的区域范围可能不同。有的因素对全国范围的房地产价格都有影响，如货币政策、利率等。有的因素主要对某个地区（如某个城市）的房地产价格有影响，如一个城市的房地产市场调控政策、城市规划、土地供应计划、住房发展规划等。有的因素仅对一个较小区域内的房地产价格有影响，如新建一个城市公园或一条地铁，通常仅对其周边一定范围内的房地产价格有提升作用，且离该公园或地铁站越远，房地产价格的提升作用会越小。有的因素只对个别房地产的价格有影响，如土地使用期限、土地形状、楼层、朝向、户型、房龄等。

（5）有的影响因素对房地产价格的影响与时间无关，有的则与时间有关。在与时间有关的因素中，导致房地产价格变动的速度又可能是不同的。有的因素会立即引起房地产价格的变动，有的因素对房地产价格的影响则会经过一段时间甚至较长时间才会显现出来。例如，增加或减少房地产开发用地供应，放松或收紧房地产开发贷款、个人住房贷款等房地产市场调控的政策措施，除影响人们的市场预期而较快影响房地产价格外，它们对房地产价格的影响通常需要一个过程。

（6）各种影响因素对同一类型房地产价格的影响方向和影响程度不是一成不变的。随着时间的推移，人们对房地产的偏好会发生变化，从而那些提高房地产价格的因素可能会变为降低房地产价格的因素，那些对房地产价格有较大影响的因素可能会变为影响较小的因素，甚至对房地产价格没有影响。反之亦然。例如，许多城市的住房消费都曾出现过这种变化：在房地产市场发展初期，人们以为高楼大厦就是现代化，盼望住上"楼房"，导致高层住宅的价格高于低层、多层住宅的价格，甚至塔式高层住宅的价格高于板式低层、多层住宅的价格。后来则相反，低层低密度住宅的价格明显高于高层高密度住宅的价格。

（7）同一影响因素在不同地区对房地产价格的影响可能不同。不同地区的人因地理位置、地形地貌、气候条件、风俗习惯、文化传统、宗教信仰等的不同，对不同房地产的偏好有所不同，某个因素在某个地区可能被人看重，而在另一个地区则未必如此。例如，中国北方地区比南方地区更看重住宅的朝向，讲究"坐北朝南，南北通透"，而南方地区比北方地区更看重"风水"。对楼房中的一套住宅来说，坐北朝南是指住宅的主要功能房间（如客厅、主卧室）朝南向，或者住宅的主要采光面在南侧。再如，沿海地区的当地居民通常因嫌弃潮湿、海风大、海浪声、家具易受腐蚀等而不喜欢离海边过近的住宅，内陆来的人因喜欢海景、到海边游玩方便等而喜欢离海边近的住宅。

二、交通因素

交通出行的便捷、时耗和成本，直接影响房地产价格。交通因素可分为道路状况、出入可利用的交通工具、交通管理情况、停车方便程度以及交通收费情况等。下面主要说明开辟新的交通线路和交通管理情况对房地产价格的影响。

开辟新的交通线路，如新建道路、通公共汽车、建地铁或轻轨，可以改善沿线地区特别是交通站点周边地区的交通条件，通常会使这些地区的房地产价格上升。具体导致的价格上升情况，可从以下3个方面进行分析：①从房地产类型来看，对交通依赖程度越高的房地产，其价格上升幅度通常会越大。②从房地产位置来看，离道路或交通站点越近的房地产，其价格上升幅度通常会越大。但如果离道路或交通站点过近，尤其是住宅，则会有一定的负面影响，因为可能有交通噪声和空气污染，以及人流增加会带来喧闹声。③从影响发生的时间来看，对房地产价格的上升作用主要发生在交通项目立项之后、完成之前。在立项之前因开辟新的交通线路有较大的不确定性，对房地产价格的上升作用还难以显现；在项目完成之后因对房地产价格的影响基本上已释放出来，对房地产价格的上升作用通常会停止。

　　某些房地产所处的位置看似交通方便，但实际上交通并不方便，这可能是受到交通出入口、立交桥、高架路、交通管理等的影响。其中，对房地产价格有影响的交通管理主要有限制车辆通行（具体又可分为是限制所有车辆通行还是限制某类车辆通行，是限制所有时间通行还是限制某段时间通行）、实行单行道、禁止掉头或左拐弯等。交通管理对房地产价格的影响结果如何，要看这种管理的内容和房地产的用途。实行某种交通管理，对某种用途的房地产来说可能会降低其价格，但对其他用途的房地产来说则可能会提高其价格，如在住宅小区内或周边的道路上禁止货车通行，可以减少噪声、汽车尾气污染和行人行走的不安全感，从而会提高住宅价格。因此，住宅小区四周有交通主干道的，位于该小区里面的住宅价格通常要高于位于该小区外围的住宅价格。

三、人口因素

　　房地产特别是住宅的终极需求主体是人，一个地区（如城市）的人口数量、结构、素质等状况，是决定其住宅、商业用房等房地产需求量或市场规模大小的基础性因素，对其房地产价格有很大影响。

　　（一）人口数量

　　房地产价格与人口数量密切相关。某个地区（如城市）的人口数量增加时，对其房地产的需求会增加，房地产价格就会上升；反之，人口数量减少时，房地产价格就会下降。

　　引起人口数量变化的因素是人口增长，它是在一定时期内由出生、死亡和迁入、迁出等因素的消长导致的人口数量增加或减少的变动现象。根据人口增长的绝对数量，人口增长有人口净增长、人口零增长和人口负增长3种情况。

　　人口增长可分为人口自然增长和人口机械增长。人口自然增长是指在一定时期内因出生和死亡因素的消长导致的人口数量的增加或减少，即出生人数与死亡人数的净差值。人口机械增长是指在一定时期内因迁入和迁出因素的消长导致的人口数量增加或减少，即迁入的人数与迁出的人数的净差值，通俗地说是人口净流入还是人口净流出。一个地区特别是城市，城镇化和移民导致的外来人口增加，即人口净流入，对房地产的需求必然会增加，从而会引起房地产价格上升。

　　还可以把人口数量分为户籍人口、常住人口、流动人口，以及日间人口、夜间人口等的数量，来分析它们对不同类型房地产价格的影响。另外，在人口数量因素中，反映人口数量的相对指标是人口密度。人口密度从两个方面影响房地产价格：一方面，人口高密度地区通常对房地产的需求多于供给，供给相对缺乏，因而房地产价格趋高；人口密度增加还有可能刺激商业、服务业等行业的发展，也会提高房地产价格。另一方面，人口密度如果过高，表现为人口稠密、容积率高、建筑密度大，特别是在大量低收入者涌入某地区的情况下，会导致生活环境、社会治安等变差，从而可能降低房地产价格。

（二）人口结构

人口结构即人口构成，是指一定时期内按照性别、年龄、家庭、职业、文化、民族等因素划分的人口构成状况。例如在人口年龄构成方面，用 60 岁及以上老年人口占总人口的比例说明人口是否老龄化。随着经济社会的发展、居民人均预期寿命的增长，一个国家和地区的人口趋向老龄化，从而导致房地产需求结构的变化，比如会导致对适合老年人居住的住宅、老年公寓等养老房地产的需求增加，进而影响不同类型房地产的价格变化趋势。

人口家庭构成反映家庭人口数量等情况，对住宅类型的选择有重要参考价值。住宅需求的基本单位是家庭，家庭数量的变化会引起所需住宅套数的变化。因此，一个国家和地区即使人口总量不变，但如果家庭人口规模（每个家庭平均人口数）发生变化，则会导致家庭数量的变化，从而引起所需住宅套数的变化，随之影响住宅的价值价格。例如，随着家庭人口规模小型化，即每个家庭平均人口数下降，家庭数量增多，所需住宅套数将会增加，住宅的价值价格有上升趋势。中国城镇家庭存在从传统的复合大家庭向简单的小家庭发展的趋势，并随着经济社会的发展，离婚、单亲家庭、不婚族会越来越多，也会使家庭数量增多。

（三）人口素质

人们的科学文化水平、文明程度、道德品质等，可以导致房地产价格的变化。随着文明进步、文化发展，公共服务设施必然日益普及和完善，同时人们还希望居住、工作等空间环境更加宽敞舒适，这些都会使房地产的品质不断提升、需求增加，从而导致房地产价格上升。而如果一个地区的居民素质较低、人员构成复杂、环境脏乱差、公共秩序欠佳、犯罪率较高，人们不大愿意在此居住和工作，则该地区的房地产价格必然低落。

四、居民收入因素

居民可支配收入的水平高低及增加，对房地产特别是住宅的价格有较大影响。居民可支配收入是居民在支付个人所得税、财产税及其他经常性转移支出之后余下的实际收入，即居民可用于自由支配的收入，是居民可用于最终消费支出和储蓄的总和。在通常情况下，居民可支配收入的真正增加（非名义增加，名义增加是指在通货膨胀情况下的增加），意味着居民可用于消费或投资的资金增加，生活水平会随之提高，其居住及活动所需的空间会扩大，从而会增加对房地产的需求，导致房地产价格上涨。至于对房地产价格的影响程度，则需要了解当地居民现有的收入水平、恩格尔系数等，并通过它们来判断居民家庭边际消费倾向。恩格尔系数一般是指一个家庭食品消费支出总金额占该家庭消费支出总金额的比重。一个家庭的收入越少，家庭收入或支出中用在食品的部分所占的比重就越大；相反，随着家庭收入的增加，家庭收入或支出中用在食品的部分就会下降。这是因为在居民收入水平较低但有所增长的情况下，人们首先会用在食品的支出上，然后一般用在服装和住房的支出上，之后是用在奢侈品和享受性服务的支出上。边际消费倾向是指收入每增加一个单位所引起的消费变化，即新增加消费占新增加收入的比例。

如果居民可支配收入的增加主要是衣食都较困难的低收入者的收入增加，虽然其边际消费倾向较大，但其所增加的收入会大部分甚至全部用于衣食等基本生活的改善，则对房地产价格的影响不大。

如果居民可支配收入的增加主要是中等收入者的收入增加，因为其边际消费倾向较大，且衣食等基本生活已有了较好的基础，其所增加的收入此时依消费顺序会大部分甚至全部用于提高居住水平，则会增加对居住用房地产的需求，从而导致居住用房地产价格上涨。

如果居民可支配收入的增加主要是高收入者的收入增加，因为其生活上的需要几乎达到了应有尽有的程度，边际消费倾向较小，其所增加的收入可能大部分甚至全部用于储蓄或房地产以外的投资，则对房地产价格的影响不大。但是，如果他们利用剩余的收入从事房地产投资或投机，例如购买房地产用于出租或将持有房地产当作保值增值的手段，则会导致房地产价格上涨。

五、货币政策因素

货币供应量（货币发行数量）等货币政策对包括房地产在内的商品价格有较大影响。从全社会来看，一边是商品，另一边是货币，商品价格和货币的关系是在商品数量不变的情况下，货币供应量增加，商品价格会上升。

货币政策对房地产价格的影响主要视其松紧程度。货币政策由紧到松有从紧、适度从紧、稳健、适度宽松、宽松5个档次，其中"稳健"是既不紧又不松、松紧适度的"中性"。货币政策放松，比如所谓"大水漫灌"，通常会导致房地产价格上涨；货币政策收紧，通常会导致房地产价格下降。例如，2008年全球金融危机后，美国、英国等许多国家的房价出现了显著下跌。而中国经历了2009年、2012年、2014年3次货币政策大宽松，房价在2010年至2018年持续过快上涨。再如，2020 年下半年至 2021 年上半年受疫情冲击，许多国家的经济增长大跳水，人们担心房价会像 2008 年那样大跌，但因主要发达经济体实施极度宽松货币政策和大规模财政刺激，"全球房价在疫情中逆势上涨"。而中国因坚持实施正常的货币政策，并坚持房子是用来住的、不是用来炒的定位，坚持不将房地产作为短期刺激经济的手段，坚持稳地价、稳房价、稳预期，房价没有像人们预期的那样普遍出现大涨。

货币政策对房地产价格的影响程度，还受控制资金流向房地产的房地产信贷政策等"闸门"松紧程度的影响。如果"闸门"关得较紧，比如"防止资金违规流入房地产市场"，则宽松货币政策对房地产价格的影响相对较小。

六、房地产信贷政策因素

房地产信贷政策主要包括个人购房贷款政策和房地产开发贷款政策，比如增加或缩小房地产信贷规模，放松或收紧房地产贷款，调整房地产信贷投向（例如是投向个人购房贷款还是房地产开发贷款），提高或降低购房最低首付比例，上调或下调贷款利率，延长或缩短最长贷款期限，提高或降低房地产抵押率上限等。具体来说，提高个人购房最低首付比例、上调个人购房贷款利率、降低最高贷款额度、缩短最长贷款期限，会提高购房门槛、增加购房支出、降低购房支付能力，从而会减少住房需求，进而会使住房价格下降；反之，会使住房价格上涨。严格控制房地产开发贷款，会减少未来的商品房供给，从而会使未来的商品房价格上涨；反之，会使未来的商品房价格下降。

七、利率因素

利率实质上是使用资金的价格。房地产交易需要使用大量资金，加息或降息以及市场利率升降对房地产价格有较大影响。下面，先从 3 个不同的角度分别说明利率升降对房地产价格的影响，然后说明利率升降对房地产价格的综合影响。

从房地产供给的角度看，利率上升（或下降）会增加（或降低）房地产开发的融资成本（或者说财务费用、投资利息），从而使房地产开发成本上升（或下降），进而推动房地产价格上涨（或下降）。

从房地产需求的角度看，因为购买房地产特别是居民购买住宅普遍需要贷款，所以利率上升（或下降）会加重（或减轻）房地产购买者的贷款偿还负担，从而会减少（增加）房地产需求，进而导致房地产价格下降（或上涨）。

从房地产价值是房地产预期净收益的现值之和的角度看，因为房地产价值与折现率负相关，而折现率与利率正相关，所以利率上升（或下降）会使房地产价格下降（或上涨）。

从综合效应来看，利率升降对房地产需求的影响远远大于对房地产供给的影响，房地产价格与利率负相关：利率上升，房地产价格会下降；利率下降，房地产价格会上涨。此外，降息通常被认为是刺激经济的政策工具，由此来看，利率下降也有利于房地产价格上涨，甚至有"低利率造就高房价"之说。

八、税收因素

新开征、恢复征收、暂停征收或取消某种房地产税收，提高或降低税率（或税额标准），调整计税依据，实行、提高、降低或取消税收优惠等，都对房地产价格有影响。下面从房地产流转（或交易、流通）、持有（或保有）、开发（或建设）3个环节的税收角度，简要说明税收制度政策对房地产价格的影响。

（一）房地产流转环节的税收

该环节的税收通常称为房地产交易税收，目前有契税、增值税、城市维护建设税、教育费附加（可视同税金）、土地增值税、所得税（个人所得税或企业所得税）、印花税。分析该环节的税收对房地产价格的影响，先要把它们分为向卖方征收的税收和向买方征收的税收。上述税收中，增值税、城市维护建设税、教育费附加、土地增值税、所得税是向卖方征收的税收，契税是向买方征收的税收，印花税是向买卖双方均征收的税收。通常，增加卖方的税收，比如减少或取消增值税和所得税的减免优惠，开征土地增值税，会使房地产价格上涨；反之，减少卖方的税收，比如减免增值税和所得税，会使房地产价格下降。增加买方的税收，比如提高契税税率，会抑制房地产需求，从而会导致房地产价格下降；反之，减少买方的税收，比如减免契税，会刺激房地产需求，从而会导致房地产价格上涨。

但是在短期内，增加（或减少）卖方、买方的税收是否会导致房地产价格上涨（或下降），主要取决于房地产市场是卖方市场还是买方市场。从增加卖方的税收来看，如果是卖方市场，则卖方可通过提高房地产价格将增加的税收转嫁给买方，从而会导致房地产价格上涨，其中许多卖方要求二手房的价格是"净得价"也说明了这一点；而如果是买方市场，则难以导致房地产价格上涨，增加卖方的税收主要会降低卖方的收益而由卖方"内部消化"。从减少卖方的税收来看，如果是卖方市场，则难以使房地产价格下降，主要会使卖方的收益增加；而如果是买方市场，则减少卖方的税收会使房地产价格下降。

再来看增加买方的税收，比如提高契税税率，会加重买方的购买负担而减少购买需求，但如果是卖方市场，则在短期内难以使房地产价格下降；而如果是买方市场，则会使房地产价格下降。从减少买方的税收来看，比如减免契税，如果是卖方市场，则减少买方的税收会减轻买方的购买负担而增加购买需求，从而会导致房地产价格上涨；而如果是买方市场，则在短期内难以使房地产价格上涨。

（二）房地产持有环节的税收

目前，该环节的税收有房产税、城镇土地使用税。增加持有环节的税收，比如开征每年按评估值征收的房地产税，一方面会增加房地产持有成本，使自用性需求者倾向于购买较小面积的房地产，使收益性房地产的净收益减少，对房地产投资和投机有抑制作用，从而减少房地产需求；另一方面，会使纳税人为减少存量房地产囤积而出售房地产，从而增加存量房地产供给。因此，不论是房地产需求减少还是供给增加，都会导致房地产价格下降。

从开征房地产税对房地产租金的影响来看，纳税人为减轻税负，可能通过提高房地产租金将房地产税转嫁给承租人，从而导致房地产租金上涨；将闲置房地产用于出租，从而增加租赁供给，可缓解房地产租金上涨压力。因此，对房地产租金的最终影响结果，需根据具体情况综合分析判断。

（三）房地产开发环节的税收

目前，该环节的税收有耕地占用税、企业所得税。通常，增加开发环节的税收，会使房地产开发建设成本上升，从而推动房地产价格上涨；反之，减少开发环节的税收，会促使房地产价格下降。

但是在短期内，增加（或减少）开发环节的税收是否导致房地产价格上涨（或下降），主要取决于房地产市场是卖方市场还是买方市场。先来看增加开发环节的税收，如果是卖方市场，因房地产开发企业可通过提高房地产价格将增加的税收转嫁给房地产购买者，则会使房地产价格上涨；而如果是买方市场，则难以使房地产价格上涨，增加的税收主要会迫使房地产开发企业降低开发利润、节省开发建设成本而"内部消化"。再来看减少开发环节的税收，如果是卖方市场，则难以使房地产价格下降，减少的税收主要会转化为房地产开发企业的"超额利润"；而如果是买方市场，则减少的税收会使房地产价格下降。

九、心理因素

心理因素对房地产价格的影响有时是不可忽视的。影响房地产价格的心理因素主要有以下 5 个：①购买或出售时的心态；②个人的欣赏趣味或偏好；③时尚风气、跟风或从众心理；④接近名家住宅的心理；⑤讲究"风水"或吉祥号码。下面列举 4 种情况予以说明。

（1）房地产需求者到处寻找满意的房地产，当看中了某宗房地产时，如果该房地产拥有者惜售，则房地产需求者只有出高价才可能改变其惜售态度，因此，如果达成交易，成交价格通常会明显高于正常市场价格。

（2）房地产拥有者突然发生资金调度困难，急需资金周转，无奈只有出售房地产，这时的成交价格通常会明显低于正常市场价格。

（3）信"风水"的人认为，"风水"好坏会影响自己、家族、子孙的盛衰吉凶。"风水"通常是指住宅基地、坟地等的地理形势，如地形、水流、风向等。

至今人们对"风水"褒贬不一。有的人认为"风水"是迷信。而有的人认为"风水"不全是迷信，把"风水"等于迷信是一种误解，"风水"是倡导"天人合一"的人与大自然和谐共处的关系说，是一种传统的建筑文化，在建筑选址上实际是一门地质、地形、地貌等选择的科学。一般认为，"看风水"虽然被一些人视为迷信，是不可信的，但在现实生活中"风水"因素有时对房地产价格的确有较大影响。被认为"风水"好的房地产，价格明显偏高；而被认为"风水"不好的房地产，价格明显偏低。同时要注意"风水"中可能有一些神秘主义的东西，某些人可能在"风水"中掺杂一些迎合人们功利心态的迷信内容，需要认真加以辨析。还需要注意的是，国家市场监督管理总局的《房地产广告发布规定》规定："房地产广告不得含有风水、占卜等封建迷信内容，对项目情况进行的说明、渲染，不得有悖社会良好风尚。"

（4）目前有些人在购买住宅、办公楼时，较讲究门牌号码、楼层数字。例如，通常不愿意要数字是4、13、14的楼层，许多住宅、写字楼因此取消了这类数字的楼层。而对于人们认为好的门牌号码、楼层数字，通常愿意出较高的价格购买。此外，人们一般还忌讳所谓的"凶宅"。

第四节 房地产价格的评估方法

一宗房地产的价格可以通过以下3个途径来求取：①近期市场上相似的房地产是以什么价格交易的——基于理性的买者愿意出的价钱不会高于其他买者最近购买相似的房地产的价格，即基于相似的房地产的成交价格来评估其价格；②如果将该房地产出租或自营，预计可以获得多少收益——基于理性的买者愿意出的价钱不会高于该房地产的预期收益的现值之和，即基于该房地产的预期收益来评估其价格；③如果重新开发一宗相同或相似的房地产，预计需要多少费用——基于理性的买者愿意出的价钱不会高于重新开发相同或相似的房地产所必要的代价，即基于该房地产的重新开发成本来评估其价格。由此产生了房地产价格评估的3种基本方法，即比较法（也称为交易实例比较法、市场比较法、市场法）、收益法（也称为收益资本化法、收益还原法）和成本法。

一、比较法

（一）比较法概述

比较法简要地说，是根据与估价对象相似的房地产的成交价格来求取估价对象价格的方法；较具体地说，是选取一定数量的可比实例，将它们与估价对象进行比较，根据其间的差异对可比实例成交价格进行处理后得到估价对象价格的方法。估价对象是指所估价的房地产等财产或相关权益。可比实例是指交易实例中交易方式适合估价目的、成交日期接近价值时点、成交价格为正常价格或可修正为正常价格的估价对象的类似房地产等财产或相关权益。价值时点是指所评估的估价对象价格对应的某一特定时间。

比较法适用的估价对象是同类房地产数量较多、有较多交易、相互间具有一定可比性的房地产，例如：①住宅，包括普通住宅、高档公寓、别墅等。特别是数量较多、可比性较好的成套住宅最适用比较法估价。②写字楼。③商铺。④标准厂房。⑤房地产开发用地。下列房地产难以采用比较法估价：①数量很少的房地产，如特殊厂房、机场、码头等。②很少发生交易的房地产，如学校、医院、行政办公楼等。③可比性很差的房地产，如在建工程等。

运用比较法估价一般分为以下 4 大步骤：①搜集交易实例，即从现实房地产市场中搜集大量发生过交易的房地产及其有关信息。②选取可比实例，即从搜集的交易实例中选取一定数量符合一定条件的交易实例。③对可比实例成交价格进行处理。根据处理的内涵不同，分为价格换算、价格修正和价格调整。价格换算主要是对可比实例成交价格的内涵和形式进行处理，使各个可比实例的成交价格之间口径一致、相互可比。这种处理称为建立比较基础。价格修正是把可比实例可能是不正常的实际成交价格处理成正常价格，即对可比实例的成交价格进行"改正"。这种处理称为交易情况修正。价格调整是对价格"参考系"的调整，即从可比实例"参考系"下的价格调整为估价对象"参考系"下的价格。"参考系"有市场状况和房地产状况两种，这两种处理分别称为市场状况调整和房地产状况调整。因此，这一大步骤又分为建立比较基础、交易情况修正、市场状况调整和房地产状况调整 4 个步骤。④计算比较价格，即把经过上述处理后得到的多个价格综合为一个价格。

（二）交易实例搜集

交易实例是指真实成交的房地产等财产或相关权益及其有关信息。运用比较法估价需要拥有大量的交易实例（一般来说，不能反映市场真实价格行情的挂牌价、报价、标价是无效的。但是这些价格在一定程度上可以作为了解市场行情的参考）。只有拥有了大量的交易实例，才能把握正常的市场价格行情，才能据此评估出客观合理的价格。因此，应尽可能搜集较多的交易实例。

在搜集交易实例时应尽量搜集较多的有用信息，主要包括：①交易对象基本状况，如名称、坐落、规模（如面积）、用途、权属以及建成时间（竣工日期或建成年份、建成年代）、周围环境等。②交易双方基本情况，如卖方和买方的名称及之间的关系等。③成交日期。④成交价格，包括总价、单价及计价方式（是按建筑面积计价还是按套内建筑面积、使用面积计价）。⑤付款方式，例如是一次性付款还是分期付款（包括付款期限、每期付款额或付款比例）、贷款方式付款（包括首付比例、贷款期限、贷款利率）。⑥交易税费负担，如买卖双方是依照规定或按照当地习惯各自缴纳自己应缴纳的税费，还是全部税费由买方负担或卖方负担等。

（三）可比实例选取

针对特定的估价对象及估价目的和价值时点，不是所有的交易实例都可作为可比实例，而需要从中选取符合一定条件的交易实例作为可比实例。

选取的可比实例应符合以下 4 个基本要求：①可比实例房地产应与估价对象房地产相似；②可比实例的交易方式应适合估价目的；③可比实例的成交日期应尽量接近价值时点；④可比实例的成交价格应尽量为正常价格。

为了减小估价误差，增加估价的可信度，要求选取多个可比实例，并且从理论上讲，选取的可比实例越多越好。但是如果要求选取的可比实例过多，一是可能因交易实例的数量有限而难以做到，二是会增加估价的成本，因此从某种意义上讲，选取可比实例主要在于精而不在于多，一般选取 3 至 5 个可比实例即可。

（四）比较基础建立

选取了可比实例后，一般应先对这些可比实例的成交价格进行换算处理，使它们之间口径一致、相互可比，为后续对可比实例成交价格进行修正和调整建立一个共同的基础。建立比较基础一般要统一财产范围、统一付款方式、统一融资条件、统一税费负担方式及统一计价方式。

1. 统一财产范围

对于某些估价对象，有时难以直接选到与其财产范围完全相同的交易实例作为可比实例，只能选取"主干"部分相同的交易实例作为可比实例。所谓财产范围不同，是指"有"与"无"的差别，而不是大家都有的情况下彼此之间"好"与"坏"，"优"与"劣"，"新"与"旧"等的差别。因此，统一财产范围即是进行"有无对比"，并消除由此造成的价格差异。

2. 统一付款方式

房地产因价值较高，其成交价格通常采取分期付款方式支付。分期付款与一次性付款，以及分期付款期限、付款次数、每笔付款金额在付款期限内前后分布的不同，导致实际价格有所不同。估价中为便于比较，价格一般以在成交日期一次性付清为基准。因此，统一付款方式是将不是在成交日期一次性付清的价格，调整为在成交日期一次性付清的价格。具体方法是通过折现计算。

【例5-5】某宗房地产的成交总价为30万元，首付款20%，余款于半年后支付。假设月利率为0.5%，请计算该房地产在其成交日期一次性付清的价格。

【解】该房地产在其成交日期一次性付清的价格计算如下：

$$30 \times 20\% + \frac{30 \times (1-20\%)}{(1+0.5\%)^6} = 29.29 \text{（万元）}$$

3. 统一融资条件

统一融资条件是将可比实例在非常规融资条件下的价格，调整为在常规融资条件下的价格。

4. 统一税费负担方式

可比实例的成交价格可能是正常负担价，也可能是卖方净得价或买方实付价。在实际估价中，要根据交易条件设定或约定、当地交易习惯等确定的评估价格的交易税费负担情况，将可比实例成交价格统一为正常负担价或卖方净得价、买方实付价。通常情况下是统一为正常负担价，即评估价格是基于买卖双方各自缴纳自己应缴纳的交易税费下的价格。但在当地的房地产交易习惯中，如果成交价格普遍采取的是卖方净得价，而交易条件设定或约定又无特殊要求的，则应将正常负担价和买方实付价的可比实例成交价格，统一为卖方净得价。

【例5-6】某宗房地产在交易税费正常负担下的成交价格为2 500元/m²，卖方和买方应缴纳的税费分别为交易税费正常负担下的成交价格的7%和5%。请计算卖方净得价和买方实付价。

【解】卖方净得价计算如下：

卖方净得价＝正常负担价－卖方应缴纳的税费
＝2 500－2 500×7%
＝2 325（元/m²）

买方实付价计算如下：

买方实付价＝正常负担价＋买方应缴纳的税费
＝2 500＋2 500×5%
＝2 625（元/m²）

【例5-7】某宗房地产交易，买卖合同约定成交价格为 2 325 元/m²，买卖中涉及的税费均由买方负担。已知房地产买卖中卖方和买方应缴纳的税费分别为交易税费正常负担下的成交价格的 7％和 5％。请计算该房地产的正常负担价。

【解】已知卖方净得价为 2 325 元/m²，则该房地产的正常负担价计算如下：

$$正常负担价 = \frac{卖方净得价}{1 - 卖方应缴纳的税费比率}$$
$$= \frac{2\ 325}{1 - 7\%}$$
$$= 2\ 500\ （元/m²）$$

【例5-8】某宗房地产交易，买卖合同约定成交价格为 2 625 元/m²，买卖中涉及的税费均由卖方负担。已知房地产买卖中卖方和买方应缴纳的税费分别为交易税费正常负担下的成交价格的 7％和 5％。请计算该房地产的正常负担价。

【解】已知买方实付价为 2 625 元/m²，则该房地产的正常负担价计算如下：

$$正常负担价 = \frac{买方实付价}{1 + 买方应缴纳的税费比率}$$
$$= \frac{2\ 625}{1 + 5\%}$$
$$= 2\ 500\ （元/m²）$$

5. 统一计价方式

统一计价方式包括统一价格表示方式、统一币种和货币单位、统一面积内涵和计量单位。

统一价格表示方式可统一为总价，也可统一为单价，一般统一为单价。在统一为单价时，通常是单位面积的价格。有些可比实例宜先对其总价进行某些修正、调整后，再转化为单价进行其他方面的修正、调整。因为这样处理时，对可比实例成交价格的修正、调整更容易、更准确。例如，估价对象是一套门窗有损坏的住宅，而选取的某套可比实例住宅的门窗是完好的，成交总价为 20 万元。经调查了解得知，将估价对象的门窗修理更新的必要费用为 0.5 万元。则宜先将该门窗是完好的可比实例住宅的成交总价 20 万元，调整为门窗是损坏的总价 19.5万元（20－0.5＝19.5），然后将此总价 19.5 万元转化为单价进行其他方面的修正、调整。

在统一币种方面，不同币种的价格之间的换算，应采用该价格所对应的日期的汇率，一般是采用成交日期的汇率。但如果先按照原币种的价格进行市场状况调整，则对进行了市场状况调整后的价格，应采用价值时点的汇率进行换算。在统一货币单位方面，按照使用习惯，人民币、美元、港币等，通常都采用"元"。

在现实的房地产交易中，有按建筑面积计价的，有按套内建筑面积或使用面积计价的。它们之间的换算公式为：

$$建筑面积下的单价＝套内建筑面积下的单价×\frac{套内建筑面积}{建筑面积}$$

$$建筑面积下的单价＝使用面积下的单价×\frac{使用面积}{建筑面积}$$

$$套内建筑面积下的单价＝使用面积下的单价×\frac{使用面积}{套内建筑面积}$$

在面积计量单位方面，中国内地通常采用平方米，而中国香港地区和美国、英国等习惯采用平方英尺，中国台湾地区和日本、韩国一般采用坪。由于

$$1平方英尺＝0.09290304平方米$$

$$1坪＝3.30579平方米$$

所以，将平方英尺、坪下的价格换算为平方米下的价格如下：

$$平方米下的价格＝平方英尺下的价格÷0.09290304$$

$$平方米下的价格＝坪下的价格÷3.30579$$

（五）交易情况修正

可比实例的成交价格是实际发生的，它们可能是正常的，也可能是不正常的。由于要求评估的估价对象价格是合理的，所以可比实例的成交价格如果是不正常的，则应将其修正为正常的。这种对可比实例成交价格进行的修正，称为交易情况修正。

进行交易情况修正，首先要了解有哪些因素可能使可比实例成交价格偏离正常价格。在下列交易中，成交价格往往会偏离正常价格：

（1）利害关系人之间的交易。例如，亲友之间、母子公司之间、公司与其员工之间的房地产交易，成交价格通常低于正常市场价格。

（2）对交易对象或市场行情缺乏了解的交易。如果买方不了解交易对象或市场行情，盲目购买，成交价格往往偏高。相反，如果卖方不了解交易对象或市场行情，盲目出售，成交价格往往偏低。

（3）被迫出售或被迫购买的交易。包括急于出售、急于购买的交易，被强迫出售、被强迫购买的交易。例如，因还债、出国等而急于出售房地产，成交价格往往偏低。相反，成交价格往往偏高。

（4）人为哄抬价格的交易。形成房地产正常成交价格的交易方式，一般是买卖双方讨价还价的协议方式。拍卖、招标等竞价方式易受现场气氛、竞买人情绪等非理性因素的影响而使成交价格失常。

（5）对交易对象有特殊偏好的交易。例如，买方或卖方对所买卖的房地产有特别的爱好、感情，尤其是对买方有特殊的意义或价值，从而买方执意购买或卖方惜售。在这种情况下，成交价格往往偏高。

（6）相邻房地产合并的交易。房地产价格受土地形状是否规则、土地面积或建筑规模是否适当的影响。形状不规则、面积或规模过小的房地产，价值通常较低。但是这类房地产如果与相邻房地产合并后，因利用价值会提高，会产生附加价值或"合并价值"。因此，当相邻房地产的产权人欲购买该房地产时，往往愿意出较高的价格，出售人通常也会索要高价，从而相邻房地产合并交易的成交价格往往高于单独存在或与不相邻者交易的正常市场价格。

（7）受迷信影响的交易。

有上述特殊交易情况的交易实例一般不宜选为可比实例，但当可供选择的交易实例较少而不得不选用时，则应对其进行交易情况修正。

（六）市场状况调整

可比实例的成交价格是在其成交日期的价格，是在其成交日期的房地产市场状况下形成的。由于可比实例的成交日期通常是过去，所以可比实例的成交价格通常是在过去的房地产市场状况下形成的。而需要评估的估价对象价格是在价值时点的价格，应是在价值时点的房地产市场状况下形成的。如果价值时点是现在（大多数估价属于这种情况），则应是在现在的房地产市场状况下形成的。由于可比实例的成交日期与价值时点不同，房地产市场状况可能发生了变化，如宏观经济形势发生了变化，政府出台了新的政策措施，利率上升或下降，消费观念有所改变等，导致了估价对象或可比实例这类房地产的市场供求状况等发生了变化，进而即使是同一房地产在这两个不同时间的价格也会有所不同。因此，应将可比实例在其成交日期的价格调整到价值时点的价格。这种对可比实例成交价格进行的调整，称为市场状况调整，也称为交易日期调整。

市场状况调整的关键，是把握估价对象或可比实例这类房地产的市场价格自某个时期以来的涨落变化情况，具体是调查了解过去不同时间的数宗相似的房地产价格，通过它们找出该类房地产市场价格随着时间变化而变动的规律，据此再对可比实例成交价格进行市场状况调整。市场状况调整的具体方法，可采用价格指数或价格变动率，也可采用时间序列分析。

（七）房地产状况调整

如果可比实例房地产与估价对象房地产之间有所不同，则还应对可比实例的成交价格进行房地产状况调整，因为房地产自身状况的好坏还关系到其价格高低。进行房地产状况调整，是将可比实例在自身状况下的价格，调整为在估价对象状况下的价格。

房地产状况调整的基本思路是：如果可比实例房地产状况比估价对象房地产状况好，则对可比实例的成交价格进行减价调整；如果可比实例房地产状况比估价对象房地产状况差，则对可比实例的成交价格进行加价调整。

现举例说明房地产状况调整中的楼层调整。假设估价对象是一套住房，该住房位于一幢 20 世纪 90 年代建造、砖混结构、无电梯、总层数为 6 层的住宅楼的 4 层。为评估该住房的价格，选取了甲、乙、丙三个可比实例。其中，甲可比实例位于一幢同类 6 层住宅楼的 5 层，成交价格为 2 900 元/m²；乙可比实例位于一幢同类 5 层住宅楼的 4 层，成交价格为 3 100 元/m²；丙可比实例位于一幢同类 5 层住宅楼的 5 层，成交价格为 2 700 元/m²。并假设通过对估价对象所在地同类 5 层、6 层住宅楼中的住房成交价格进行大量调查及统计分析，得到以一层为基准的不同楼层住房市场价格差异系数见表 5-1，并得到 6 层住宅楼的一层住房市场价格为 5 层住宅楼的一层住房市场价格的 98％。则对该三个可比实例的成交价格进行楼层调整如下：

$$V_甲 = 2\,900 \times \frac{110\%}{100\%}$$

$$= 3\,190.00(元/m^2)$$

$$V_乙 = 3\,100 \times \frac{110\%}{105\%} \times \frac{98\%}{100\%}$$

$$= 3\,182.67(元/m^2)$$

$$V_丙 = 2\,700 \times \frac{110\%}{95\%} \times \frac{98\%}{100\%}$$

$$= 3\,063.79(元/m^2)$$

5 层、6 层普通住宅楼不同楼层的住房市场价格差异系数   表 5-1

楼　层	5 层住宅楼	6 层住宅楼
1	100％（0％）	100％（0％）
2	105％（5％）	105％（5％）
3	110％（10％）	110％（10％）
4	105％（5％）	110％（10％）
5	95％（-5％）	100％（0％）
6		90％（-10％）

（八）比较价格计算

由上述内容可知，比较法估价需要对可比实例的成交价格进行交易情况、市场状况、房地产状况3方面的修正或调整。经过交易情况修正后，就把可比实例实际而可能是不正常的成交价格变成了正常价格；经过市场状况调整后，就把可比实例在其成交日期的价格变成了在价值时点的价格；经过房地产状况调整后，就把可比实例在自身状况下的价格变成了在估价对象状况下的价格。这样，经过这3方面的修正和调整后，就把可比实例的成交价格变成了估价对象的价格。但通过不同的可比实例所得到的价格一般是不同的，最后需要采用简单算术平均、加权算术平均等方法把它们综合成一个价格，即测算出了估价对象的价格。

二、收益法

（一）收益法概述

收益法是预测估价对象的未来收益，利用报酬率或资本化率、收益乘数将未来收益转换为价值得到估价对象价格的方法。将未来收益转换为价值，类似于根据利息倒推出本金，称为资本化。根据将未来收益转换为价值的方式不同，收益法分为报酬资本化法和直接资本化法。报酬资本化法是一种现金流量折现法，即预测估价对象未来各年的净收益，利用报酬率将其折现到价值时点后相加得到估价对象价格的方法。直接资本化法是预测估价对象未来第一年的收益，将其除以资本化率或乘以收益乘数得到估价对象价格的方法。其中，预测估价对象未来第一年的收益，将其乘以收益乘数得到估价对象价格的方法，称为收益乘数法。

收益法是以预期原理为基础的。预期原理揭示，决定房地产当前价值的因素，主要是未来的因素而不是过去的因素，即房地产当前的价格，通常不是基于其过去的价格、开发成本、收益或市场状况，而是基于市场参与者对其未来所能产生的收益或能够得到的满足、乐趣等的预期。历史资料的作用，主要是用来推知未来，解释预期的合理性。

从收益法的观点看，房地产价格的高低主要取决于3个因素：①未来净收益的大小——未来净收益越大，房地产价格就越高，反之就越低；②获取净收益期限的长短——获取净收益期限越长，房地产价格就越高，反之就越低；③获取净收益的可靠程度——获取净收益越可靠，房地产价格就越高，反之就越低。

收益法适用的估价对象是有收益或有潜在收益的房地产，如住宅（特别是公寓）、写字楼、商铺、宾馆、停车场等。这些估价对象不限于其本身目前是否有收益，只要其同类房地产有收益即可。例如，估价对象目前为自用或空置的住宅，虽然目前没有收益，但因同类住宅以出租方式获取收益的情形很多，所以可将该住宅设想为出租的情况下来运用收益法估价，即先根据有租赁收益的类似住宅的有关资料，采用比较法求取该住宅的租金水平、空置率和运营费用等，再利用收益法来估价。

运用收益法估价一般分为 5 个步骤：①选择具体估价方法，即在报酬资本化法、直接资本化法、收益乘数法中选择适用的估价方法；②估计收益期或持有期；③预测未来收益；④确定报酬率或资本化率；⑤计算收益价格。

（二）报酬资本化法主要公式

1. 收益期为有限年且净收益每年不变的公式

$$V = \frac{A}{Y}\left[1 - \frac{1}{(1+Y)^n}\right]$$

式中 V——房地产的收益价格；

A——房地产的净收益；

Y——房地产的报酬率或折现率；

n——房地产的收益期，是自价值时点起至未来不能获取净收益时止的时间，通常为收益年限。

此公式的假设前提（也是应用条件，下同）是：①净收益每年不变为 A；②报酬率为 Y 且不等于零；③收益期为有限年 n。

上述公式的假设前提是其在数学推导上的要求（后面的公式均如此），报酬率 Y 在现实中是大于零的，因为报酬率也表示一种资金的时间价值或机会成本。从数学上看，当 $Y=0$ 时，$V = A \times n$。

【例 5-9】某办公用房是在有偿出让的土地上开发建设的，当时获得的土地使用年限为 50 年，至今已使用了 6 年；预计该办公用房正常情况下每年的净收益为 8 万元；该类房地产的报酬率为 8.5%。请计算该办公用房的收益价格。

【解】该办公用房的收益价格计算如下：

$$\begin{aligned}
V &= \frac{A}{Y}\left[1 - \frac{1}{(1+Y)^n}\right] \\
&= \frac{8}{8.5\%}\left[1 - \frac{1}{(1+8.5\%)^{50-6}}\right] \\
&= 91.52(万元)
\end{aligned}$$

2. 收益期为无限年且净收益每年不变的公式

$$V = \frac{A}{Y}$$

此公式的假设前提是：①净收益每年不变为 A；②报酬率为 Y 且大于零；③收益期为无限年。

【**例 5-10**】某宗房地产的收益期可视为无限年，预计其未来每年的净收益为 8 万元，该类房地产的报酬率为 8.5％。请计算该房地产的收益价格。

【**解**】该房地产的收益价格计算如下：

$$V = \frac{A}{Y}$$
$$= \frac{8}{8.5\%}$$
$$= 94.12（万元）$$

与例 5-9 中 44 年土地使用年限的办公用房价格 91.52 万元相比，例 5-10 中无限年的房地产价格要高 2.60 万元（94.12－91.52＝2.60）。

3. 预知未来若干年后价格的公式

预测房地产未来 t 年的净收益分别为 A_1，A_2，…，A_t，第 t 年末的价格为 V_t，则该房地产现在的价格为：

$$V = \sum_{i=1}^{t} \frac{A_i}{(1+Y)^i} + \frac{V_t}{(1+Y)^t}$$

此公式的假设前提是：①已知房地产未来 t 年（含第 t 年）的净收益（简称期间收益）；②已知房地产在未来第 t 年末的价格为 V_t（或第 t 年末的市场价值，或第 t 年末的残值。如果购买房地产的目的是持有一段时间后转售，则 V_t 为预期的第 t 年末转售时的价格减去销售税费后的净值）；③期间报酬率和期末报酬率相同，为 Y。

如果净收益在未来 t 年内每年相同（为 A），则上述公式变为：

$$V = \frac{A}{Y}\Big[1 - \frac{1}{(1+Y)^t}\Big] + \frac{V_t}{(1+Y)^t}$$

预知未来若干年后价格的公式，一是适用于房地产目前的价格难以知道，但根据发展前景较易预测其未来的价格或未来价格相对于当前价格的变化率时，特别是在某地区将会出现较大改观或房地产市场行情预期有较大变化的情况下；二是对于收益期较长的房地产，有时不是按其收益期来估价，而是先确定一个合理的持有期，然后预测持有期间的净收益和持有期末的价格，再将它们折算为现值。

【**例 5-11**】预测某宗房地产未来两年的净收益分别为 55 万元和 60 万元，两年后的价格比现在的价格上涨 5％。该类房地产的报酬率为 10％。请求取该房地产现在的价格。

【**解**】该房地产现在的价格求取如下：

$$V = \sum_{i=1}^{t} \frac{A_i}{(1+Y)^i} + \frac{V_t}{(1+Y)^t}$$

$$= \frac{55}{1+10\%} + \frac{60}{(1+10\%)^2} + \frac{V(1+5\%)}{(1+10\%)^2}$$

$$V = 753.30(万元)$$

（三）净收益求取

运用收益法估价（无论是报酬资本化法还是直接资本化法），需要预测估价对象的未来收益。可用于收益法中转换为价值的未来收益主要有潜在毛收入、有效毛收入、净收益和期末转售收益。

潜在毛收入是指估价对象在充分利用、没有空置和收租损失情况下所能获得的归因于估价对象的总收入。有效毛收入是指潜在毛收入减去空置和收租损失后的收入。空置和收租损失是指因空置或承租人拖欠租金（延迟支付租金、少付租金或不付租金）等造成的收入损失。净收益是指有关收入（如有效毛收入）减去费用（如运营费用）后归因于估价对象的收益。运营费用是指维持估价对象正常使用或营业的必要支出。期末转售收益是指预计在持有期末转售房地产时可获得的净收益。

收益性房地产获取收益的方式，主要有出租和营业两种。据此，求取净收益的途径可分为两种：一是基于租赁收入求取净收益，如有大量租赁实例的住宅、写字楼、商铺等；二是基于营业收入求取净收益，如旅馆、娱乐场所、影剧院等。

出租的房地产是收益法估价的典型对象，其净收益通常为租赁收入减去由出租人负担的费用后的余额。租赁收入包括租金和租赁保证金或押金的利息收入等收入。出租人负担的费用，根据真正的房租构成因素（地租、房屋折旧费、维修费、管理费、投资利息、保险费、房地产税、租赁费用、租赁税费和利润），一般为其中的维修费、管理费、保险费、房地产税、租赁费用、租赁税费。但在实际中，房租可能包含真正的房租构成因素之外的费用，也可能不包含真正的房租构成因素的费用。如果出租人负担的费用项目多，名义租金就会高一些；如果承租人负担的费用项目多，名义租金就会低一些。因此，确定出租人负担的费用时，要注意与租金水平相匹配。

（四）报酬率求取

1. 报酬率的含义

报酬率是指将估价对象未来各年的净收益转换为估价对象价格的折现率，是与利率、内部收益率同类性质的比率。进一步搞清楚报酬率的内涵，需要搞清楚一笔投资中投资回收与投资回报的含义及其之间的区别。投资回收是指所投入资本的回收，即保本。投资回报是指所投入资本全部回收以后的额外所得，即报酬。以向银行存款为例，投资回收就是向银行存入本金的收回，投资回报就是从银行得到的利息。因此，投资回报不包含投资回收，报酬率为投资回报与所投入资本的比率。

可以将购买收益性房地产视为一种投资行为：这种投资所需投入的资本是房地产价格，预期获取的收益是房地产的净收益。投资既要获取收益，又要承担风险。在一个完善的市场中，投资者之间竞争的结果是，若要获取较高的收益，就要承担较大的风险。从全社会来看，投资遵循收益与风险相匹配原则，报酬率与投资风险正相关，风险大的投资，其报酬率也高，反之则低。例如，将资金购买国债，风险小，但利率低，收益也就低；而将资金购买股票甚至搞投机冒险，报酬率虽然高，但风险也大。认识到了报酬率与投资风险的上述关系，实际上就在观念上把握了求取报酬率的方法，即估价采用的报酬率应等同于与获取估价对象净收益具有同等风险的投资的报酬率。例如，两宗房地产的净收益相等，但其中一宗房地产获取净收益的风险大，从而要求的报酬率高，另一宗房地产获取净收益的风险小，从而要求的报酬率低。由于房地产价格和价值与报酬率负相关，所以风险大的房地产的价格和价值低，风险小的房地产的价格和价值高。

2. 报酬率的求取方法

求取报酬率的方法主要有累加法和市场提取法。累加法是以安全利率加风险调整值作为报酬率。安全利率是指没有风险或极小风险的投资报酬。风险调整值是承担额外风险所要求的补偿，即超过安全利率以上部分的报酬率，应根据估价对象及其所在地区、行业、市场等存在的风险来确定。

累加法的一个细化公式为：

报酬率＝安全利率＋投资风险补偿率＋管理负担补偿率＋
缺乏流动性补偿率－投资带来的优惠率

其中：①投资风险补偿率，是指当投资者投资于收益不确定、具有一定风险性的房地产时，他必然会要求对所承担的额外风险有所补偿，否则就不会投资。②管理负担补偿率，是指一项投资所要求的操劳越多，其吸引力就会越小，从而投资者必然会要求对所承担的额外管理有所补偿。房地产要求的管理工作一般超过存款、证券。③缺乏流动性补偿率，是指投资者对所投入的资金由于缺乏流动性所要求的补偿。房地产与存款、股票、基金、债券等相比，出售要困难，变现能力弱。④投资带来的优惠率，是指由于投资房地产可能获得某些额外的好处，如易于获得融资（如可以抵押贷款），从而投资者会降低所要求的报酬率。

市场提取法是利用与估价对象具有类似收益特征的可比实例房地产的价格、净收益、收益期或持有期等数据，选用相应的报酬资本化法公式，计算出报酬率。例如：

（1）在 $V=\dfrac{A}{Y}$ 的情况下，是通过 $Y=\dfrac{A}{V}$ 来求取 Y，即可将类似房地产的净收益与其价格的比率作为报酬率。

（2）在 $V=\dfrac{A}{Y}\left[1-\dfrac{1}{(1+Y)^n}\right]$ 的情况下，是通过

$$\dfrac{A}{Y}\left[1-\dfrac{1}{(1+Y)^n}\right]-V=0$$

来求取 Y。

（五）直接资本化法

直接资本化法的一个常用公式是：

$$V=\dfrac{NOI}{R}$$

式中　V——房地产价格；

NOI——房地产未来第一年的净收益；

　R——资本化率。

资本化率是指房地产未来第一年的净收益与其价格的百分比，通常是采用市场提取法求取，公式为：

$$R=\dfrac{NOI}{V}$$

利用收益乘数将未来收益转换为价值的直接资本化法的公式为：

$$房地产价格＝年收益×收益乘数$$

收益乘数是指房地产价格与其未来第一年的收益的比值，包括潜在毛收入乘数、毛租金乘数、有效毛收入乘数、净收益乘数。因此，收益乘数法具体有潜在毛收入乘数法、毛租金乘数法、有效毛收入乘数法和净收益乘数法。其中，毛租金乘数法是将估价对象未来第一年的毛租金乘以相应的毛租金乘数来求取估价对象价格的方法，即：

$$房地产价格＝毛租金×毛租金乘数$$

毛租金乘数是指房地产价格与其未来第一年的毛租金的比值，即：

$$毛租金乘数＝\dfrac{房地产价格}{毛租金}$$

未来第一年的毛租金有时用当前的市场租金近似代替。毛租金乘数法的优点是：①方便易行，在市场上较容易获得房地产的价格和租金资料；②由于在同一市场上，相似房地产的租金和价格同时受相同的市场力量影响，所以毛租金乘数

是一个比较客观的数值；③避免了由于多层次测算可能产生的各种误差的累计。毛租金乘数法的缺点是：①忽略了房地产租金以外的收入；②忽略了不同房地产空置率和运营费用的差异。

三、成本法

(一) 成本法概述

成本法是测算估价对象在价值时点的重置成本或重建成本和折旧，将重置成本或重建成本减去折旧得到估价对象价格的方法。为了表述简洁，将重置成本和重建成本合称为重新购建价格，是指假设在价值时点重新取得全新状况的估价对象的必要支出，或者重新开发全新状况的估价对象的必要支出及应得利润。其中，重新取得可简单地理解为重新购买，重新开发可简单地理解为重新生产。折旧是指各种原因造成的估价对象价值减损，其金额为估价对象在价值时点的重新购建价格与在价值时点的市场价值之差。

成本法特别适用于很少发生交易而限制了比较法运用，又没有经济收益或没有潜在经济收益而限制了收益法运用的房地产估价。运用成本法估价一般分为3个步骤：①测算房地产重新购建价格；②测算房地产折旧；③计算房地产价格。

(二) 成本法基本公式

把房地产作为一个整体采用成本法估价的基本公式为：

$$房地产价格 = 房地产重新购建价格 - 房地产折旧$$

例如，求取某存量房的价格，通过比较法得到同类新房的价格（即房地产重新购建价格，通常为单价），然后减去存量房的建筑物陈旧、土地使用期限缩短等造成的价值减损（即房地产折旧）。

较详细的成本法估价，一般是把土地当作原材料，模拟房地产开发经营过程，测算房地产重置成本或重建成本，其基本公式为：

$$房地产价格 = 土地取得成本 + 建设成本 + 管理费用 + 销售费用 + 投资利息 + 销售税费 + 开发利润 - 建筑物折旧$$

上述公式中的土地取得成本、建设成本、管理费用、销售费用、投资利息、销售税费、开发利润，就是房地产价格构成，对其说明如下。

(1) 土地取得成本：简称土地成本或土地费用，是指购置土地的必要支出，或开发土地的必要支出及应得利润。

(2) 建设成本：是指在取得的土地上进行基础设施建设、房屋建设所必要的直接费用、税金等，主要包括前期费用、建筑安装工程费、基础设施建设费、公共配套设施建设费、其他工程费和开发期间税费。

（3）管理费用：是指房地产开发企业为组织和管理房地产开发经营活动的必要支出。

（4）销售费用：是指销售开发完成后的房地产的必要支出。

（5）投资利息：是指在房地产开发完成或实现销售之前发生的所有必要费用应计算的利息。

（6）销售税费：是指销售开发完成后的房地产应由房地产开发企业（此时作为卖方）缴纳的税费。

（7）开发利润：是指房地产开发企业的应得利润。

（三）房地产重新购建价格

把握重新购建价格的内涵，应注意以下 3 点：①重新购建价格是在价值时点的重置成本或重建成本。②重新购建价格是客观的重置成本或重建成本。具体来说，重新购置的必要支出或重新开发的必要支出及应得利润，不是某个单位或个人的实际支出和实际利润，而是正常的支出和利润，应能体现社会或行业的平均水平。③建筑物的重新购建价格是全新状况的建筑物的重置成本或重建成本，土地的重新购建价格是价值时点状况的土地的重置成本。

建筑物重置成本是采用价值时点的建筑材料、建筑构配件和设备及建筑技术、工艺等，在价值时点的国家财税制度和市场价格体系下，重新建造与估价对象中的建筑物具有相同效用的全新建筑物的必要支出及应得利润。建筑物重建成本是采用与估价对象中的建筑物相同的建筑材料、建筑构配件和设备及建筑技术、工艺等，在价值时点的国家财税制度和市场价格体系下，重新建造与估价对象中的建筑物完全相同的全新建筑物的必要支出及应得利润。土地重置成本是在价值时点重新购置土地的必要支出，或重新开发土地的必要支出及应得利润。

（四）房地产折旧

房地产折旧主要是建筑物折旧。

1. 建筑物折旧的含义和内容

估价上的建筑物折旧是指各种原因造成的建筑物价值减损，等于建筑物在价值时点的重置成本或重建成本与在价值时点的市场价值之差，包括物质折旧、功能折旧和外部折旧。

（1）物质折旧。这是指因自然力作用或使用导致建筑物老化、磨损或损坏造成的建筑物价值减损。导致物质折旧的原因可分为以下 4 种：①自然经过的老化。它主要是随着时间的流逝由于自然力作用而引起的，如风吹、日晒、雨淋等引起的建筑物腐朽、生锈、风化、基础沉降等。这种折旧与建筑物的实际年龄正相关，并且要看建筑物所在地的气候和环境条件，如酸雨多的地区，建筑物的老化就快。拿人来做比喻，自然经过的老化类似于人随着年龄增长的衰老。②正常使用的磨损。它主要是由于正常使用而引起的，与建筑物的使用性质、使用强度和使用时间正相关。例如，工业用途的建筑物磨损要大于居住用途的建筑物磨损。受腐蚀的工业用途的建筑物磨损，因受到使用过程中产生的有腐蚀作用的废气、废液等的不良影响，要大于不受腐蚀的工业用途的建筑物磨损。拿人来做比喻，正常使用的磨损类似于是体力劳动还是脑力劳动，体力劳动中是重体力劳动还是轻体力劳动等工作性质的不同对人的损害。③意外破坏的损毁。它主要是由于突发性的天灾人祸而引起的，包括自然方面的，如地震、水灾、风灾、雷击等；人为方面的，如失火、碰撞等。即使对这些损毁进行了修复，但可能仍然有"内伤"。拿人来做比喻，意外破坏的损毁类似于曾经得过大病对人的损害。④延迟维修的损坏残存。它主要是由于未适时地采取预防、养护措施或者修理不够及时而引起的，它造成建筑物不应有的损坏或提前损坏，或者已有的损坏仍然存在，如门窗有破损，墙面、地面有裂缝等。拿人来做比喻，延迟维修的损坏残存类似于人平时不注意休养生息，有病不治。

（2）功能折旧。这是指因建筑物功能不足或过剩造成的建筑物价值减损。导致功能折旧的原因可能是科学技术进步，人们的消费观念改变，过去的建筑标准过低，建筑设计上的缺陷等。功能折旧分为功能不足折旧和功能过剩折旧。功能不足折旧是指因建筑物中某些部件、设施设备、功能等缺乏或低于市场要求的标准造成的建筑物价值减损，又可分为功能缺乏折旧和功能落后折旧。在功能缺乏方面，如住宅没有卫生间、暖气（北方地区）、燃气、电话线路、有线电视等；办公楼没有电梯、集中空调、宽带等。在功能落后方面，如设备、设施陈旧落后或容量不够，建筑式样过时，空间布局欠佳等。具体以住宅为例，现在时兴"三大、一小、一多"住宅，即起居室、厨房、卫生间大，卧室小，壁橱多的住宅，过去建造的卧室大、起居室小、厨房小、卫生间小的住宅相对就过时了。再如高档办公楼，现在要求有较好的智能化系统，如果某个所谓高档办公楼的智能化程度不够，其功能相对就落后了。功能过剩折旧是指因建筑物中某些部件、设施设备、功能等超过市场要求的标准而对房地产价值的贡献小于其成本造成的建筑物价值减损。

（3）外部折旧。这是指因建筑物以外的各种不利因素造成的建筑物价值减损。不利因素可能是经济因素（如市场供给过量或需求不足）、区位因素（如周围环境改变，包括原有的较好景观被破坏、自然环境恶化、环境污染、交通拥挤、城市规划改变等），也可能是其他因素（如政策变化等）。例如，一个高级居住区的附近兴建了一座工厂，使得该居住区的房价下降，这就是一种外部折旧。

再如，在经济不景气时期房价下降，这也是一种外部折旧，但这种外部折旧不会永久下去，当经济复苏后就会消失。

【例5-12】某旧住宅的重置成本为55万元，门窗、墙面等破损引起的物质折旧为5万元，户型设计不好、没有独用卫生间、燃气等引起的功能折旧为8万元，位于城市衰落地区引起的外部折旧为3万元。请计算该旧住宅的折旧总额和现值。

【解】(1) 该旧住宅的折旧总额计算如下：

$$该旧住宅的折旧总额＝物质折旧＋功能折旧＋外部折旧$$
$$＝5＋8＋3$$
$$＝16（万元）$$

(2) 该旧住宅的现值计算如下：

$$该旧住宅的现值＝重置成本－折旧$$
$$＝55－16$$
$$＝39（万元）$$

2. 测算建筑物折旧的年限法

年限法也称为年龄－寿命法，是根据建筑物的有效年龄和预期经济寿命或预期剩余经济寿命来测算建筑物折旧的方法。

建筑物的年龄分为实际年龄和有效年龄。建筑物的实际年龄是建筑物自竣工时起至价值时点止的年数，类似于人的实际年龄。建筑物的有效年龄是根据价值时点的建筑物实际状况判断的建筑物年龄，类似于人看上去的年龄。建筑物的有效年龄可能大于或小于其实际年龄。类似于有的人看上去比实际年龄大，有的人看上去比实际年龄小。有效年龄通常是在实际年龄的基础上进行适当的调整得出：①当建筑物的施工、使用、维护为正常的，其有效年龄与实际年龄相当；②当建筑物的施工、使用、维护比正常的施工、使用、维护好或者经过更新改造的，其有效年龄小于实际年龄；③当建筑物的施工、使用、维护比正常的施工、使用、维护差的，其有效年龄大于实际年龄。

建筑物的寿命分为自然寿命和经济寿命。建筑物的自然寿命是指建筑物自竣工时起至其主要结构构件自然老化或损坏而不能保证建筑物安全使用时止的时间。建筑物的经济寿命是指建筑物对房地产价值有贡献的时间，即建筑物自竣工时起至其对房地产价值不再有贡献时止的时间。建筑物的经济寿命短于其自然寿命。如果建筑物经过更新改造，其自然寿命和经济寿命都有可能得到延长。

建筑物的剩余寿命分为剩余自然寿命和剩余经济寿命。建筑物的剩余自然寿命是指建筑物的自然寿命减去实际年龄后的寿命。建筑物的剩余经济寿命是指建筑物经济寿命减去有效年龄后的寿命，即自价值时点起至建筑物经济寿命结束时止的时间。因此，如果建筑物的有效年龄比实际年龄小，就会延长建筑物的剩余经济寿命；反之，就会缩短建筑物的剩余经济寿命。建筑物的有效年龄是从价值时点向过去推算的时间，剩余经济寿命是自价值时点起至建筑物经济寿命结束的时间，二者之和等于建筑物的经济寿命。

利用年限法测算建筑物折旧时，建筑物的年龄应为有效年龄，寿命应为经济寿命，或者剩余寿命应为剩余经济寿命。因为只有这样，求出的建筑物折旧和价格才符合实际。例如，两幢同时建成的相同的建筑物，如果使用、维护状况不同，其价格就会不同，但如果采用实际年龄、自然寿命来计算折旧，则它们的价格就会相同。进一步来说，新近建成的建筑物未必完好，从而其价格未必高；而较早建成的建筑物未必损坏严重，从而价格未必低。例如，新建成的房屋可能由于存在设计、施工质量缺陷或使用不当，竣工没过几年就已成了"严重损坏房"。

年限法中最主要的是直线法。直线法是最简单的一种测算折旧的方法，它假设在建筑物的经济寿命期间每年的折旧额相等。直线法的年折旧额计算公式为：

$$D_i = D = \frac{C - S}{N}$$

$$= \frac{C(1 - R)}{N}$$

式中　D_i——第 i 年的折旧额，也称为第 i 年的折旧。在直线法下，每年的折旧额 D_i 是一个常数 D。

　　C——建筑物的重新购建价格。

　　S——建筑物的净残值，是预计建筑物达到经济寿命不宜继续使用时，经拆除后的旧料价值减去清理费用后的余额。清理费用是拆除建筑物和搬运废弃物所发生的费用。

　　N——建筑物的经济寿命。

　　R——建筑物的净残值率，简称残值率，是建筑物的净残值与其重新购建价格的比率。

有效年龄为 t 年的建筑物折旧总额的计算公式为：

$$E_t = D \times t$$

$$= (C - S) \frac{t}{N}$$

$$= C(1 - R) \frac{t}{N}$$

式中　E_t——建筑物的折旧总额。

采用直线法折旧下的建筑物现值的计算公式为：

$$V = C - E_t$$

$$= C - (C - S)\frac{t}{N}$$

$$= C\left[1 - (1 - R)\frac{t}{N}\right]$$

式中　V——建筑物的现值。

【例 5-13】某建筑物的建筑面积 100m^2，单位建筑面积的重置成本为 500 元$/\text{m}^2$，判定其有效年龄为 10 年，经济寿命为 30 年，残值率为 5%。请用直线法计算该建筑物的年折旧额、折旧总额，并计算其现值。

【解】已知：$C = 500 \times 100 = 50\,000$（元）；$R = 5\%$；$N = 30$ 年；$t = 10$ 年。

则：

$$年折旧额 \ D = \frac{C(1 - R)}{N}$$

$$= \frac{50\,000 \times (1 - 5\%)}{30}$$

$$= 1\,583（元）$$

$$折旧总额 \ E_t = C(1 - R)\frac{t}{N}$$

$$= \frac{50\,000 \times (1 - 5\%) \times 10}{30}$$

$$= 15\,833（元）$$

$$建筑物现值 \ V = C\left[1 - (1 - R)\frac{t}{N}\right]$$

$$= 50\,000 \times \left[1 - (1 - 5\%)\frac{10}{30}\right]$$

$$= 34\,167（元）$$

复习思考题

1. 房地产经纪人为什么要学习房地产价格及其评估知识？

2. 什么是房地产价格？其形成条件有哪些？

3. 房地产价格与一般商品价格有哪些异同？

4. 挂牌价格、成交价格、市场价格的含义及其相互关系是什么？

5. 成交价格是如何形成的？正常成交价格与非正常成交价格如何区分？

6. 总价格、单位价格、楼面地价的含义及其相互关系是什么？

7. 了解单位价格应注意哪几点？

8. 楼面地价有何特殊作用？

9. 真实成交价、备案价、网签价、计税指导价、贷款评估价的含义及其相互关系是什么？

10. 名义价格、实际价格的含义及其相互关系是什么？

11. 现房价格、期房价格的含义及其相互关系是什么？

12. 起价、标价、特价、均价的含义是什么？

13. 买卖价格、租赁价格的含义是什么？

14. 市场调节价、政府指导价、政府定价、交易参考价的含义是什么？

15. 补地价的含义是什么？

16. 房地产价格的影响因素对房地产价格的影响类型有哪几种？

17. 房地产价格的影响因素有哪些？它们与房地产价格的关系如何？

18. 什么是比较法？它适用于哪些房地产估价？

19. 比较法估价的操作步骤是什么？

20. 搜集交易实例时应搜集哪些内容？

21. 选取可比实例应符合哪些要求？

22. 如何建立比较基础？

23. 什么是交易情况修正？造成成交价格偏离正常市场价格的因素有哪些？

24. 什么是市场状况调整？

25. 什么是房地产状况调整，它包括哪些方面？

26. 将多个比较价格综合成一个最终比较价格的方法有哪些？

27. 什么是收益法？它适用于哪些房地产估价？

28. 收益法估价的操作步骤是什么？

29. 请列举报酬资本化法的几种计算公式及其应用条件。

30. 什么是潜在毛收入、有效毛收入、运营费用、净收益？

31. 出租型房地产的净收益如何求取？

32. 什么是报酬率、资本化率？它们如何求取？

33. 什么是收益乘数？它有哪几种？如何求取？

34. 什么是成本法？它适用于哪些房地产估价？

35. 成本法估价的操作步骤是什么？

36. 房地产价格是如何构成的?
37. 成本法的基本公式为何?
38. 重新购建价格、重置成本、重建成本的含义是什么?
39. 建筑物折旧的含义是什么? 它有哪几种?
40. 直线法折旧下的建筑物现值的计算公式为何?

第六章　房地产投资及其评价

　　房地产购买需求有投资性需求且其类型较多，不同投资者的收益要求（如期望的投资回报率）、风险偏好也不相同。投资性需求者与自用性需求者购买房地产的目的、对所购房地产的要求有所不同，就购买住房来看，除了都关注所购住房的价格及自己的支付能力，自用性需求者主要关注所购住房的位置、户型、质量、配套、环境等能否满足自己的居住需要，而投资性需求者主要关注所购住房的未来租赁收益（或租金回报）、增值收益（或升值空间）、风险大小、变现能力（是否好转手）及自己的风险承受能力。因此，房地产经纪人要做好经纪服务，应能识别出投资性需求者，并有针对性地依法为其提供专业服务，解答其提出的有关问题，测算投资收益，作出投资评价和风险提示，为其投资决策提供参考意见建议，以至提供投资项目尽职调查、可行性分析等其他相关咨询服务，帮助其完成投资活动。为此，本章介绍房地产投资的含义、类型、特点和一般步骤，资金的时间价值，房地产投资项目经济评价，房地产投资风险的含义和特征，房地产投资者的风险偏好，房地产投资的主要风险及其应对。

第一节　房地产投资概述

一、房地产投资的含义

　　现在，人们为自己的未来生活着想，有了钱通常不会马上全部花掉，把钱放在家里或存入银行又担心贬值，同时认识到要发财致富，除了勤劳，还要投资，因此，往往会想方设法进行投资。房地产特别是住宅、商铺，是可供人们选择的主要投资对象之一。

　　为了弄清什么是房地产投资，有必要先弄清什么是投资。目前，虽然人们对投资有多种定义和理解，但投资的本质是为了求事后回报而进行的事先投入。在经济领域，投资通常是指为了获取预期的未来收益而事先投入资金（如货币或物资）的活动，是以现在的较确定的资金，去换取未来的较不确定但预期比现在要多的资金。

投资有以下 4 个特征：①必须有投入。没有投入就获取回报是一种勒索、抢劫，或他人给予的施舍。②必须求回报。投资都是为达到一定目的，典型的是为获取收益。不求回报的投入是一种奉献、捐赠或施舍。③必须有时间差。通常投入是即期的，而回报是预期的，从投入到回报需要经过一段时间，否则就是"一手交钱一手交货"的买卖行为。④具有风险性。投入因为是事先的（通常为现在），所以投入之后就变成了确定的，而回报因为是事后的（即未来的），从投入到回报的这段时间可能发生某些不测事件，所以回报是不确定的，即到时候实际获得的回报可能比预期的多，也可能比预期的少，甚至还有可能亏本。

弄清了投资的含义之后，就不难弄清房地产投资的概念。房地产投资是以房地产为投资对象，是借助于房地产来获取收益的投资行为，也就是为了获取房地产的未来收益而预先投入资金的活动。

广义的投资包括投机，投机可以说是一种特殊的投资。房地产投机是指不是为了使用或出租而是为了出售而购买房地产，购买后伺机出售，然后伺机再购买，利用房地产价格涨落变化，以期从价差中获利的行为，即通过炒买炒卖房地产赚钱，最常见的是"炒房"。现实生活中，房地产投资和投机有时难以分辨，但它们在内涵上通常有以下区别：投资较重视长时间的介入，关注房价和租金的长期趋势，较强调理性地分析和评估，背后隐含着正常的风险和收益；投机较看重短时间的介入，关注房价的短期走势，通常不以理性的分析和评估为依据，背后隐含着不正常的风险和收益。

对于正常的房地产投资行为，房地产经纪人应依法提供经纪服务；对于房地产投机行为，房地产经纪人应依法予以劝退甚至抵制，不得参与炒买炒卖房地产。

二、房地产投资的类型

（一）房地产投资类型概述

房地产投资的类型多种多样，除了根据房地产用途或类型分为住宅投资、商铺投资、办公用房投资等外，还可根据投入的资金是否直接用于房地产实物，分为房地产直接投资和房地产间接投资。

房地产直接投资是投资者将资金用于购买住宅、商铺、办公用房等新建商品房、存量房等房地产实物或从事房地产开发经营的行为，又可分为房地产置业投资和房地产开发投资。

房地产间接投资是投资者将资金用于购买房地产相关有价证券等的行为，比如购买有关房地产的股票、基金、债券、信托产品等。

（二）房地产置业投资的类型

房地产置业投资是投资者将资金用于购买房地产实物，其结果是增加了投资者持有的房地产，投资者可以将该房地产出租，也可以自营（如购买商铺后，自己开商店、餐馆等），并可以达到保值增值和资本运作（如用该房地产抵押贷款）等目的。房地产置业投资的类型主要有下列4种。

（1）购买后长期租赁经营。这是购买房地产后长期用于出租或自营，以获取租赁收益或经营收益。但如果购买房地产后长期自用，如购买住宅后用于自己居住，购买办公用房后用于自己办公，则不属于投资性需求，而属于自用性需求。

（2）购买后出租一定年限再转让。这是购买房地产后出租较长时间（通常5年以上）再转让，以获取租赁收益和增值收益。

（3）购买后自营一定年限再转让。这是购买房地产后自营较长时间（通常5年以上）再转让，以获取经营收益和增值收益。

（4）购买后放置一定年限再转让。这是购买房地产后放置较长时间（通常5年以上）等待价格上涨到期望程度后再转让，以获取增值收益。如果购买房地产后自用较长时间（通常5年以上）再转让，并预期可获取增值收益，则兼有使用和投资双重属性。但如果购买房地产的目的就是等待价格上涨到期望程度后再转让以获取增值收益，而在购买时没有持有一定年限的打算，则无论在购买后至转让期间是否自用、出租、自营或空置，严格地说不属于投资性需求，而属于投机性需求。

在现实房地产投资中，普遍存在投资者关心是否能"以租养贷"，即房地产投资者借助房地产贷款购买房地产后长期出租，该房地产的月租金收入能否覆盖全部月还本付息额（简称月还款额，俗称"月供"）。

月租金与月供的大小关系及判断是否能"以租养贷"有下列3种。

（1）月租金＞月供，可"以租养贷"，并有一定的余额。

（2）月租金＝月供，刚好可"以租养贷"。

（3）月租金＜月供，不能"以租养贷"。

三、房地产投资的特点

人们通常关心投资购买房地产，与把资金存入银行或投资购买股票、基金、债券、信托产品、保险产品、期货、外汇、黄金、钻石、古董、艺术品等有何不同，以及有哪些优点和缺点。这就需要了解房地产投资的特点。

房地产投资作为投资中的一种，既具有一般投资的共性，又由于房地产的不可移动、各不相同、寿命长久、供给有限、价值较高、不易变现、保值增值等特性而有自己的特点。房地产投资与一般投资都具有的共性，如投资收益的个别性、投资预期的风险性。就投资收益的个别性来看，影响房地产投资收益的因素很多，既有当地的经济发展水平、人口增长、居民购买能力、人们对房价的预期、投资项目所处的区位等外部因素，又有投资项目的性价比、营销能力、管理水平等内部因素。在一定时期内，房地产投资收益既有在外部因素影响下的客观收益，又有在内部因素作用下的实际收益。在同一区域内的同类房地产投资，甚至是同一房地产投资项目，由于投资者的经营管理水平等的不同，实际投资收益有所不同。再来看投资预期的风险性，由于房地产投资是以现在的投入换取未来的收益，在投资时，未来的收益是预期的，是建立在对各种影响未来收益因素的预测基础之上。影响房地产未来收益的因素复杂多样，如宏观经济形势的变化、市场供求的变化、政府政策措施的调整等。这些因素在未来的实际变化往往与预测的情况不完全一致。再加上房地产投资期限较长，在该过程中影响房地产未来收益的各种因素处于不断变化之中，甚至发生不测事件，使得预期收益的不确定性大大增加。

房地产投资的特点主要有下列 8 个。从中可以看出，房地产投资的优点较突出，且优点多于缺点。

（一）兼有投资和消费双重功能

例如，商品住房既有消费品属性又有投资品属性，购买商品住房不仅可以在未来升值后卖掉获取增值收益，还可以在卖掉之前自用或出租。这是投资购买房地产与投资购买黄金等其他投资品相比具有的较大优点。

（二）投资金额较大

房地产直接投资需要较多的资金，投资门槛较高。

（三）可使用资金杠杆

购买房地产通常可以加杠杆，能够放大财富效应。这是房地产投资的较大优点，在一定程度上弥补了房地产投资金额较大的缺点。房地产投资金额虽然较大，但通常不需要投资者以自己的资金全额支付，可以将所投资购买的房地产抵押贷款用于支付部分投资款。例如，购买住房除必需的最低首付款外，剩余价款可用所购住房抵押贷款支付。

（四）可抵御通货膨胀

长期来看，通货膨胀是普遍现象，甚至国际共识是将年通货膨胀目标设定为 2% 左右。因此，即使每年只有 2% 的通货膨胀，但 10 年后货币也贬值了 20% 以上。而能够跑赢通货膨胀的资产不多。在通货膨胀的情况下，房租、房价往往是随之上涨的，房地产具有抗通胀属性。这是房地产投资的另一个较大优点。

（五）投资时间较长

因房地产不易变现、交易时间较长，即使是投机炒房，通常也难以做到资金快进快出。这是房地产投资的较大缺点。

（六）投资选择的多样性

与其他实体投资相比，房地产投资的选择较多，主要表现在下列 3 个方面。

（1）投资对象的多样性。房地产的类型（如用途、档次等）很多，如有住宅、商铺、办公用房等，住宅又有普通住宅、高档公寓、别墅等。

（2）投资形式的多样性。房地产投资既有置业投资，又有开发投资；既可以一次性付款，又可以分期付款；既可以独立投资，又可以合作投资等。

（3）经营方式的多样性。房地产投资的经营方式有出租、自营、转售等多种。

（七）投资区域的差异性

由于地区经济社会发展不平衡和房地产市场地域性较强，使得在同一时期内不同地区的经济发展水平、居民收入水平、城镇化水平、人口空间分布状况以及房地产市场状况等都存在差异，并因此导致房地产投资的区域差异性。人们通常把房地产市场分为一线、二线、三线、四线城市等，这实际上就是对房地产投资区域差异性的一种认识。在同一城市中，房地产投资在不同区域之间通常也存在明显差异。

（八）投资价值的附加性

一个房地产投资项目的投资价值，不仅取决于该投资项目本身，还受许多外部因素的影响，比如周边的道路、交通等基础设施和商业、教育、医疗等公共服务设施不断完善、生态环境治理、城市美化、房地产开发项目成熟等，都有可能提升该投资项目的投资价值。能享受城市基础设施和公共服务设施等外部因素带来的自然增值，是房地产投资的一大优点。

四、房地产投资的一般步骤

房地产投资一般分为下列 4 大步骤。

（1）寻找投资机会：是投资者发现投资可能性的过程。在寻找投资机会时，通常会通过联系房地产经纪人、访问有关网站等多种渠道，获取可供选择的投资对象或投资项目信息，进行房地产用途（如住宅、商铺）、类型（如小户型、大户型）、区域（如一线、二线城市，三线、四线城市）、地段（如市中心、老城区、新城区）等的比较与选择，并初步筛选出意向投资项目。

（2）评价投资方案：也称为投资项目经济评价、投资方案经济评价，是对初步筛选出的各种意向投资项目或投资方案、投资对象进行经济评价，其内容主要包括市场前景、盈利能力、抗风险能力等评价，并筛选出能达到投资者要求的投资项目。

（3）选定投资方案：也称为投资决策，是在投资项目经济评价的基础上，综合分析比较各种投资项目或投资方案的优劣，根据投资者的投资目标，对投资项目作出决策性的结论，其结果为投资（如购买）或不投资（如不购买）。

（4）实施投资方案：是将已选定的投资项目或投资方案付诸实施的过程，涉及价格协商、合同洽谈、资金筹措、价款支付、产权转移登记等一系列活动。

第二节　资金的时间价值

因为房地产投资金额较大、期限较长，在进行投资分析和比较时，通常需要消除不同投资方案的费用、收入在时间上的差异，以保证每个投资方案在不同时间所发生的费用和收入具有可比性。为此，需要引进资金的时间价值这个概念。资金的时间价值以及资金等值计算的原理和方法，是进行房地产投资分析和比较所必需的基础知识和基本技能。

一、资金的时间价值的含义

资金的时间价值也称为货币的时间价值，是指现在的资金比将来的等量资金具有更大的价值，通俗地说就是现在的钱比将来的钱值钱。这可以从银行存款中得到简单易懂的说明。比如你现在将 1 万元存入银行，如果银行存款年利率为 5％，那么一年后你可以获得 500 元的利息，该利息加上 1 万元的本金共计 10 500 元。这样，现在的 1 万元在一年后变成了 10 500 元。这意味着现在的 1 万元等值于一年后的 10 500 元。反过来看，一年后的 10 500 元只相当于现在的 1 万元；或者，一年后的 1 万元只相当于现在的 9 524 元(10 000÷1.05)。

进一步来看，表 6-1 中有 A、B、C 三个付款或投资方案，每个方案在未来 3 年的累计金额都是 600 万元，但构成这 600 万元的 100 万元、200 万元和 300 万元在未来 3 年发生的先后顺序不同。如果此 3 个方案在其他方面没有差异，则通过资金的时间价值就可以判断出它们的优劣次序。

情形之一：如果是关于付款的方案，表 6-1 中的金额为付款额，则对收款的一方来说，方案 C 优于方案 B，方案 B 优于方案 A；而对付款的一方来说，方案的优劣顺序则刚好相反。

情形之二：如果是关于投资的方案，表 6-1 中的金额为投资额，3 个方案的投资收益和风险相同，则方案 A 优于方案 B，方案 B 优于方案 C。

不同方案的优劣比较　　　　单位：万元　　表 6-1

年　份	方案 A	方案 B	方案 C
1	100	200	300
2	200	100	200
3	300	300	100
累　计	600	600	600

从经济理论上讲，资金存在时间价值的原因主要有下列 4 个。

（1）机会成本。所谓机会成本（或其他投资机会的相对吸引力），是指在互斥的多个选择机会中选择其中一个而非另一个时所放弃的收益。一种放弃的收益可视为一种成本，或者说，稀缺资源被用于某种用途就意味着它不能被用于其他用途。因此，当人们使用某种稀缺资源时，应考虑它的第二种最好的用途。从第二种最好的用途中可以获得的益处，是机会成本的正式度量。资金是一种稀缺资源，被占用之后就失去了获得其他收益的机会，因此占用资金时要考虑资金获得其他收益的可能，显而易见的一种可能是把资金存入银行获取利息。

（2）通货膨胀。现代市场经济往往有通货膨胀。如果出现通货膨胀，货币的购买力会下降，以后要花更多的钱才能够买到今天相同数量和质量的商品或服务。通货膨胀会降低未来资金相对于现在资金的购买力，即钱不值钱了。

（3）承担风险。收到资金的不确定性通常随着收款日期的推远而增加，即未来得到钱不如现在就立即得到钱保险，俗话说"多得不如现得"就是其反映。

（4）资金增值。将资金投入生产或流通领域，经过一段时间后可以获得一定的收益或利润，从而资金会随着时间的推移而产生增值。

由上可知，相等的一笔资金，作为费用，早付出比晚付出要付出的多；作为收入，早得到比晚得到要得到的多。因此，在对经济活动进行分析时，通常不能将不同时间支付的费用和获得的收入直接相加，而应消除因收支时间不同所导致的资金增值或损失的差异，即要进行资金的时间价值换算。

二、单利和复利

（一）利息和利率的概念

资金的时间价值是等量资金在两个不同时点的价值之差，用绝对量来反映为利息，用相对量来反映为利息率（通常简称利率）。利息是在信用的基础上产生的，是让渡资金的报酬或使用资金的代价。具体来说，对贷款人而言，利息是贷款人将资金借给他人使用所获得的报酬；对借款人而言，利息是借款人使用他人的资金所支付的成本。也可以把利息理解为使用资金的"租金"，如同租用房屋的房租一样。

利率是指单位时间内的利息与本金的比率，即：

$$利率 = \frac{单位时间内的利息}{本金} \times 100\%$$

计算利息的单位时间称为计息周期，可以是年、半年、季、月、周、日等。习惯上根据计算利息的时间单位，将利率分为年利率、月利率、日利率等。年利率一般按本金的百分比来表示，月利率一般按本金的千分比来表示，日利率一般按本金的万分比来表示。计算利息的方式有单利和复利两种。

（二）单利的计算

单利计息是每个计息周期均按原始本金计算利息，即只有原始本金计算利息，本金所产生的利息不再计算利息。在单利计息下，每个计息周期的利息是相等的。

单利的总利息计算公式为：

$$I = P \times i \times n$$

式中　I——总利息；

P——原始本金；

i——利率；

n——计息周期数。

单利的本利和计算公式为：

$$F = P(1 + i \times n)$$

式中　F——计息期末的本利和。

【例6-1】将1 000元钱存入银行2年，假如银行2年期存款的单利年利率为6%，请计算到期时的总利息及本利和。

【解】到期时的总利息计算如下：

$$\begin{aligned} I &= P \times i \times n \\ &= 1\,000 \times 6\% \times 2 \\ &= 120(元) \end{aligned}$$

到期时的本利和计算如下：

$$F = P(1 + i \times n)$$

$$= 1\,000 \times (1 + 6\% \times 2)$$
$$= 1\,120(元)$$

（三）复利的计算

复利计息是以上一个计息周期的利息加上本金为基数计算当期的利息。在复利计息下，不仅原始本金要计算利息，而且以前的所有利息都要计算利息，即所谓"利滚利"。

复利的本利和计算公式为：

$$F = P(1 + i)^n$$

复利的总利息计算公式为：

$$I = P[(1 + i)^n - 1]$$

【例6-2】将$1\,000$元钱存入银行2年，假如银行存款的复利年利率为6%，请计算到期时的总利息及本利和。

【解】到期时的总利息计算如下：

$$I = P[(1 + i)^n - 1]$$
$$= 1\,000 \times [(1 + 6\%)^2 - 1]$$
$$= 123.6(元)$$

到期时的本利和计算如下：

$$F = P(1 + i)^n$$
$$= 1\,000 \times (1 + 6\%)^2$$
$$= 1\,123.6(元)$$

与例6-1的单利计息比较，利息多了3.6元。

三、名义利率和实际利率

（一）名义利率和实际利率问题的产生

在上述利息计算中，是假设利率的时间单位与计息周期一致。当利率的时间单位与计息周期不一致时，如利率的时间单位为年，而计息周期为半年、季、月、周或天，就产生了名义利率和实际利率（也称为有效利率）的问题。

（二）名义利率下的本利和计算

假设名义年利率为r，一年中计息m次，则每次计息的利率为r/m，至n年年末时，在名义利率下的本利和为：

$$F = P(1 + r/m)^{n \times m}$$

如果每半年计息1次，则$m=2$；每季度计息1次，则$m=4$；每月计息1次，则$m=12$。

（三）名义利率与实际利率的换算

要找出名义利率与实际利率的关系，可通过令一年末名义利率计息与实际利率计息的本利和相等来解决。

在名义利率计息下的一年末本利和为：

$$F = P(1+r/m)^m$$

假设实际年利率为 i，则在实际利率计息下的一年末本利和为：

$$F = P(1+i)$$

令一年末名义利率计息与实际利率计息的本利和相等，即：

$$P(1+i) = P(1+r/m)^m$$

由上述等式可得出名义利率与实际利率的关系如下：

$$i = (1+r/m)^m - 1$$

【例 6-3】年利率为 6%，存款额为 1 000 元，存款期限为 1 年，如果按一年 6% 的利率计息 1 次，按半年 3%（6%÷2）的利率计息 2 次，按季 1.5%（6%÷4）的利率计息 4 次，按月 0.5%（6%÷12）的利率计息 12 次，请计算这 4 种情况下的本利和及其实际利率。

【解】一年计息 1 次的本利和计算如下：

$$F = 1\,000 \times (1+6\%)$$
$$= 1\,060.00(元)$$

一年计息 2 次的本利和计算如下：

$$F = 1\,000 \times (1+3\%)^2$$
$$= 1\,060.90(元)$$

一年计息 4 次的本利和计算如下：

$$F = 1\,000 \times (1+1.5\%)^4$$
$$= 1\,061.36(元)$$

一年计息 12 次的本利和计算如下：

$$F = 1\,000 \times (1+0.5\%)^{12}$$
$$= 1\,061.68(元)$$

这里的 6%，对一年计息 1 次的情况来说，既是名义利率又是实际利率，对一年计息 2 次、4 次和 12 次的情况来说，都是名义利率，而实际利率分别为：

一年计息 2 次：$(1+3\%)^2 - 1 = 6.09\%$

一年计息 4 次：$(1+1.5\%)^4 - 1 = 6.14\%$

一年计息 12 次：$(1+0.5\%)^{12} - 1 = 6.17\%$

四、资金的时间价值的换算

（一）资金的时间价值换算的基本说明

1. 资金时间价值换算中的符号及其含义

P 表示现值，是指相对于将来值的任何以前时间的价值。

F 表示将来值（或未来值、终值），是指相对于现值的任何以后时间的价值。

i 表示利率（或折现率）。

n 表示计息周期数。

A 表示等额年金，是指一系列每年相等的金额。年金最原始的含义是指一年支付一次，每次支付相等金额的一系列款项。但现在，年金被广泛应用于其他更加一般的情形，如每季支付一次、每月支付一次或每周支付一次的一系列付款（或收款）都被视为年金。

2. 资金时间价值换算中的假设条件

资金时间价值换算中的假设条件有下列 6 个。

（1）采用的是复利。

（2）利率的时间单位与计息周期一致，为年。

（3）本年的年末为下一年的年初。

（4）现值 P 是在当前年度开始时发生的。

（5）将来值 F 是在当前以后的第 n 年年末发生的。

（6）年金 A 是在每年年末发生的。

3. 资金时间价值换算中的基本关系

现值＋复利利息＝将来值

（二）资金时间价值换算的常用公式

1. 将现值转换为将来值的公式

$$F = P(1+i)^n$$

上式中的 $(1+i)^n$ 称为"一次支付终值系数"，通常用 $(F/P, i, n)$ 来表示。

【例 6-4】某人向银行申请贷款 100 万元，贷款期限为 3 年，贷款年利率为 8%，到期时一次性偿还贷款本息。请计算到期时该人应偿还的贷款本息。

【解】到期时该人应偿还的贷款本息计算如下：

$$F = P(1+i)^n$$
$$= 1\,000\,000 \times (1+8\%)^3$$
$$= 1\,259\,712(元)$$

2. 将将来值转换为现值的公式

$$P = F \frac{1}{(1+i)^n}$$

上式中的 $\frac{1}{(1+i)^n}$ 称为"一次支付现值系数"，通常用 $(P/F, i, n)$ 来表示。

【例6-5】年利率为 8%，3 年后 500 万元的一笔收入的现值为多少万元？

【解】3 年后 500 万元的一笔收入的现值为：

$$\frac{500}{(1+8\%)^3} = 396.92 \text{（万元）}$$

3. 将等额年金转换为将来值的公式

$$F = A \frac{(1+i)^n - 1}{i}$$

上式中的 $\frac{(1+i)^n - 1}{i}$ 称为"等额序列终值系数"，通常用 $(F/A, i, n)$ 来表示。

【例6-6】某人每月向银行存入 100 元钱，如果存款年利率为 8%，按月计息，则 20 年后这笔钱的累计总额为多少元？

【解】20 年后这笔钱的累计总额计算如下：

$$100 \times \frac{(1+8\%/12)^{20 \times 12} - 1}{8\%/12} = 58\ 902 \text{（元）}$$

上述 58 902 元比 20 年内每个月 100 元的简单加总额 24 000 元（$100 \times 12 \times 20 = 24\ 000$）要多一倍多。

4. 将将来值转换为等额年金的公式

$$A = F \frac{i}{(1+i)^n - 1}$$

上式中的 $\frac{i}{(1+i)^n - 1}$ 称为"偿债基金系数"，通常用 $(A/F, i, n)$ 来表示。

【例6-7】某人打算每年向银行存入一笔相同数额的钱，在 10 年后能攒到 15 万元。假设存款年利率为 8%，请计算该人每年应存款多少元？

【解】该人每年应存款计算如下：

$$150\ 000 \times \frac{8\%}{(1+8\%)^{10} - 1} = 10\ 354.42 \text{（元）}$$

5. 将等额年金转换为现值的公式

$$P = A \frac{(1+i)^n - 1}{i(1+i)^n}$$

上式中的 $\frac{(1+i)^n - 1}{i(1+i)^n}$ 称为"等额序列现值系数"，通常用 $(P/A, i, n)$ 来表示。

【例 6-8】 某人欲购买一套住房，最低首付比例为 20%。若该人用其积蓄按最低首付比例交首付款，余款向银行贷款，贷款期限为 30 年、贷款年利率为 6%，按月等额偿还本息；该人家庭月收入为 5 000 元，月收入的 30% 可用于偿还贷款。请计算该人可承受的住房总价最高为多少万元？如果该人想购买一套面积为 70m² 的住房，则该人可承受的住房单价最高为每平方米多少元？

【解】 该人可承受的住房总价计算如下：

$$5\,000 \times 30\% \times \frac{(1+6\%/12)^{30 \times 12} - 1}{6\%/12 \times (1+6\%/12)^{30 \times 12}} \times \frac{1}{(1-20\%)} = 31.3 (万元)$$

该人可承受的住房单价计算如下：

$$\frac{313\,000}{70} = 4\,471.4 (元/m^2)$$

6. 将现值转换为等额年金的公式

$$A = P \frac{i(1+i)^n}{(1+i)^n - 1}$$

上式中的 $\frac{i(1+i)^n}{(1+i)^n - 1}$ 称为"资金回收系数"，通常用 $(A/P, i, n)$ 来表示。

【例 6-9】 某人购买一套总价为 30 万元的商品住宅，首付款为总价款的 30%，余款向银行贷款，贷款期限为 20 年，贷款年利率为 6%。如果按月等额偿还贷款本息，请计算该人的月还款额。

【解】 该人的月还款额计算如下：

$$300\,000 \times (1-30\%) \times \frac{6\%/12 \times (1+6\%/12)^{20 \times 12}}{(1+6\%/12)^{20 \times 12} - 1} = 1\,504.51 (元)$$

第三节　房地产投资项目经济评价

一、房地产投资项目经济评价概述

房地产投资项目经济评价为房地产投资决策提供重要依据。如前所述，房地产投资是用一定的投入（如资金）取得一定的产出（如租赁收益、增值收益），而且一般来说，投入是事前（如当前或即将）的，是比较确定的，产出是事后（未来）的，是不很确定的，即是有一定风险的。房地产投资项目经济评价，就是要对这种事后产出的"得"与事前投入的"失"进行衡量，得出是否"值得"的结论。或者说，在给定的风险下，预期的未来收益是否大到足以证明当前的费用支出是合理的。

不同的房地产投资项目，虽然具体的经济评价方法可能有所不同，但其基本原理是相同的，通常包括以下 3 个步骤：①测算相关现金流量；②计算有关评价指标；③将评价指标与可以接受的标准进行比较，得出评价结论。

二、房地产投资项目现金流量测算

（一）现金流量的概念

现金流量是指一个项目（或方案）在某一特定时期内收入或支出的资金数额。从房地产投资项目经济评价的角度看，现金流量是指由于房地产投资项目实施而引起的资金收支的改变量。

现金流量分为现金流入量、现金流出量和净现金流量。资金的收入称为现金流入，相应的数额称为现金流入量，具体是指由于投资项目实施而引起的资金收入的增加或资金支出的减少。资金的支出称为现金流出，相应的数额称为现金流出量，具体是指由于投资项目实施而引起的资金支出的增加或资金收入的减少。现金流入通常表示为正现金流量，现金流出通常表示为负现金流量。净现金流量是指某一时点的正现金流量与负现金流量的代数和，即：

$$净现金流量＝现金流入量－现金流出量$$

对房地产置业投资来说，现金流入量主要是房地产持有期间的租金收入、持有期末的转售收入以及其他收入；现金流出量主要是购买时的价款和税费、持有期间的运营费用、持有期末的转让税费。

（二）现金流量图

为了直观地反映现金流量与时间的关系，便于分析和计算，通常将现金流入、现金流出及其量值的大小、发生的时点用图形描绘出来，该图形即是现金流量图。例如，某人拟花 500 万元购买一套住宅，出租 5 年后转售，预计年租金收入为 25 万元，年运营费用为 2 万元，转售价格为 600 万元，转让税费为 40 万元。由此可知，该房地产投资项目每年的净现金流量分别为－500 万元、23 万元、23 万元、23 万元、23 万元、583 万元，其现金流量图如图 6-1所示。

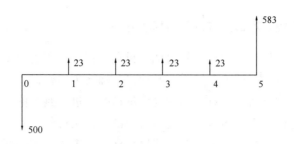

图 6-1 现金流量图（单位：万元）

现金流量图的习惯表示方法如下：

（1）用一水平线段表示时间，将该线段划分为若干个长度相同的间隔，每个间隔代表一个单位时间，即计息周期（可以是年、半年、季、月等，通常为年）。

（2）划分了时间间隔后的水平线段，表示一个从 0 开始到 n 结束的时间段，在该线段的左端，以 0 表示时间的起点，同时它也是第一个计息周期的起始点，依次向右延伸，从 1 到 n 分别代表各个计息周期的终点。前一个计息周期的终点同时是后一个计息周期的起点。

（3）用带箭头的垂直线段代表现金流量，箭头向上表示现金流入，箭头向下表示现金流出。用垂直线段的长短表示现金流量的大小，即垂直线段越长，现金流量越大。

综上所述，对现金流量图应重点把握以下 6 点：①时间段（即水平线段）的长度：时间段从何时开始至何时结束。②时间段的指向：时间的推移是自左向右，即左边为过去，右边为未来。③时间段的划分：根据实际需要，按年、半年、季、月等对时间段进行划分，通常按年对时间段进行划分。④现金流量在时间段上发生的时点。⑤现金流量在该时点发生的数额。⑥现金流量图上垂直箭头的指向：箭头向上表示正现金流量，箭头向下表示负现金流量。

（三）现金流量表

现金流量表是将现金流量用表格的形式表现出来，现金的收支按发生的时间列入相应的时期。图 6-1 反映的现金流量采用现金流量表形式，见表 6-2。

现金流量表　　　　单位：万元　　**表 6-2**

年　份	0	1	2	3	4	5
现金流入量	0	25	25	25	25	625
现金流出量	500	2	2	2	2	42
净现金流量	−500	23	23	23	23	583

三、房地产投资项目经济评价指标和方法

房地产投资项目经济评价是从房地产投资项目或投资者角度，对项目的盈利能力、清偿能力等进行评价，据此判断项目的经济可行性。它是以项目计算期内的现金流量为基础，通过计算一系列的评价指标来进行判断的。本书仅对盈利能力的主要指标进行分析。房地产投资项目经济评价指标较多，可分为静态评价指标和动态评价指标两类，其中的静态评价指标不考虑资金的时间价值，动态评价指标则考虑资金的时间价值。

（一）静态评价主要指标和方法

评价投资项目盈利能力的静态指标主要有租金回报率、投资收益率、资本金收益率、静态投资回收期。

1. 租金回报率

租金回报率是指房地产租金与房地产价格的比率。其计算公式为：

$$租金回报率 = \frac{房地产租金}{房地产价格} \times 100\%$$

具体计算租金回报率时，房地产价格有当时的购买价格和现行的市场价格。房地产租金有：①月租金和年租金。年租金＝月租金×12。②潜在毛租金、有效毛租金和净租金。潜在毛租金是指所有可出租数量（如面积、间数、套数）在没有空置、全部租出所能收取的租金，等于所有可出租数量与其最可能的租金水平的乘积。有效毛租金是指潜在毛租金减去空置和收租损失后的租金。净租金是指有效毛租金减去运营费用（如房产税、城镇土地使用税、维修费、物业管理费等）后的收益。③税前租金和税后租金。税后租金是指净租金扣除所得税后的收益。税前租金即是净租金。

【例 6-10】某套住宅的现行市场价格为 200 万元，现行月租金为 5 000 元。请计算该住宅的现行年租金回报率。

【解】该住宅的现行年租金回报率计算如下：

$$该住宅的现行年租金回报率 = \frac{现行年租金}{现行市场价格} \times 100\% = \frac{0.5 \times 12}{200} \times 100\% = 3.0\%$$

【例 6-11】例 6-10 中的住宅是某人 5 年前花 100 万元购买的，当时和目前的月租金分别为 2 500 元和 5 000 元。请计算该人当时和目前的年租金回报率。

【解】该人当时和目前的年租金回报率计算如下：

$$该人当时的年租金回报率 = \frac{当时的年租金}{当时购买价格} \times 100\% = \frac{0.25 \times 12}{100} \times 100\% = 3.0\%$$

$$该人目前的年租金回报率 = \frac{目前的年租金}{当时购买价格} \times 100\% = \frac{0.5 \times 12}{100} \times 100\% = 6.0\%$$

由例 6-10 和例 6-11 可知，虽然按同一时间的租金和价格计算的租金回报率较低，为 3%，但按之前的购买价格和之后的租金计算的租金回报率较高，达到 6%，此外未来还有可能获取房地产增值收益。因此，在这种情况下从长期和动态来看，购买住宅用于出租是划算的。但是，如果预期住宅的未来市场价格有下降趋势，租金又难以较大幅度上涨，则购买住宅用于出租可能不划算。

2. 投资收益率

投资收益率是指投资项目正常年份的收益总额或年平均收益总额与投资总额的比率。其计算公式为：

$$投资收益率 = \frac{年平均收益总额}{投资总额} \times 100\%$$

3. 资本金收益率

资本金收益率又称自有资金收益率，是指投资项目正常年份的收益总额或年平均收益总额与资本金的比率。资本金是指投资者的自有资金。资本金收益率的计算公式为：

$$资本金收益率 = \frac{年平均收益总额}{资本金} \times 100\%$$

收益总额可分为税前（不扣除所得税）收益总额和税后（扣除所得税）收益总额，相应的收益率可称为税前收益率和税后收益率。

【例 6-12】某投资者花 500 万元（其中自有资金 200 万元，借款 300 万元）购买了一商铺用于自营，经营期内年平均税前收益为 70 万元、税后收益为 55 万元。请计算该项目的投资税前收益率、资本金税前收益率和资本金税后收益率。

【解】该项目的投资税前收益率、资本金税前收益率和资本金税后收益率计算如下：

$$投资税前收益率 = \frac{年平均税前收益}{投资总额} \times 100\% = \frac{70}{500} \times 100\% = 14.0\%$$

$$资本金税前收益率 = \frac{年平均税前收益}{资本金} \times 100\% = \frac{70}{200} \times 100\% = 35.0\%$$

$$资本金税后收益率 = \frac{年平均税后收益}{资本金} \times 100\% = \frac{55}{200} \times 100\% = 27.5\%$$

4. 静态投资回收期

静态投资回收期（$P_b{}'$）是指在不考虑资金的时间价值时，以投资项目的净现金流量抵偿原始总投资所需的时间，或以净收益收回初始投资所需的时间，是用于衡量项目投资回收速度的评价指标。由于考虑到未来的不确定性和资金筹措等问题，投资者通常希望所投入的资金在较短时间内足额收回，所以要知道基于项目每期的净收益（如出租或自营的净收益）将投资额回收所需的时间。

静态投资回收期的计算公式为：

$$\sum_{t=0}^{P_b'} (CI - CO)_t = 0$$

式中　　P_b'——静态投资回收期；

CI——现金流入量；

CO——现金流出量；

$(CI-CO)_t$——第 t 期（通常以年为单位）的净现金流量；

$t=1, 2, \cdots, P_b'$。

静态投资回收期可借助现金流量表，根据净现金流量来计算，具体分为下列两种情况：

（1）当各年的净现金流量（净收益）均相同时，静态投资回收期的计算公式为：

$$P_b' = \frac{I}{A}$$

式中　　I——全部投资；

A——每年的净收益，即 $A=CI-CO$。

（2）当各年的净现金流量不相同时，静态投资回收期可根据累计净现金流量求得，即在现金流量表中累计净现金流量由负值转为正值之间的年份，计算公式为：

$$P_b' = \text{累计净现金流量开始出现正值的年数} - 1 + \frac{\text{上年累计净现金流量的绝对值}}{\text{当年净现金流量值}}$$

静态投资回收期的评价标准是：如果 P_b' 小于或等于投资者的目标投资回收期或行业的基准投资回收期、平均投资回收期，则项目在经济上是可以接受的，否则不可行。

静态投资回收期法的缺点是忽视了投资回收期之后出现的现金流量，从而可能使投资回收期之后有很好收益的投资项目被淘汰。

【例6-13】某个买房用于出租、然后转售的投资项目的现金流量，见表6-2。请计算该投资项目的静态投资回收期。

【解】该投资项目的静态投资回收期 P_b' 计算如下：

计算各年净现金流量的累计值，见表6-3。

各年净现金流量及其累计值　　单位：万元　　**表6-3**

年　份	0	1	2	3	4	5
现金流入量	0	25	25	25	25	625
现金流出量	500	2	2	2	2	42
净现金流量	−500	23	23	23	23	583
累计净现金流量	−500	−477	−454	−431	−408	175

$$P_{b}' = \frac{累计净现金流量开}{始出现正值的年数} - 1 + \frac{上年累计净现金流量的绝对值}{当年净现金流量值}$$

$$= 5 - 1 + \frac{|-408|}{583}$$

$$= 4.7(年)$$

（二）动态评价主要指标和方法

评价投资项目盈利能力的动态指标主要有财务净现值、财务内部收益率、动态投资回收期。

1. 财务净现值

财务净现值（$FNPV$）通常简称净现值，是按设定的折现率计算的投资项目计算期内各期净现金流量的现值之和。其计算公式为：

$$FNPV = \sum_{t=0}^{n}(CI - CO)_{t}(1 + i_{c})^{-t}$$

式中　$FNPV$——投资项目在起始点时的财务净现值；

　　　　n——计算期；

　　　　i_{c}——设定的折现率。

设定的折现率也称为目标收益率、基准收益率，通常为投资者可以接受的最低收益率（也称为投资者所要求的最低收益率、投资者最低期望收益率、投资者最低满意收益率），通常取同类投资的平均收益率或行业的基准收益率，一般应高于银行贷款利率。

财务净现值的评价标准是：如果$FNPV \geqslant 0$，则说明项目的盈利能力达到或超过了按设定的折现率计算的盈利水平，项目在经济上是可以接受的，否则不可行。

【例6-14】 某房地产投资项目的现金流量见表6-2。设定的折现率为10%，请计算该投资项目的财务净现值，并判断该投资项目在经济上是否可行。

【解】该投资项目的财务净现值计算如下：

$$FNPV = \sum_{t=0}^{n}(CI-CO)_t(1+i_c)^{-t}$$

$$=-500+\frac{23}{(1+10\%)}+\frac{23}{(1+10\%)^2}+\frac{23}{(1+10\%)^3}+\frac{23}{(1+10\%)^4}+\frac{583}{(1+10\%)^5}$$

$$=-65.10(万元)$$

因为 $FNPV \leqslant 0$，所以该投资项目在经济上不可行。

2. 财务内部收益率

财务内部收益率（$FIRR$）通常简称内部收益率，是投资项目在计算期内各期净现金流量的现值之和等于零时的折现率，也就是使投资项目的财务净现值等于零时的折现率。其表达式为：

$$\sum_{t=0}^{n}(CI-CO)_t(1+FIRR)^{-t}=0$$

$FIRR$ 可先采用试错法，计算到一定精度后再采用线性内插法求取，即 $FIRR$ 可通过试错法与线性内插法相结合的方法来求取。

财务内部收益率的评价标准是：如果 $FIRR \geqslant i_c$，则说明项目的盈利能力达到或超过了所要求的收益率，项目在经济上是可以接受的，否则不可行。

【例 6-15】某房地产投资项目的现金流量见表 6-2。请计算该投资项目的财务内部收益率。

【解】该投资项目的财务内部收益率计算如下：

通过下式

$$-500+\frac{23}{(1+FIRR)}+\frac{23}{(1+FIRR)^2}+\frac{23}{(1+FIRR)^3}+\frac{23}{(1+FIRR)^4}+\frac{583}{(1+FIRR)^5}=0$$

计算出 $FIRR$ 为 6.71%。

财务净现值法与财务内部收益率法的区别主要有下列两点。

（1）财务净现值是一个数额，财务内部收益率是一个比率。判断一个房地产投资项目的财务内部收益率是 20%，比指出其财务净现值是 1 200 万元可能得到更多的信息，更有意义，因为虽然财务净现值较大，但投资额可能很大。

（2）财务净现值法需要预先设定一个折现率，而这个折现率在事先通常是很难确定的；财务内部收益率法则不需要预先设定一个折现率。但是，当财务内部收益率求出之后，需要将它与一个收益率（折现率）进行比较。因此，在使用财务内部收益率法时尽管可以将设定折现率的工作往后推，但这项工作最终是不可少的。

3. 动态投资回收期

动态投资回收期（P_b）是考虑了资金的时间价值后收回初始投资所需要的时间，具体是把投资项目各期（通常为各年）的净现金流量按设定的折现率折成现值之后，再来推算投资回收期，也就是累计净现值等于零时的年份。同一个投资项目的动态投资回收期比静态投资回收期要长，因它考虑了资金的时间价值。

动态投资回收期的计算公式为：

$$\sum_{t=0}^{P_b} (CI - CO)_t \, (1 + i_c)^{-t} = 0$$

在实际运用时，可根据投资项目的现金流量表中的净现金流量折现值，用下列近似公式计算：

$$P_b = \frac{\text{累计净现金流量折现值}}{\text{开始出现正值的年数}} - 1 + \frac{\text{上年累计净现金流量折现值的绝对值}}{\text{当年净现金流量折现值}}$$

动态投资回收期的评价标准是：如果 $P_b \leqslant P_c$（基准投资回收期或平均投资回收期），则说明项目能在要求的时间内收回投资，在经济上是可以接受的，否则不可行。

第四节　房地产投资风险及其应对

一、房地产投资风险的含义

任何一项投资既要获取收益，又会存在风险，即收益和风险是并存的，也就是投资的结果可能盈利较多，也可能盈利较少，甚至有可能亏本。人们都是趋利避害的，在投资方面的利就是收益，害就是风险。因此，投资者都是喜欢收益而厌恶风险的，以最小的风险获取最大的收益是所有投资者的愿望。如果风险一定，投资者会选择收益最大的；如果收益一定，投资者会选择风险最小的。高风险要求有高收益——投资者希望取得较大的预期收益，以作为冒较大风险的补偿；反之，高收益的背后通常隐藏着高风险。从理论上讲，任何一项投资只要其收益与风险匹配了，即高风险对应着相应的高收益，低风险对应着相应的低收益，就无所谓好坏。但是，因不同投资者的风险偏好不同，不同的投资者会倾向于风险大小不同的投资。

房地产投资风险是指房地产投资的未来实际结果和预期结果的相对差异。人们通常更关心其中的投资出现损失的可能性大小，这种损失包括未来的实际收益小于当前的预期收益的相对损失和未来收回的资金少于目前所投入资金（本金）的绝对损失。例如，你打算花 100 万元购买一套住宅，持有一年后出售，假定不考虑持有一年期间出租的租赁收益，期望年收益率为 15%。预计一年后出售时，可能出现以下 3 种结果：①该住宅的价格上涨了，值 120 万元。到那时你不仅会赚 20 万元，而且年收益率高达 20%，超过了期望的 15%。②该住宅的价格上涨了，值 110 万元。到那时你会赚 10 万元，年收益率仅为 10%，未达到期望的 15%。③该住宅的价格下降了，只值 95 万元。到那时你不仅没有赚钱，还会亏本 5 万元。上述购买该住宅的投资，可以说存在风险，特别是如果出现第 3 种结果，则连本都不保。但如果不会出现第 3 种结果，可以说是保本投资。而如果只会出现第 1 种结果，可以说是理想的投资。因此，可按一定标准对房地产投资进行风险定级，如将风险从低到高划分为低风险、中风险、高风险 3 个等级，或者低风险、一般风险、较大风险、重大风险 4 个等级，低风险、中低风险、中风险、中高风险、高风险 5 个等级。

从投资的角度看，房地产投资风险不仅存在风险损失，还存在风险报酬。风险报酬不是一种现实的报酬，而是一种可能的未来报酬。正是因为风险报酬的存在，使得投资者在风险损失与风险报酬之间进行权衡，并在决策过程中在二者之间寻求到一个平衡点。

二、房地产投资风险的特征

正确认识房地产投资风险的特征，对降低投资风险发生的可能性，减少风险损失，提高投资效益，具有重要意义。房地产投资风险的特征主要有下列 6 个。

（一）客观性

房地产投资风险是客观存在的，不以投资者的意志为转移，因为引起投资风险的各种不确定因素是客观存在的，如政策风险、市场供求风险、通货膨胀风险、利率风险、自然灾害风险等。房地产投资风险的客观性要求投资者采取正确的态度，要承认和正视风险，并积极予以应对。

（二）不确定性

人们虽然可以估计某种投资风险因素未来发生的可能性大小或概率，但难以预知该风险在未来何时一定发生。投资风险的这种难以预知的特性，就是其不确定性。

（三）潜在性

房地产投资风险不是显现在表面上的，而是具有潜在性。潜在性是风险存在的基本形式，房地产投资随时都有可能遭遇风险，但风险从可能变为现实是有条件的。认识投资风险的潜在性，对预防风险具有重要意义。

（四）损益双重性

房地产投资风险对房地产投资收益并非只有负面影响，因为收益通常与风险正相关，即没有较大的风险就不会有较高的收益。投资风险的这种双重性，说明对待风险不应一味地消极预防，更不应惧怕，而要正确认识并有效地利用，将风险当成一种获利机会。

（五）可测性

风险具有不确定性并不意味着人们对风险全然无知，可根据古今中外以往发生的类似事件的统计资料及经验，经过分析，对某种风险发生的频率及其造成的损失程度作出判断，从而对可能发生的风险进行预测。

（六）相关性

投资者面临的风险与其投资行为及决策相关，同一风险事件对不同投资者产生的风险会不同。投资者的风险应对决策或采取的风险应对策略、措施等的不同，会有不同的风险结果。

三、房地产投资者的风险偏好

（一）按风险偏好划分的投资者类型

虽然人人都厌恶风险，但由于收益和风险并存，且收益与风险正相关，即风险既有可能带来损失，又有可能带来收益，正如俗话所说"舍不得孩子套不着狼"，因此投资有一定风险是正常的，也不全是坏事，而且不同的投资者对风险的态度、接受程度、承受能力有所不同，即风险偏好不同。

按照风险偏好，可先把投资者分为低风险偏好投资者、高风险偏好投资者两大类，进一步可分为保守型投资者、稳健型投资者（又称普通投资者）和激进型投资者（又称投机型投资者）3类，还可细分为以下5类：保守型投资者、中庸保守型投资者、中庸型投资者、中庸进取型投资者和进取型投资者。

（二）不同风险偏好投资者的特点

1. 保守型投资者的特点

这类投资者在投资上是最谨慎的，只能接受风险小的，本能地抗拒风险，不抱碰碰运气的侥幸心理，不愿意用较高的风险来换取较高的收益，以确保本金不会损失为前提，对投资的态度是追求稳定的回报，通常不太在意资金是否有较大的增值。

2. 中庸保守型投资者的特点

这类投资者在投资上比保守型投资者积极，但稳定是其考虑的重要因素，希望投资在保证本金安全的基础上能有一定的增值收益。

3. 中庸型投资者的特点

这类投资者在投资风险偏好上处于中间状态，既不保守又不冒进，多数投资者属于这种类型。这类投资者渴望有较高的投资收益，但又不愿意承受较大的风险；可以承受一定的投资收益波动，但希望自己的投资风险小于市场的整体风险，并希望投资收益长期、稳定地增长。

4. 中庸进取型投资者的特点

这类投资者在投资上比较积极，通常为提高投资收益而采取一些行动，并愿意为此承受较大的风险。

5. 进取型投资者的特点

这类投资者在投资上是最激进的，可接受风险大而收益高的投资。最极端的是通常所说的冒险家、赌徒，往往选择有很高收益的投资，而不太在乎有很大的风险，特别是追求资本增值。

四、房地产投资的主要风险

了解房地产投资的主要风险，是做好房地产投资风险预见、识别和应对的基础。房地产投资可能遭遇的风险主要有下列 12 种。

（一）比较风险

比较风险也称为机会成本风险，是将资金投入房地产后便失去了其他投资机会所能带来的收益而给投资者带来损失。即可把投资者的其他投资机会所能带来的收益，视为一种损失。例如，将资金用于买房获取租金收入和房地产增值收益后，就失去了将该资金存入银行获取利息，或者用于购买股票、基金、债券、保险产品、黄金等获取其他收益的机会。在现今充满投资机会与风险的时代，可以说选择比努力更重要。

（二）政策风险

政策风险是政府有关房地产的金融（如信贷、货币）、财税（如增值税、所得税、契税、房产税、城镇土地使用税等房地产相关税收）、土地（如土地供应）、住房保障（如大力发展保障性住房）、房地产市场管理（如限购、限售、限价）等方面的政策措施的出台、调整或改变对房地产投资者收益目标的实现产生影响，从而给投资者带来损失。

（三）市场周期风险

市场周期风险主要是房地产市场周期变化导致房地产市场价格下降给投资者带来损失。房地产市场周期一般有繁荣、衰退、萧条和复苏4个阶段，当房地产市场从繁荣进入衰退甚至萧条时，将出现房地产市场低迷或下行、成交量减少、市场价格下跌，从而会给房地产投资者带来损失。

（四）市场波动风险

市场波动风险主要是宏观经济波动、金融风暴、经济危机等短期波动、意外波动等导致房地产成交量明显减少、价格明显下降给投资者带来损失。此外，投资所在地区的房地产市场供求关系可能发生变化导致房地产价格下降给投资者带来损失。房地产市场供求关系处于不断变化之中，而供求关系的变化会导致房地产价格波动，特别是出现供大于求时导致价格下跌，从而使房地产投资的实际收益偏离预期收益。

（五）市场利率风险

市场利率风险是市场利率可能上升给房地产投资者带来损失。利率上升会对房地产投资者产生不利影响：一是导致房地产实际价值的折损，利用升高的利率对未来现金流进行折现，会使投资项目的财务净现值减少，甚至出现负值。二是加大投资者的债务负担，如果是利用贷款购买房地产的，利率上升会使还款额增加。三是利率上升会抑制房地产市场需求，导致房地产市场价格下降。

（六）通货膨胀风险

通货膨胀风险也称为购买力风险，是指与初始投入的资金相比，投资结束时所收回资金的购买力下降给投资者带来损失。房地产投资通常要经过较长一段时间，因此只要存在通货膨胀，投资者就会面临通货膨胀风险，而现代社会一般是通货膨胀的，年通货膨胀率正常为2%左右。

（七）收益现金流风险

收益现金流风险是房地产投资项目的实际收益现金流未达到预期目标而给投资者带来损失，比如出租的租金收入未达到预期水平。这种风险产生的原因主要来自投资者自身，如投资者对市场判断的偏差、经营管理不善（如空置率高、运营成本高）等。

（八）时间风险

时间风险是房地产投资中与时间和时机的选择因素有关的风险。时间风险的含义不仅表现在选择合适的时机进入房地产市场，比如选择何时买房；还表现在对房地产持有时间的长短、房地产转售时机的选择以及转售所需时间的长短等，比如选择何时卖房。

（九）持有期风险

持有期风险是与持有房地产的时间长短有关的风险。一般来说，持有房地产的时间越长，投资者将会遇到的影响未来收益的不确定因素越多，且对这些因素的把握越困难，因此房地产投资的实际收益与预期收益之间的差异通常随着持有房地产的时间延长而加大。

（十）流动性风险

流动性风险又称变现风险，是当急于将房地产转换为现金时因不得不折价而给房地产投资者带来损失。房地产属于非现金财产，并因价值较高、各不相同、不可移动，难以在短时间内以合适的或房地产投资者期望的价格卖出。因此，当房地产投资者需要偿还债务或其他原因急需将房地产转换为现金时，通常需要一定幅度的降价，从而可能蒙受折价损失。

（十一）或然损失风险

或然损失风险是可能突发火灾、水灾、风灾、地震、病毒传播或其他偶然发生的自然灾害或意外事故给投资者带来损失。

（十二）政治风险

政治风险是投资所在地区可能发生抗议示威、社会动荡、暴力冲突、恐怖袭击、经济制裁、战争等事件给投资者带来损失。房地产由于不可移动、难以隐藏，使其投资者面临着政治风险。比如一旦发生骚乱，有可能出现打砸、抢劫店铺、民宅，不仅会破坏房屋，还可能产生人身伤害等其他风险。

五、房地产投资风险的应对

（一）房地产投资风险应对的原则

1. 针对性原则

房地产投资的类型较多、具体投资项目的情况各异，不同的房地产投资项目具有不同的特点和不同的抗风险能力。因此，对房地产投资风险的应对要有针对性，应结合不同的房地产投资项目，针对其主要（或关键）风险因素采取有效应对措施，将主要风险因素的影响降到最低。

2. 可行性原则

对房地产投资风险的应对要立足于现实，应建立在对房地产市场深入调研的基础上，采取的投资风险应对措施应是法律上允许、技术上可能、经济上可行的。就经济上可行来说，规避防范投资风险是要付出代价的，如果投资风险应对措施所需的费用大于投资风险发生可能带来的损失，则该应对措施在经济上是不可行的，一般也是无意义的。因此，应将规避防范投资风险的措施所需付出的代价与该投资风险可能带来的损失进行比较，寻求以最小的费用获得最大的风险报酬。

3. 连续性原则

房地产投资一般要经过一定过程和若干个阶段。在整个过程及其每个阶段，都会面临着多种不同的投资风险。因此，房地产投资风险应对应贯穿于投资的整个过程和各个阶段，从一开始就要有防范投资风险的意识，并采取规避防范投资风险的措施，防患于未然。

（二）房地产投资风险应对的方法

1. 风险回避

风险回避是事先对房地产投资项目进行风险分析，如果发现风险发生的可能性较大，并且其不利后果较严重，比如可能出现自己难以承受的损失、超出自己的风险承受能力，而对这些风险又没有其他更好的应对办法，只能主动放弃该项目。因此，为避免市场周期风险，不宜在市场周期的顶部（高点）买入，而应在市场周期的底部（低点）买入。风险回避是一种彻底的风险管理措施，可以在风险发生之前就消除风险带来损失的可能。但这样做，有时会失去一些投资机会。

2. 风险组合

风险组合是通过适当分散投资以达到减少投资风险的目的，即"不把所有的鸡蛋放在同一个篮子里"。根据投资者的资金实力等情况，有多种组合，比如不同用途、不同档次、不同地区（如城市内不同区域、不同城市）的房地产投资项目的组合。通过组合，使其中发生风险的损失部分能够得到其他未遭受损失且获得收益部分的补偿。例如，将资金分别投入住宅和商铺，如果商铺遭受损失，而住宅没有遭受损失，并且获得了较高收益，则住宅的收益可以补偿商铺的损失。

3. 风险控制

风险控制是在房地产投资风险发生之前采取某些措施消除或减少风险因素，降低风险发生概率，风险发生之后减小风险损失。例如，在房地产投资前进行充分的市场调研，深入了解投资对象，做到既积极又稳妥、理性投资。

4. 风险转移

风险转移是房地产投资者以某种方式将风险损失转给他人承担。在房地产投资活动中，有的风险可能会给投资者带来灾难性的损失，以投资者自己的财力难以承担，必须采用风险转移的办法将其全部或部分转移出去。例如，向保险公司投保相应的险种。再如，购买房地产出租的，可以在租赁合同中约定租金根据物价指数（CPI）进行相应调整，将通货膨胀风险转嫁给承租人；约定承租人负担所有运营费用，将经营管理风险转嫁给承租人。

5. 风险自留

风险自留是房地产投资者以自己的财力来负担未来可能发生的损失，包括自保风险和承担风险。

自保风险是预留一定数量的损失补偿资金（比如建立风险基金、预提坏账准备金），当损失发生时，利用该资金来弥补损失。自保风险适用于处理预计风险损失较大的投资风险。

承担风险是当损失发生时，直接将损失摊入成本。承担风险适用于处理预计风险损失不是很大的投资风险。

复习思考题

1. 房地产经纪人为什么要学习房地产投资及其评价知识？
2. 什么是投资？投资有哪些特征？
3. 什么是房地产投资？如何识别出房地产投资者？
4. 房地产投资者在购买房地产时关注的主要问题有哪些？
5. 房地产投资有哪些类型？
6. 什么是"以租养贷"？如何判断能否"以租养贷"？
7. 房地产投资相对于其他投资有哪些优缺点？
8. 房地产投资的一般步骤是什么？
9. 什么是资金的时间价值？资金为什么有时间价值？
10. 单利和复利的含义及其之间的区别是什么？
11. 单利计息下的利息和本利和如何计算？
12. 复利计息下的利息和本利和如何计算？
13. 名义利率和实际利率的含义及其之间的关系是什么？
14. 现值与将来值如何换算？
15. 将来值与等额年金如何换算？
16. 现值与等额年金如何换算？
17. 房地产投资项目经济评价有何作用？其步骤是什么？
18. 什么是现金流量、现金流入量、现金流出量和净现金流量？
19. 如何计算净现金流量？
20. 静态评价指标与动态评价指标的主要区别是什么？
21. 静态评价指标主要有哪些？分别如何计算及判断投资项目是否可行？
22. 动态评价指标主要有哪些？分别如何计算及判断投资项目是否可行？

23. 投资收益与投资风险的关系是什么?

24. 什么是房地产投资风险? 它有哪些特征?

25. 什么是风险偏好? 按照房地产投资者的风险偏好可将其分为哪几种类型? 各种类型投资者的特点是什么?

26. 房地产投资主要有哪些风险?

27. 如何有效应对房地产投资风险?

第七章　金融和房地产贷款

房地产交易与金融密切相关。房地产交易金额大，购买房地产特别是个人购买住房所需的资金中，除了一定的资本金（自有资金），大量需要通过贷款等融资方式解决。在卖房时，所卖房屋如果有尚未还清的抵押贷款，往往需要短期融资来付清并注销抵押登记（俗称"赎楼"）。因此，房地产经纪人要做好经纪服务，应了解相关金融知识，为房地产交易者提供贷款条件及最低首付比例、贷款利率、最高贷款额度等房地产信贷政策咨询，协助其做好购房资金预算，选择贷款方式、贷款机构、还款方式等，测算首付款、贷款金额、月还款额等，甚至提供融资建议方案、代办贷款等相关服务。为此，本章介绍金融的概念、职能和机构，货币和汇率，信用和利率，房地产贷款的概念、种类和参与者，个人购房贷款的有关术语、种类和选择，以及购房资金预算和首付款、贷款金额、月还款额、贷款余额的测算等。

第一节　金　融　概　述

一、金融的概念和职能

金融是指货币资金的融通及有关的经济活动，包括货币的发行、流通和回笼，贷款的发放和收回，存款的存入和提取，汇兑的往来以及证券交易等经济活动。金融的核心职能是"信用中介"，是国民经济的血脉，主要为经济运行筹集和分配资金，是通过金融机构（如商业银行）或金融市场（如股票市场），间接或直接地将资金从供给方（资金有余的单位和个人）传导到需求方（资金不足的单位和个人）。

房地产金融是为房地产开发、买卖、租赁等筹资、融资的经济活动。其中，住房金融是房地产金融的重要组成部分，是围绕住房建设、流通和消费过程所进行的货币流通和信用活动以及有关经济活动的总称，其目标主要是扩大住房供给和住房消费。

房地产金融的职能主要有筹集资金、融通资金和结算服务。房地产交易等经济活动涉及大量资金，需要金融发挥筹集资金的职能，发展多种信用工具或金融工具，把社会上的闲散资金归集起来，并发挥融通资金的职能，通过办理个人住房贷款等房地产贷款业务，支持房地产交易等经济活动。此外，还发挥结算服务的职能，运用多种信用工具或金融工具和结算方式，办理资金收付结算，减少现金收支量，保证房地产交易等经济活动顺畅进行。

二、中国现行金融机构体系

现代国家的金融机构体系，一般由中央银行、商业银行、政策性银行和各类非银行金融机构组成。

目前，我国由中国人民银行、国家金融监督管理总局（简称金融监管总局）、中国证券监督管理委员会（简称中国证监会）、国家外汇管理局等作为金融调控及监管机构，对金融业和金融市场进行宏观调控和监督管理。其中，中国人民银行专门行使中央银行职能，是我国的中央银行，简称央行。

金融机构是专门从事货币信用业务的社会经济活动组织，分为银行业金融机构（简称银行）和非银行金融机构。银行是以存款、贷款、结算、汇兑等业务为主要经营内容的金融机构，包括商业银行（如中国工商银行、中国农业银行、中国银行、中国建设银行、交通银行、招商银行）、政策性银行（如国家开发银行）等。非银行金融机构是指经营金融业务但通常不冠以银行名称的金融机构，如信托公司、保险公司、证券公司、基金管理公司、期货公司、金融租赁公司、金融资产管理公司、财务公司、信用担保公司、小额贷款公司、消费金融公司、典当行、互联网金融从业机构等。在金融机构中，商业银行处于主体地位，它们以营利为目的，直接面向单位和个人办理存款、贷款、结算、汇兑等金融业务。

此外，还有住房公积金管理中心，是直属城市人民政府的不以营利为目的的独立事业单位，负责住房公积金的管理运作，履行审批住房公积金的提取、使用等职责。

三、货币和汇率

（一）货币的概念和职能

在现代社会，商品和服务都是通过货币进行交换的。货币是起着一般等价物作用的特殊商品，是商品交换的媒介，可以购买任何别的商品。

货币的职能主要有4个：①价值尺度，即货币用来衡量和表现商品价值的职能；②流通手段，即货币充当商品交换媒介、促进商品交换的职能；③贮藏手段，即货币退出流通领域作为社会财富的一般代表被保存起来的职能；④支付手段，即货币作为独立的价值形式进行单方面转移（如支付价款、缴纳税费、清偿债务等）时的职能。

（二）汇率的概念和种类

货币有不同的币种，如人民币、美元、欧元、英镑、日元、港币等。不同币种的名称、货币单位、币值不同。国外和我国港澳台地区人士买卖我国内地的房地产，或者我国内地人士买卖国外和我国港澳台地区的房地产，往往涉及不同币种之间的换算或兑换。汇率是一种货币兑换另一种货币的比率，或一种货币以另一种货币表示的价格。汇率也叫汇价，是变动的，甚至是大幅波动的。

目前，我国实行的是以市场供求为基础、参考一篮子货币进行调节、有管理的浮动汇率制度。

外汇管制较严格的国家有官方汇率与市场汇率之分，且二者有差异。官方汇率也称为法定汇率，是在外汇管制较严格的国家，由政府授权的官方机构制定并公布的汇率。市场汇率是市场上买卖外汇的汇率。

从银行买卖外汇的角度，汇率分为买入汇率、卖出汇率和中间汇率。买入汇率也叫买入价，是指银行从客户买进外汇时所用的汇率。卖出汇率也叫卖出价，是指银行向客户卖出外汇时所用的汇率。买入汇率低于卖出汇率，它们的平均值即为中间汇率。

四、信用和利率

（一）信用及信用工具

1. 信用的概念

日常生活中的信用，是指能够履行跟人约定的事情而取得的信任，比如"讲信用""诚实信用"中的信用含义。在金融等经济活动中，信用通俗地说就是欠债还钱，较专业地说是以还本付息为条件的暂时让渡资本使用权的借贷行为。信用是随着商品生产和货币流通的发展而产生和发展起来的。在商品经济不发达的条件下，信用更多地采取实物借贷，表现为商品赊销、赊购；在商品经济发达的条件下，信用更多地采取货币借贷。

2. 信用的本质

信用的本质主要有下列 3 个。

（1）信用是以偿还为条件的借贷行为。偿还包括返还本金（简称还本）和支付利息（简称付息）。

（2）信用是价值单方面的让渡。一般的商品交换有同时、对等的价值往来运动，交换一完成便意味着二者关系的结束。而信用活动则与此相反，当货币或商品从其所有者转移到其需要者时，二者的信用关系才开始；只有未来全部本息偿还之后，二者关系才结束。

（3）信用关系是债权债务关系。其中，让出货币或商品的一方为授信者，也称为贷款人，处于债权人地位；接受货币或商品的一方为受信者，也称为借款人，处于债务人地位。

3. 信用的特征

信用的特征主要有下列 4 个。

（1）期限性。货币或商品的让渡有一定期限。如果没有期限，就不是信用关系，而成了赠与或占有关系。

（2）偿还性。货币或商品的有限期让渡以偿还为先决条件，即要求在信用关系结束时按一定方式返还。

（3）收益性。信用关系建立在有偿的基础之上，要求到期返还时要有一定的增值或附加额。

（4）风险性。让出货币或商品的一方仅持有债权或所有权的凭证，有到期不能收回的可能。至于到期时能否及时收回，在很大程度上取决于债务人的信誉、支付能力等。

4. 信用工具

在现代经济中，资金融通需要借助于信用工具，因此信用工具又叫金融工具，是资金供给者和资金需求者之间进行资金融通时所签发的各种具有法律效力的书面凭证。作为一种书面凭证，信用工具本身几乎无价值，但因有信用作基础，它可以兑换为现实的货币，还可以代替货币充当交换的媒介，执行流通手段和支付手段的职能。

在原始借贷活动中，借贷双方通常采用口头协议或挂账的方式达成交易。这种做法一般仅适用于借贷双方相互较了解和相距较近的情形。在发达商品经济中，因借贷双方往往不熟悉，所以一般要求在借贷时"立字为据"，作为债权债务关系的凭证。

信用工具的种类很多，一般将其分为直接信用工具（通常称为直接金融工具）和间接信用工具（通常称为间接金融工具）两类。直接信用工具是指最后贷款人与最后借款人之间直接进行融资活动所使用的金融工具，如企业直接发行的股票和债券，企业之间的商业票据等。间接信用工具是指由金融机构在最后贷款人与最后借款人之间充当媒介的融资活动中发行的金融工具，如钞票、存单、银行票据等。按金融工具的偿还期长短，可分为短期金融工具和长期金融工具。按金融工具的特点不同，可分为债券、股票、票据及其他衍生金融工具。

（二）利率的种类及影响因素

对融入资金者（借款人）来说，利率是用来衡量融资成本高低的指标。利率的概念及利息的计算，已在本书第六章第二节"资金的时间价值"中作了介绍，在此仅介绍利率的主要种类和影响利率高低的主要因素。

1. 利率的主要种类

（1）存款利率和贷款利率。存款利率是个人和单位在金融机构存款所获得的利息与其存款本金的比率。贷款利率是金融机构向个人和单位发放贷款所收取的利息与其贷款本金的比率。金融机构对个人和单位的存款要支付利息，对他们的贷款要收取利息。同一时期、相同期限的贷款利率一般高于存款利率。

（2）单利利率和复利利率。单利利率是与单利计息方式相对应的利率。复利利率是与复利计息方式相对应的利率。采用单利计算利息，具有计算简单、手续简便的优点。在利率相同的情况下，采用单利计息的利息少，采用复利计息的利息多，因此要搞清楚是单利计息还是复利计息。

（3）基准利率和市场利率。基准利率是金融市场上具有普遍参照作用的利率，其他利率水平均可根据它来确定。我国的基准利率是由中国人民银行规定的。2019 年 10 月 8 日前，个人住房贷款利率参考的是基准利率，采取基准利率上下浮动的方式确定。

市场利率是在金融市场上资金供求双方自由竞争所形成的利率，是借贷资金供求的指示器。目前，商业性个人住房贷款利率以最近一个月相应期限贷款市场报价利率（LPR）为定价基准加基点或减基点（BP）形成。加基点或减基点数值应符合全国和当地住房信贷政策要求，体现贷款风险状况，合同期限内固定不变。BP 是指基点（Basis Point），是利率改变量的度量单位。1 个基点等于 0.01%。

（4）差别利率、一般利率和优惠利率。差别利率是指针对不同的贷款种类和借款对象实行的不同利率，一般按期限、行业、客户、区域不同设置。我国商业银行的个人住房贷款利率就是实现差别利率。一般利率是金融机构按一般标准发放贷款或吸收存款所执行的利率。优惠利率是低于一般标准的贷款利率和高于一般标准的存款利率。优惠利率带有扶持和照顾的性质。

（5）固定利率和浮动利率。固定利率是在整个贷款期限内都固定不变，不随市场利率的变化而改变的利率。固定利率的最大特点是便于借款人事先掌握借款成本，也易于计算利息。在贷款期限较短和预期未来市场利率变化不大的情况下，通常采用固定利率。但是当贷款期限较长或未来市场利率变化不定时，很难预测利率变化趋势，借贷双方都可能要承担较大的利率风险，因此借贷双方一般都不愿意采用固定利率。

浮动利率也称为可变利率、可调利率，是在贷款期限内随市场利率的变化而随时调整的利率。至于调整期限和调整时依据何种市场利率为基础，由借贷双方在借款时协商约定。采用浮动利率的，借款人在计算借款成本时要复杂些，利息负担也不确定，但借贷双方承担的利率风险较小。现实中的个人购房贷款利率一般为浮动利率。

（6）名义利率和实际利率。有两种不同区分标准的名义利率和实际利率：一是在"资金的时间价值"中以利率的时间单位与计息周期是否一致来区分的名义利率和实际利率。该种实际利率是指在一个度量时期内结转一次利息的利率；而名义利率是指在一个度量时期内结转多次利息的利率。例如，一年结转一次利息的年利率就是实际利率，一年结转四次利息的年利率就是名义利率。又如，一个月结转一次利息的月利率就是实际利率，一个月结转两次利息的月利率就是名义利率。二是以是否扣除价格因素来区分的名义利率和实际利率。该种名义利率是以名义货币计算出来的利率；而实际利率是名义利率扣除了价格因素后的真实利率。在这种名义利率和实际利率中，假设 i 表示名义利率，r 表示实际利率，π 表示通货膨胀率，则其之间的数学关系有：

$$(1+i) = (1+r)(1+\pi)$$

或者

$$r = \frac{i-\pi}{1+\pi}$$

判断利率水平高低，应以实际利率为依据。当通货膨胀率高于名义利率时，实际利率为负数，称为负利率。

2. 影响利率高低的主要因素

就市场利率高低而言，影响因素主要有下列 3 个。

（1）资金供求状况。利率是资金的价格，它同任何商品的价格要受商品供求状况影响一样，要受借贷市场上资金供求状况的影响。当借贷市场上资金的供给大于需求时，利率会下降；反之，资金的供给小于需求时，利率会上升。

（2）国家宏观经济政策。目前，利率是国家管理经济的重要工具。当经济过热、物价上涨过快时，国家会实行紧缩的货币政策，提高利率，比如上调有关利率；相反，会降低利率，比如下调有关利率。

（3）预期通货膨胀率。通货膨胀会使借贷资金本金贬值，给贷款人带来损失。为了弥补这种损失，贷款人往往会在一定的预期通货膨胀率的基础上确定贷款利率，以保证其本金和实际利息不受损失。当预期通货膨胀率上升时，贷款人会提高贷款利率；反之，一般会相应下调贷款利率。

此外，借贷期限（贷款期限）的长短、借贷风险的大小（如借款人信用等）也影响利率的高低。一般来说，借贷期限越长，利率越高；借贷风险越大，利率越高。但需注意的是，《中华人民共和国民法典》第六百八十条规定："禁止高利放贷，借款的利率不得违反国家有关规定。"

第二节　房地产贷款概述

一、房地产贷款的概念

贷款一词有动词和名词两种含义。作为动词的贷款，是指贷款人（如金融机构）将资金借给借款人（需要资金的单位或个人）。作为名词的贷款，是指贷款人对借款人提供的并按照约定的利率、期限和还款方式还本付息的资金。

作为名词的房地产贷款又可从两个角度来表述：一是指贷款用途（或借款用途）是房地产的贷款，如将贷款用于买房或租房，用于房屋改造、修缮或房地产开发。二是指房地产抵押贷款，即以房地产作为抵押物发放的贷款，该贷款可能用于房地产，也可能用于其他方面，如某人将其房地产抵押给银行申请贷款用于购买汽车等个人消费，某公司将其房地产抵押给银行申请贷款用于购买原材料、生产设备等企业经营。典型的房地产贷款是上述二者兼有的贷款，即贷款既用于房地产，又以房地产作为抵押物，如常见的个人用于购买住房的贷款，通常对应的是所购住房抵押，即个人住房抵押贷款。

目前，房地产贷款通常是从第一个角度来定义的，如原中国银行业监督管理委员会2004年8月30日发布的《商业银行房地产贷款风险管理指引》的定义为："房地产贷款是指与房产或地产的开发、经营、消费活动有关的贷款。"

二、房地产贷款的主要种类

可根据不同的需要，从不同的角度对房地产贷款进行分类。

（一）按贷款对象及用途的分类

这种分类主要分为下列2类。

（1）个人房地产贷款：简称"个贷"，又可分为下列3类。

① 个人住房贷款：是指贷款人向借款人发放的用于购买、建造和大修住房的贷款。个人住房贷款按贷款用途，又可分为个人购房贷款、个人自建住房贷款和个人大修住房贷款。其中，个人购房贷款是最主要、最常见的个人住房贷款，

以至于通常所讲的个人住房贷款一般是指个人购房贷款。

②个人商业用房贷款：是指贷款人向借款人发放的用于购买、建造和大修以商业为用途的房产的贷款。

③个人住房租赁贷款：是指贷款人向借款人发放的用于支付住房租金的贷款。它属于个人消费贷款。

（2）对公类房地产贷款：是指向房地产开发企业等单位发放的房地产开发、经营的贷款，包括房地产开发贷款、商用物业抵押贷款（各家银行对此贷款的名称不尽相同）等。房地产开发贷款是指贷款人向借款人发放的用于开发、建造向市场销售、出租等用途的房地产项目的贷款。商用物业抵押贷款是银行向商用物业产权所有人或商用物业经营权人发放的，以其所拥有或正常经营的商用物业作为抵押物，主要依赖于该抵押物的经营收入作为第一还款来源的贷款。

（二）按贷款担保条件或保证方式的分类

这种分类主要分为下列2类。

（1）信用贷款：是指向借款人发放的无需提供担保的贷款，即完全凭借款人的信用，借款人不需要任何担保就可以获得贷款。

（2）担保贷款：是指以特定的财产或某人的信用作为还款保证的贷款。担保贷款按担保方式，又可分为下列3类。

①抵押贷款：是指以借款人或第三人提供的，经贷款人认可的符合规定的财产作为抵押物发放的贷款。由于房地产具有不可移动、寿命长久、保值增值、价值较高等特性，是一种良好的用于担保债务履行的财产，所以在借贷等民事活动中，债权人为保障实现其债权，通常会要求债务人或第三人将其有权处分且不属于法律法规规定不得抵押的房地产抵押给债权人。因此，在房地产贷款中抵押贷款通常是最主要的贷款形式。

房地产抵押贷款是指贷款人以借款人或第三人的房地产作为抵押物发放的贷款。在房地产抵押贷款中，借款人为债务人，贷款人为债权人；债权人同时也是抵押权人，但债务人不一定是抵押人。抵押人是指将其房地产提供给抵押权人，作为本人或第三人履行债务担保的公民、法人或其他组织；抵押权人是指接受房地产抵押作为债务人履行债务担保的公民、法人或其他组织。抵押权人通常为银行。房地产抵押可分为房屋所有权抵押、建设用地使用权抵押、预购商品房贷款抵押、在建工程抵押。其中，预购商品房贷款抵押是购房人在支付规定的首付款后，由贷款人代其支付其余的购房款，将所购商品房抵押给贷款人作为偿还贷款担保的行为。我国实行不动产登记制度，房地产抵押应向不动产登记机构办理不动产抵押登记。

② 质押贷款：是指以借款人或第三人的动产或权利作质押发放的贷款。

在抵押贷款和质押贷款中，经贷款人与借款人协商，可以一项抵押物或质押物设定最高额抵押或最高额质押，在一定限额内以此担保多笔贷款，无需多次办理抵押或质押手续。

③ 保证贷款：是指由第三人提供保证发放的贷款。保证是指保证人和债权人约定，当债务人不履行债务时，保证人按照约定履行债务或者承担责任的行为。

在贷款人认为有必要采取担保贷款的情况下，贷款人会根据借款人的具体情况，采取上述担保方式中一种或几种担保方式。

（三）按贷款利率是否调整的分类

这种分类主要分为下列两类。

（1）固定利率贷款：是在事先确定贷款利率且该利率在整个贷款期限内都固定不变的贷款。采用固定利率贷款时，整个贷款期限内的贷款利率都不受市场利率变化（包括有关利率上调或下调）的影响。当贷款人采用这种方式发放贷款时，将面临未来市场利率上升的风险。因此，贷款人为了降低利率上升的风险，通常会将贷款利率设定在一个较高的水平上。而对借款人来说，选择这种贷款方式可以确定未来的还款额，有利于做好还款计划，但要承担比目前的利率高的贷款利率。在利率进入上升趋势的情况下，适宜选择这种贷款方式，但也不排除未来市场利率有下降的可能。

（2）浮动利率贷款：是在贷款期限内贷款利率随基准利率或 LPR 的变化而适时调整的贷款。这种贷款方式虽然可以避免利率风险，但借款人难以准确预测未来的还款额，在未来利率上升快过大时甚至有可能导致还不起款。

为了既能相对固定未来的还款额，又能在一定程度上规避利率风险，出现了固定利率和浮动利率相结合的贷款。这种贷款方式是贷款利率在一定期限（如 5年、10 年）内固定不变，而在其余贷款期限内变为浮动利率。由于在整个贷款期限内利率不是完全不变的，这种贷款严格来说也是一种浮动利率贷款，只是贷款利率不及时调整。

（四）按贷款期限长短的分类

这种分类主要分为下列 3 类。

（1）短期贷款是指贷款期限在 1 年以下（含 1 年）的贷款。

（2）中期贷款是指贷款期限在 1 年以上（不含 1 年）、5 年以下（含 5 年）的贷款。

（3）长期贷款是指贷款期限在 5 年以上（不含 5 年）的贷款。

贷款期限不同，贷款利率一般不同。通常情况下，贷款期限越长，贷款利率越高。但在短期贷款主要用于满足借款人急需资金周转的情况下，贷款利率也可能较高。

三、房地产贷款的主要参与者

在房地产贷款中，主要参与者有下列 3 种。

（1）贷款当事人，即借款人和贷款人，是房地产贷款的最主要参与者。对个人购房贷款来说，借款人主要是购买住房的个人，贷款人主要是商业银行和住房公积金管理中心。

（2）有关专业服务机构，是为房地产贷款当事人提供相关专业服务的单位，主要有下列 4 种。

① 房地产经纪机构：可为房地产交易者提供房地产信贷政策咨询服务，帮助借款人测算所需贷款金额、选择贷款机构（如贷款银行）、代办贷款，为商业银行等金融机构介绍贷款客户，协助有关当事人办理不动产抵押权注销登记、抵押登记等。

② 房地产估价机构：在房地产抵押贷款中起着重要作用。抵押房地产的价值是确定抵押贷款金额的基本依据，对抵押房地产价值进行独立客观公正的评估是防范信贷风险的重要手段，商业银行等金融机构在发放抵押贷款前一般会根据有关规定，要求对抵押房地产价值进行评估，需要房地产估价机构出具房地产抵押估价报告。

③ 律师事务所：主要为房地产抵押贷款提供法律服务，如起草借款合同、抵押合同，受托签订借款合同、抵押合同，处理贷款违约的相关法律事务等。

④ 贷款日常维护服务机构：其服务内容主要包括收取还款额并转交给贷款人，向借款人发出还款通知，在贷款逾期时提醒借款人，记录贷款本金余额的变化，管理和缴纳房地产税费及保险事宜等。

（3）担保机构和保险机构，主要是担保公司、保险公司，它们通过为房地产贷款提供担保和保险，增加借款人的信用，为贷款人防范信贷风险提供保障，促进房地产贷款业务发展。

第三节 个人购房贷款概述

一、个人购房贷款有关术语

（一）首付款

首付款是以贷款或以分期付款方式购买住房时，通常按所购住房总价的一定比例，第一次所付的价款。与定金的性质不同，首付款属于对合同的履行，而定金属于为订立或履行合同所设定的担保。在现实的贷款买房中，首付款通常是购房人按所购住房总价的一定比例先交的价款（该价款不一定一次性付清，可能分期付款），其余房款向商业银行等借贷。在这种情况下，首付款一般是指除贷款金额外，购房人所需支付的价款，即：

$$首付款＝所购住房总价－贷款金额$$

因国家对购买住房通常有最低首付比例的规定，首付款不应少于按所购住房总价和最低首付比例计算出的金额，即：

$$首付款≥所购住房总价×最低首付比例$$

（二）首付比例

首付比例也称为首付款比例，是首付款占所购住房总价的百分比，即：

$$首付比例＝首付款/所购住房总价×100\%$$

通常有最低首付比例的规定。最低首付比例会根据经济和房地产市场形势等具体情况而上调或下调。因实行差别化住房信贷政策，不同购房人的最低首付比例可能不同。例如，购房人属于首次购房的，最低首付比例较低，比如为30%；属于购买第二套及以上住房的，最低首付比例较高，比如为50%。

（三）贷款额度

贷款额度也称为贷款限额，是对借款人发放贷款的最高金额。贷款人（如商业银行）通常用一些指标对借款人（如购房人）的最高贷款金额作出限制性规定，即通常有最高贷款额度的规定（可能会适时调整）。例如：①贷款金额不得超过某一最高金额，如某些地方规定住房公积金贷款的最高限额为50万元；②贷款金额不得超过按照最高贷款成数计算出的金额；③贷款金额不得超过按照最高偿还比率计算出的金额。当借款人的申请金额不超过以上所有的最高限额的，以申请金额作为贷款金额；当申请金额超过以上任一最高限额的，以其中的限额最小者作为贷款金额。

（四）贷款金额

贷款金额简称贷款额，是借款人向贷款人借款的数额。贷款金额通常为所购住房总价减去首付款后的余额，且不超过最高贷款额度。

（五）贷款利率

贷款利率是借款合同约定的贷款利率。因实行差别化住房信贷政策和"因城施策"等，不同购房人、不同地区、不同商业银行的贷款利率不尽相同。例如，购买首套住房和购买第二套住房的贷款利率有所不同。

（六）利率重定价周期

借款人申请商业性个人住房贷款时，可与商业银行协商约定利率重定价周期及调整方式，并应在借款合同中明确。利率重定价周期是指调整贷款利率的频率，即每一次调整贷款利率的时间间隔。利率重定价周期最长为借款合同期限，最短为1年。目前，约定的利率重定价周期一般为1年。

（七）利率重定价日

利率重定价日是指浮动利率贷款重新调整贷款利率的日期。一般情况下，利率重定价日为每年的1月1日，或贷款发放日对应的日期，比如贷款发放日为×月×日，则利率重定价日就是每年对应的×月×日。在利率重定价日，定价基准调整为最近一个月相应期限的贷款市场报价利率。

（八）贷款期限

贷款期限是借款人应还清全部贷款本息的期限。通常有最长贷款期限的规定，如个人住房贷款期限最长为30年。有的城市为了调控房地产市场，可能缩短贷款期限，如规定个人住房贷款期限最长不得超过25年。此外，贷款人还可能根据借款人的年龄、所购住房的房龄等，对贷款期限作出限制。

（九）还款方式

个人购房贷款一般采取分期（通常分月）还款方式，有等额本息还款、等额本金还款等多种还款方式。

等额本息还款简称等额还款，是每期的还款额都相同的还款方式，最常见的是按月等额偿还。这种还款方式又有贷款利率不变和贷款利率变动两种。贷款利率不变的等额本息还款是在整个贷款期限内按事先确定的固定利率计算每期的还款额，因此在整个贷款期限内每期的还款额是完全相同的。由于现实中的利率并非一成不变，如果利率发生了变化，则贷款人或借款人通常会要求调整贷款利率。贷款利率变动的等额本息还款是在约定的利率变化情形下，确定新的贷款利率，再用贷款利率不变的等额本息还款方式计算每期的还款额。因此，这种还款方式在贷款利率没有调整的时间段内，每期的还款额是相同的；当贷款利率调整后，按新的贷款利率计算的新的每期还款额是相同的。通常是如果遇到贷款利率调整，将按照约定的利率重定价周期，从利率重定价日起，需重新计算每月还款额。

等额本金还款也称为等本不等息还款，是每期偿还的本金都相同的还款方式，它是将贷款金额（本金）在整个贷款期限内均分（等额本金），再加上上期剩余本金的当期利息，形成一个当期还款额。因此，由于剩余本金越来越少，相应的利息也就越来越少，这种还款方式的每期还款额是递减的，即第一期的还款额最多，之后逐期减少，越还越少。

（十）分期还款额

分期还款额是分期还款的贷款中借款人每期应偿还贷款的数额。在个人住房贷款中，通常采取按月还款方式，因此分期还款额通常为月还款额，是借款人每月应偿还贷款的数额。为了适应借款人多方面的需要，目前市场上出现了每两周为一期的还款方式，称为"双周供"。

（十一）贷款价值比

贷款价值比也称为贷款与价值比率、抵押率、贷款成数，是贷款金额占抵押房地产价值的比率。通常有最高贷款价值比的规定，如贷款金额最高不得超过抵押房地产价值的80%。现实中，抵押房地产价值通常采用抵押房地产的评估价或成交价、计税价，或者评估价、成交价和计税价中的最小值。其中的评估价，一般由具有相应资质的房地产估价机构评估确定。

（十二）偿还比率

在个人住房贷款中，偿还比率通常为借款人的月还款额占其同期家庭月收入的比率，俗称"月供收入比"。在发放贷款时，通常将偿还比率作为衡量贷款申请人偿债能力的一个重要指标，并规定一个最高比率，如将该比率控制在30%以内，即给予借款人的最高贷款金额不使其月还款额超过其家庭月收入的30%。例如，某家庭的月收入为10 000元，最高偿还比率为30%，则该家庭的月还款额不应超过3 000元。如果该家庭购房的贷款期限为20年，贷款年利率为6%，按月等额偿还贷款，则还可计算出该家庭的最高贷款金额。

金融监管部门要求将借款人住房贷款的月房产支出与收入比控制在50%以下（含50%），月所有债务支出与收入比控制在55%以下（含55%）。

$$月房产支出与收入比 = \frac{本次贷款的月还款额 + 月物业管理费}{月均收入}$$

$$月所有债务支出与收入比 = \frac{本次贷款的月还款额 + 月物业管理费 + 其他债务月均偿付额}{月均收入}$$

上述月房产支出与收入比、月所有债务支出与收入比计算公式中提到的收入，是指贷款申请人自己的可支配收入，即单一申请为申请人本人的可支配收入，共同申请为主申请人和共同申请人的可支配收入。但对于单一申请的贷款，如果商业银行考虑将申请人配偶的收入计算在内，则应先予以调查核实，同时对于已将配偶收入计算在内的贷款也应相应地把配偶的债务一并计入。

（十三）贷款余额

贷款余额是分期还款的贷款在经过一段时期的还款之后尚未偿还的贷款本金数额。

（十四）提前还款

提前还款是借款人在约定的全部贷款到期日前将全部或部分贷款余额归还给贷款人的行为。如果是部分提前还款，通常会导致贷款期限缩短或剩余贷款期限内月还款额减少，或者二者兼而有之。贷款人通常在借款合同中对提前还款作出特殊规定，例如：①要求借款人在一定期限内不能提前还款，否则产生违约金；②要求借款人提前10日或30日提出提前还款书面申请；③部分提前还款的金额必须是1万元的整数倍或不小于3个月的还款额；④整个还款期内提前还款次数不得超过3次；⑤按照一定比例或数额收取手续费或罚金。

（十五）展期和缩期

展期是借款人在贷款期限届满前与贷款人协商，在原贷款期限的基础上延长贷款期限。但延长后的总贷款期限不得超过贷款人规定的最长贷款期限。展期后借款人的月还款额会相应减少。

缩期是借款人在贷款期限届满前与贷款人协商，在原贷款期限的基础上缩短贷款期限。一般有两种情况：一是借款人提前归还部分贷款余额，在保持月还款额不变时会导致剩余贷款期限缩短；二是借款人未提前还款，而是单纯申请缩短贷款期限，此种情况会导致剩余贷款期限内月还款额增加。

展期和缩期有可能导致实际贷款期限适用利率档次发生变化。对此，一般的做法是：自贷款期限调整之日起，贷款利率按调整后的实际贷款期限所对应的利率档次执行，但贷款期限调整前已计收的利息不予追溯调整。

二、个人购房贷款的种类

个人购房贷款除了可按本章第二节"房地产贷款的主要种类"中的贷款担保条件、贷款利率是否调整、贷款期限长短进行分类，还有一些其他分类。

（一）购买存量住房贷款和购买新建住房贷款

这是按个人购房贷款所购买的住房类型进行的分类。购买新建住房贷款又可分为购买新建商品住房贷款、购买经济适用住房等政策性住房贷款等。

（二）商业性贷款、公积金贷款和组合贷款

这是按个人购房贷款的资金来源或贷款方式进行的分类。商业性贷款全称商业性个人住房贷款，简称商贷，是商业银行等贷款人以营利为目的发放的个人住房贷款。公积金贷款全称住房公积金个人住房贷款，是住房公积金管理中心运用住房公积金，委托商业银行发放的个人住房贷款。组合贷款简称组合贷，是借款人所需的资金先尽量申请公积金贷款，不足部分申请商业性贷款，即贷款金额由公积金贷款金额和商业性贷款金额两部分组成的个人住房贷款。

商业性贷款、公积金贷款和组合贷款3种贷款方式各有优势和劣势，在贷款利率高低、贷款额度大小、放款速度快慢、贷款手续繁简等方面有所不同。例如，公积金贷款利率比商业性贷款利率低，组合贷款平均下来的贷款利率比公积金贷款利率高，而比商业性贷款利率低。

此外，还有公转商贴息贷款，是符合公积金贷款条件的职工，由商业银行按照住房公积金管理中心审批的公积金贷款额度，先行发放商业性贷款，由住房公积金管理中心按月给予利差补贴，待住房公积金管理中心资金宽裕时，再将商业性贷款置换转为公积金贷款。

（三）首套住房贷款和非首套住房贷款

这是按差别化住房信贷政策进行的分类。首套住房贷款也称为首次购房贷款，是指居民家庭购买第一套住房的贷款。非首套住房贷款是指居民家庭购买第二套及以上住房的贷款。

由于实行差别化住房信贷政策，首套住房贷款的最低首付比例较低，贷款利率也较低，甚至享有贷款利率优惠。例如，购买首套住房的，最低首付比例可低至25%，商业性个人住房贷款利率可低至相应期限LPR减20个基点；购买第二套及以上住房的，最低首付比例不得低于40%，商业性个人住房贷款利率不得低于相应期限LPR加60个基点。另外，人民银行省一级分支机构应按照"因城施策"原则，指导各省级市场利率定价自律机制，在国家统一的信贷政策基础上，根据当地房地产市场形势变化，确定辖区内各城市首套和二套商业性个人住房贷款利率加点下限。

三、个人购房贷款有关选择

购房人在选择了所购买的住房、准备贷款时，通常会面临贷款金额、贷款方式、贷款机构、贷款期限、还款方式等选择。

（一）贷款金额的选择

这是做好购房资金预算后，购房人的自有资金支付按最低首付比例测算的首付款后有多余，在此情况下贷款金额是多一些还是少一些的选择。由于贷款要付利息，且贷款越多、利息越多，所以在购房人的自有资金没有较好的投资渠道或投资收益率低于贷款利率的情况下，宜选择少贷款；反之，宜选择多贷款。此外，多贷款可以减轻首付款压力，但未来的月还款额多、压力大。因此，如果为了减轻当前的首付款压力，可选择多贷款；而如果为了减轻未来的月还款压力，则可选择少贷款。

（二）贷款方式的选择

这主要是在商业性贷款、公积金贷款和组合贷款三者之间进行选择，考虑的因素主要有4个：①是否符合相应的贷款条件；②贷款利率高低；③所需贷款金额；④贷款资金急迫程度。

因公积金贷款利率较低，在符合公积金贷款条件并能满足贷款资金急迫程度等其他条件的情况下，全部贷款金额应优选公积金贷款。但公积金贷款额度一般较小，如果全部用公积金贷款，则需要支付较多的首付款。例如，购买一套总价为150万元的住房，最低首付比例为30%，最低首付款为45万元，公积金贷款额度为60万元，如果全部用公积金贷款，则首付款需要90万元，而不是45万元。因此，全部用公积金贷款虽然贷款利率较低，但首付款压力大，适合所购住房总价不大或自有资金较多的情况。

全部用商业性贷款因贷款利率较高、相同贷款金额下的月还款额多、还款压力大，对购房人的收入要求高，适合不能用公积金贷款，或公积金贷款、组合贷款的放款速度较慢，卖房人又要求尽快拿到房款的情况。

组合贷款在相同贷款金额下的月还款额比商业性贷款的月还款额少，但贷款办理时间通常较长，在没有足够的自有资金支付首付款，又不能全部用公积金贷款，且能满足卖房人回款要求的情况下，应优选组合贷款。

（三）贷款机构的选择

发放个人住房贷款的商业银行有多家，各家银行的贷款条件（如对借款人的经济收入、信用状况、首付比例等的要求，有的严，有的松）、贷款利率（有的高，有的低）、贷款额度（有的大，有的小）、贷款期限（有的长，有的短）、放款速度（有的快，有的慢）、贷款手续（有的繁琐，有的简便，或有的办理时间长，有的办理时间短）、还款方便程度（有的很方便，有的不够方便）、提前还款规定（有的可提前还款，有的不可提前还款，或对提前还款的客户收取违约金）等可能有所不同，甚至差异较大。例如，从贷款利率考虑，不同银行的贷款利率不尽相同，有的为 LPR，有的高于 LPR 但低于 LPR 加 60 个基点，有的高于 LPR 加 60 个基点，购房人在同等条件下可重点考虑贷款利率最低的银行。因此，购房人不仅要从多家银行中选择既能满足自己贷款金额、时间等需求又经济实惠的银行，还应考虑日后还款的便利程度、服务优劣等因素。

（四）贷款期限的选择

这是在购房人的最长贷款期限内，是贷款期限长一些还是短一些的选择。购房人的最长贷款期限主要取决于 3 个因素：①法定最长贷款期限，如为 30 年。②借款人的年龄，如贷款期限不超过法定退休年龄，或男性最高可贷款至 65 周岁，女性最高可贷款至 60 周岁。在男性最高可贷款至 65 周岁的情况下，实际上是"（借款人年龄＋贷款期限）≤65"。③所购住房的房龄，如在住宅使用寿命为 50 年的情况下，规定"（房龄＋贷款期限）≤50"。购房人的最长贷款期限是在上述几种贷款期限中根据"取短不取长"原则确定的。

【例 7-1】某购房人现年 45 周岁，所购住房的房龄为 25 年。法定个人住房贷款期限最长为 30 年，贷款银行规定"借款人年龄＋贷款期限"不超过 65 年，"房龄＋贷款期限"不超过 50 年。请测算该人住房贷款的最长贷款期限。

【解】该人住房贷款的最长贷款期限测算如下：

（1）法定个人住房贷款期限最长为 30 年；

（2）由借款人年龄测算的最长贷款期限＝65－45＝20（年）；

（3）由房龄测算的最长贷款期限＝50－25＝25（年）；

根据"取短不取长"原则，该人住房贷款的最长贷款期限为 20 年。

得知购房人的最长贷款期限后，选择具体的贷款期限主要是考虑购房人对月还款额的承受能力。以等额本息还款方式为例，在贷款金额和贷款利率都相同的情况下，贷款期限越长，月还款额会越少；反之，月还款额会越多。因此，如果月收入相对较低、月还款额压力较大，则贷款期限宜长一些。不过，因贷款期限长短不同，贷款利率通常不同，如果月收入较高，还款意愿较强，在还款能力满足贷款条件下，应选择较短贷款期限（如 5 年以下），这样可降低融资成本。此外，贷款期限越长，总的利息会越多。但是，如果未来可以提前还款，在目前还款能力有限的情况下，为稳妥起见，也可先选择贷款期限长一些，待将来有较大还款能力时，如果不想多支付利息，可以提前还款。

（五）还款方式的选择

借款人虽然可根据自己的需要选择还款方式，但一笔贷款通常只能选择一种还款方式，且借款合同签订后一般不能更改。个人购房贷款因贷款金额大、贷款期限长，一般选择分期还款方式，最常见的有按月等额本息还款、按月等额本金还款两种。

按月等额本息还款因每月的还款额相同，可以有计划地安排家庭收入的支出，便于家庭根据自己的收入情况确定还款能力，还便于记住月还款额，还款压力均衡，较适合预期收入变化不大或目前有一定积蓄及预期收入有所增加的借款人。

按月等额本金还款因每月的还款额是递减的，较适合目前收入较高、还款能力较强或预期收入可能逐渐减少的借款人。

在贷款金额、贷款期限、贷款利率相同的情况下，按月等额本息还款的利息支出较多；按月等额本金还款在初期的每月还款额较多。

每月的还款额可拆分为本金和利息。在按月等额本息还款下，每月的还款额中本金和利息所占比例都在发生变化，本金所占比例逐月上升，利息所占比例逐月下降。在按月等额本金还款下，每月偿还的本金相同，利息逐月下降。

第四节　个人购房贷款有关测算

一、个人购房资金预算

打算购房后，先要做好购房资金预算，特别是盘算首付款来源，至少要凑够首付款，最好还要留足购房所需缴纳的契税、印花税、不动产登记费等交易税费，以及首次所需交纳的物业费、入住前的装修费等。此外，需要贷款买房的，还要考虑家庭月收入所能负担的月还款额。

首付款宜来源于自有资金，主要包括：①现金；②可提取资金，如提取银行存款、住房公积金等；③可变现有价证券，如卖出或赎回股票、基金、债券等；④可变现房产，如出售现有住房；⑤可收回他人借款，如要求他人偿还借款；⑥亲属资助款，如父母可资助的购房款等。

目前，住房需求从以首套、刚性需求为主转变为以改善性需求为主，且住房总价更高，多数购房人需将现有住房出售以获得部分购房资金，再添加其他资金来购买住房。在此情况下，需考虑资金缺口（出售住房所得价款与购房所需资金的差距），并做好资金衔接。资金衔接方面考虑的因素有"先卖后买""先买后卖"以及一卖一买之间的时间差。充分考虑短期市场变化，为稳妥起见，宜先卖后买，与买家协商晚些交房，或者租房周转。但在有自己特别喜欢的住房可买时，也可先买后卖，并要考虑到短期融资的可能性及可能的高利息，以及为了较快卖掉现有住房可能的降价。

二、首付款的测算

需要测算的首付款通常有两种：①购房人最少需要支付的首付款（简称最少首付款或最低首付款）；②购房人最多能够支付的首付款（简称最多首付款）。

（一）最少首付款的测算

测算最少首付款，需要知道拟购住房的总价和购房人的最低首付比例，或者拟购住房的面积、单价和购房人的最低首付比例。测算公式为：

$$最少首付款＝住房总价×最低首付比例$$
$$＝住房面积×单价×最低首付比例$$

【例 7-2】某套住房的建筑面积为 125m², 单价为 8 000 元/m², 购房人的最低首付比例为 30%。请测算该人的首付款最少为多少万元。

【解】该人的最少首付款测算如下：

$$最少首付款＝住房面积×单价×最低首付比例$$
$$＝125×0.8×30\%$$
$$＝30（万元）$$

此外，在已知购房人目前最多可支付多少首付款的情况下，将其最多可支付的首付款作为最少首付款，可测算其能购买的住房总价为多少。测算公式为：

$$能购买的住房总价＝最少首付款÷最低首付比例$$

进一步，如果知道购房人拟购买的住房单价，还可知道其能购买的住房最大面积；或者知道其拟购买的住房面积，还可知道其能购买的住房最高单价。

【例 7-3】某人想购买一套住房，筹集的首付款最多为 30 万元，该人的最低首付比例为 30%。请测算该人能购买的住房总价为多少万元。如果拟购买的住房单价为 8 000 元/m², 该人能购买的住房最大面积为多少；如果拟购买的住房面积为 100m², 该人能购买的住房最高单价为多少。

【解】该人能购买的住房总价测算如下：

$$能购买的住房总价＝最少首付款÷最低首付比例$$
$$＝30÷30\%$$
$$＝100（万元）$$

该人能购买的住房最大面积测算如下：

$$能购买的住房最大面积＝住房总价÷住房单价$$
$$＝100÷0.8$$
$$＝125（m^2）$$

该人能购买的住房最高单价测算如下：

$$能购买的住房最高单价＝住房总价÷住房面积$$
$$＝1\ 000\ 000÷100$$
$$＝10\ 000（元/m^2）$$

（二）最多首付款的测算

最多首付款是指购房人根据自己的支付能力，最多能够拿出多少资金用于支付购房的首付款。因此，这里的最多首付款测算，是在考虑购房人支付能力的情况下，测算其最多首付款。

购房人打算购房后，通常需要准备购房资金。购房人最多能够拿出的购房资金，称为最多购房预算资金。考虑到购房时不仅需要支付首付款，还需要缴纳有关税费、支付经纪服务佣金，最多购房预算资金不能全部用于首付款，要从中预留一部分用于缴纳有关税费和支付佣金（以下统称购房税费预留款）。因此，最多首付款等于最多购房预算资金减去购房税费预留款，即：

$$最多首付款＝最多购房预算资金－购房税费预留款$$

购房税费预留款可根据拟购买的住房总价乘以购房人所需交纳的税费率（如契税、印花税以及佣金。如果卖方要求的是净得价，则还应包括应由卖方缴纳的增值税、个人所得税等）来估算，即：

$$购房税费预留款＝住房总价×购房人的税费率$$

测算出了最少首付款和最多首付款后，从理论上讲，只有在最多首付款大于等于最少首付款的情况下才能买房。但在现实中，有时出现在最多首付款不足以支付最少首付款的情况下，客户还想要购买其看中的房屋，特别是那些收入较高或预期收入增长较快但目前积蓄不多的年轻人或年轻家庭。例如，某个客户看中了一套总价为150万元的住房，其最低首付比例为25%，据此测算的最少首付款为37.5万元，但该客户目前手头只有25万元，还缺12.5万元。在这种情况下，不能通过个人住房贷款或消费贷、信用卡透支等方式借款，只能通过合法方式（如亲友资助）来解决最少首付款问题。因为首付款应是自有资金，且严禁房地产经纪机构等各类机构通过提供"首付贷"（"首付款贷款"）或采取"首付分期"等方式，违规为炒房人垫付或变相垫付首付款。

此外，由上可知购房人的实际首付款应大于等于最少首付款（＝住房总价×最低首付比例），小于等于住房总价，即：

$$住房总价×最低首付比例≤实际首付款≤住房总价$$

三、贷款金额的测算

（一）贷款金额的基本测算公式

购房总价款通常由首付款和贷款金额两部分组成。二者的数量关系是"跷跷板"的关系：首付款多，贷款金额就少；首付款少，贷款金额就多。因此，贷款金额的基本测算公式为：

$$贷款金额＝住房总价－首付款$$

因购房人可以不贷款，所以理论上贷款金额可以为零。但由于许多购房人的支付能力有限，在其现有资金不足以在购房时一次性付清全部购房款的情况下，就需要贷款，从而产生了最少贷款金额问题。同时由于有最低首付比例的规定，还产生了最多贷款金额问题。因此，贷款金额的测算通常需要测算购房人的最少贷款金额和最多贷款金额。

此外，因贷款金额又由公积金贷款金额和商业性贷款金额两部分组成，所以通常还要测算公积金贷款和商业性贷款的贷款金额。

（二）最少贷款金额的测算

最少贷款金额为拟购买的住房总价减去最多首付款（但不得少于最少首付款），测算公式为：

$$最少贷款金额＝住房总价－最多首付款$$

【例 7-4】某套住房的总价为 100 万元，购房人的最低首付比例为 30％，购房人最多可支付的首付款为 40 万元。请测算该购房人的最少贷款金额为多少万元。

【解】该购房人的最少贷款金额测算如下：

$$最少贷款金额＝住房总价－最多首付款$$
$$＝100－40$$
$$＝60（万元）$$

（三）最多贷款金额的测算

最多贷款金额有购房人需要贷多少和贷款机构最多贷给多少两种。购房人需要的最多贷款金额测算公式为：

$$最多贷款金额＝住房总价－最少首付款$$
$$＝住房总价×（1－最低首付比例）$$

【例 7-5】某套住房的总价为 100 万元，购房人的最低首付比例为 30％。请测算该购房人的最多贷款金额为多少万元。

【解】该购房人的最多贷款金额测算如下：

$$最多贷款金额＝住房总价－最少首付款$$
$$＝100-100×30\%$$
$$＝70（万元）$$

因有贷款额度的限制，不是购房人想贷多少款就能贷多少款的，通常需要结合有关规定和购房人的具体情况，测算贷款机构可以给购房人发放的最多贷款金额。

此外，可知购房人的实际贷款金额大于等于零，小于等于最多贷款金额（＝住房总价×（1－最低首付比例））和贷款额度二者中较少者，即：

$$0≤实际贷款金额≤住房总价×（1-最低首付比例）及贷款额度中较少者$$

【例7-6】某人购买一套总价为110万元的住房，首付款为40万元。该住房的抵押贷款评估价为105万元，最高贷款价值比为70%，当地公积金贷款额度为50万元，根据该人的月房产支出与收入比（或偿还比率、月所有债务支出与收入比）测算的贷款额度为75万元。请求取该人的最高贷款额度以及公积金贷款金额、商业性贷款金额。

【解】有关已知条件和测算如下：

(1) 由住房评估价决定的贷款额度＝105×70%＝73.5（万元）

(2) 由借款人收入决定的贷款额度＝75（万元）

(3) 公积金贷款额度＝50（万元）

(4) 所需贷款金额＝110－40＝70（万元）

(5) 公积金贷款金额＝公积金贷款额度＝50（万元）

(6) 商业性贷款金额＝所需贷款金额－公积金贷款金额
$$＝70-50＝20（万元）$$

由上可知，该人的最高贷款额度是由住房评估价和借款人收入决定的贷款额度中的较小者，即为73.5万元，其中公积金贷款额度为50万元；该人所需贷款金额为70万元，其中公积金贷款金额为50万元，商业性贷款金额为20万元。

四、月还款额的测算

（一）按月等额本息还款的月还款额测算

按月等额本息还款的月还款额等于以贷款金额为现值测算的年金，测算公式为：

$$A=P\frac{i(1+i)^n}{(1+i)^n-1}$$

式中　A——月还款额；

　　P——贷款金额；

　i——贷款月利率；

　n——按月测算的贷款期限。

　　【例7-7】某家庭购房贷款100万元，贷款年利率为5％，贷款期限为15年，采用按月等额本息还款方式还款。请测算该家庭的月还款额。

　　【解】已知：贷款金额 $P=1\,000\,000$ 元，贷款月利率 $i=5\%/12$，按月测算的贷款期限 $n=15\times12=180$ 月

　　该家庭的月还款额测算如下：

$$A = P\frac{i(1+i)^n}{(1+i)^n-1}$$

$$= 1\,000\,000\times\frac{5\%/12\times(1+5\%/12)^{180}}{(1+5\%/12)^{180}-1}$$

$$= 7\,908(元)$$

　　（二）按月等额本金还款的月还款额测算

　　按月等额本金还款的月还款额等于每月应归还的本金加上上月剩余本金的当月利息。每月应归还的本金等于贷款金额（本金）除以按月测算的贷款期限。因此，月还款额的测算公式为：

$$A_t = \frac{P}{n} + \left[P - \frac{P}{n}(t-1)\right]i$$

式中　A_t——第 t 个月的还款额；

　　　P——贷款金额；

　　　n——按月测算的贷款期限；

　　　i——贷款月利率。

　　【例7-8】某家庭购房贷款100万元，贷款年利率为5％，贷款期限为15年，采用按月等额本金还款方式还款。请测算该家庭第1个月和最后1个月的还款额。

　　【解】已知：贷款金额 $P=1\,000\,000$ 元，贷款月利率 $i=5\%/12$，按月测算的贷款期限 $n=15\times12=180$ 月

　　该家庭第1个月的还款额测算如下：

$$A_1 = \frac{P}{n} + Pi$$

$$= \frac{1\,000\,000}{180} + 1\,000\,000\times5\%/12$$

$$= 9\,722(元)$$

该家庭最后 1 个月的还款额测算如下：

$$A_{180} = \frac{P}{n} + \left[P - \frac{P}{n} \ (t-1) \right] i$$

$$= \frac{1\,000\,000}{180} + \left[1\,000\,000 - \frac{1\,000\,000}{180} \ (180-1) \right] \times 5\%/12$$

$$= 5\,579 \ (\text{元})$$

五、贷款余额的测算

（一）等额本息还款方式的贷款余额测算

等额本息还款方式的贷款余额可采用将未来年金转换为现值的公式测算，即贷款余额等于以后月还款额的现值之和，测算公式为：

$$P_m = A \frac{(1+i)^{n-m} - 1}{i(1+i)^{n-m}}$$

式中 P_m——贷款余额；

m——按月测算的已偿还期。

【例 7-9】在例 7-7 中，假设该家庭已按月等额本息还款方式偿还了 5 年。请测算该家庭的贷款余额。

【解】已知：月还款额 $A = 7\,908$ 元，按月测算的贷款期限 $n = 180$ 月，按月测算的已偿还期 $m = 5 \times 12 = 60$ 月

该家庭的贷款余额测算如下：

$$P_m = A \frac{(1+i)^{n-m} - 1}{i \ (1+i)^{n-m}}$$

$$= 7\,908 \times \frac{(1+5\%/12)^{180-60} - 1}{5\%/12 \times \ (1+5\%/12)^{180-60}}$$

$$= 745\,577 \ (\text{元})$$

（二）等额本金还款方式的贷款余额测算

等额本金还款方式的贷款余额为：

$$P_m = P \ (1 - m/n)$$

式中 P_m——贷款余额；

m ——按月测算的已偿还期。

【例 7-10】在例 7-8 中，假设该家庭已按月等额本金还款方式偿还了 5 年。请测算该家庭的贷款余额。

【解】已知：贷款金额 $P = 1\,000\,000$ 元，按月测算的贷款期限 $n = 180$ 月，按月测算的已偿还期 $m = 5 \times 12 = 60$ 月

该家庭的贷款余额测算如下：

$$P_m = P\,(1 - m/n)$$
$$= 1\,000\,000 \times\,(1 - 60/180)$$
$$= 666\,667\,(\text{元})$$

复习思考题

1. 房地产经纪人为什么要了解相关金融知识？

2. 金融、房地产金融和住房金融的概念是什么？它们之间有何异同？

3. 金融和房地产金融的职能主要有哪些？

4. 金融机构的含义及银行与非银行金融机构的区别是什么？

5. 住房公积金管理中心在居民购买住房中有何重要作用？

6. 什么是货币？它有哪些职能？各职能的含义是什么？

7. 什么是汇率？它有哪些种类？

8. 什么是信用？它有哪些特征？

9. 信用工具和金融工具的含义和作用是什么？主要有哪些工具？

10. 利率主要有哪些种类？它们的含义是什么？

11. 影响利率高低的因素主要有哪些？

12. 什么是房地产贷款？它有哪些种类？

13. 固定利率贷款和浮动利率贷款各有什么优缺点？适用于何种情况下的贷款？

14. 房地产贷款中的主要参与者有哪些？各起什么作用？

15. 个人住房贷款的种类有哪些？

16. 公积金贷款、商业性贷款和组合贷款各有什么优缺点，在实际中如何选择？

17. 首付比例、贷款价值比、贷款期限、贷款额度等个人住房贷款中的术语主要有哪些？它们的含义是什么？

18. 首付款与定金、预付款有何不同？

19. 个人住房贷款中的选择主要有哪些？在选择时主要考虑哪些因素？

20. 个人住房贷款的还款方式主要有哪些？各有什么特点及其适用情形？

21. 如何帮助客户做好购房资金预算?

22. 首付款如何测算?

23. 贷款金额如何测算?

24. 等额本息还款方式的月还款额、贷款余额如何测算?

25. 等额本金还款方式的月还款额、贷款余额如何测算?

第八章 法律和消费者权益保护

房地产交易是标的金额大的不动产交易。该种交易本身以及为该种交易提供专业服务的经纪活动，会涉及许多法律问题。在房地产经纪活动中，房地产经纪人既要知法（知道依法不得做什么、应当做什么、可以做什么），又要守法；既要依法维护作为经纪服务对象的房地产出卖人、购买人、出租人、承租人等交易当事人的合法权益，又要依法维护自身的合法权益。因此，房地产经纪人要做好经纪服务，应了解相关法律特别是民事法律知识和规定。为此，本章介绍中国现行法律体系，法律的适用范围，法律适用的基本原则，以及消费者权益和个人信息保护法律法规的有关内容和规定。将在下一章中专门介绍民法典的有关内容和规定。而直接涉及房地产交易的城市房地产管理法、广告法等法律法规的有关内容和规定，在《房地产交易制度政策》一书中介绍。

第一节 中国现行法律体系

中国现行法律体系包括宪法、法律、行政法规、地方性法规、自治条例、单行条例、规章等。

一、宪法

中国现行宪法是 1982 年制定、后经多次修改的《中华人民共和国宪法》，简称 1982 年宪法。

宪法是国家的根本法，具有最高的法律地位、法律权威、法律效力，是国家各项制度和法律法规的总依据。公民的基本权利和义务是宪法的核心内容。全国各族人民、一切国家机关和武装力量、各政党和各社会团体、各企业事业组织，都必须以宪法为根本的活动准则。

二、法律

中国的法律有广义和狭义之分。广义的法律是指由立法机关或国家机关制定，并由国家政权保证执行的行为规则的总和，包括宪法、法律、行政法规、地方性法规、自治条例、单行条例、规章等各类法律规范。狭义的法律是指全国人民代表大会及其常务委员会制定的法律。

如果没有特别指出，一般所称法律是指狭义的法律，又分为基本法律和其他法律。基本法律是指全国人民代表大会制定的法律，如《中华人民共和国民法典》《中华人民共和国个人所得税法》《中华人民共和国企业所得税法》等。其他法律是指全国人民代表大会常务委员会制定的法律，如《中华人民共和国城市房地产管理法》《中华人民共和国土地管理法》《中华人民共和国广告法》《中华人民共和国消费者权益保护法》《中华人民共和国个人信息保护法》《中华人民共和国契税法》等。

三、行政法规

行政法规是指国务院根据宪法和法律，按照法定程序制定的有关行使行政权力，履行行政职责的法律规范的总称。行政法规一般以条例、办法、实施细则、规定等形式发布，如《城市房地产开发经营管理条例》《建设工程质量管理条例》《住房公积金管理条例》《不动产登记暂行条例》《物业管理条例》《中华人民共和国增值税暂行条例》等。

四、地方性法规、自治条例和单行条例

地方性法规、自治条例和单行条例主要包括：

（1）省、自治区、直辖市的人民代表大会及其常务委员会制定的地方性法规，如北京市人民代表大会常务委员会制定的《北京市住房租赁条例》。

（2）设区的市的人民代表大会及其常务委员会对城乡建设与管理、生态文明建设、历史文化保护、基层治理等方面的事项制定的地方性法规。

（3）自治州的人民代表大会及其常务委员会制定的地方性法规。

（4）经济特区所在地的省、市的人民代表大会及其常务委员会根据全国人民代表大会的授权决定，制定的在经济特区范围内实施的法规。

（5）民族自治地方（自治区、自治州、自治县）的人民代表大会依照当地民族的政治、经济和文化的特点，制定的自治条例和单行条例。

五、规章

规章也称为行政规章，是指国家机关制定的关于行政管理的法律规范，分为国务院部门规章和地方政府规章。

国务院部门规章通常简称部门规章，是指国务院各部、委员会、中国人民银

行、审计署和具有行政管理职能的直属机构制定的法律规范，如住房和城乡建设部、国家发展和改革委员会、人力资源和社会保障部联合制定的《房地产经纪管理办法》，住房和城乡建设部制定的《商品房屋租赁管理办法》，原建设部制定的《城市商品房预售管理办法》《商品房销售管理办法》《已购公有住房和经济适用住房上市出售管理暂行办法》《城市房地产转让管理规定》《城市房地产抵押管理办法》，国家工商行政管理总局制定的《房地产广告发布规定》，自然资源部制定的《不动产登记暂行条例实施细则》。

地方政府规章是指省、自治区、直辖市和设区的市、自治州的人民政府制定的法律规范。

第二节　法律的适用范围

本节以及下节所称法律是指广义的法律。法律的适用范围即法律的效力范围，包括法律在时间上的适用范围、在空间上的适用范围、对人的适用范围。

一、法律在时间上的适用范围

法律在时间上的适用范围是指法律在什么时间范围内适用，包括法律的生效和失效两个方面。一般来说，法律的效力自施行之日发生，至废止之日停止。例如，《中华人民共和国民法典》（简称《民法典》）自2021年1月1日起施行，即从该日起，《民法典》发生法律效力，以后发生的民事事实和行为应依照《民法典》的规定；对该日之前发生的民事事实和行为，《民法典》不发生法律效力，即没有溯及力，但这些民事事实和行为在2021年1月1日后仍处于延续状态的，可以适用《民法典》的规定。

法律开始生效的时间通常有两种情况：一是自法律公布之日起生效；二是法律公布后经过一段时间再生效。大多数法律开始生效的时间属于第二种情况，其原因是在公布后需留出一定的时间供人们学习、准备。例如，《中华人民共和国城市房地产管理法》（简称《城市房地产管理法》）公布之日是1994年7月5日，自1995年1月1日起施行；《房地产经纪管理办法》公布之日是2011年1月20日，自2011年4月1日起施行；《商品房屋租赁管理办法》公布之日是2010年12月1日，自2011年2月1日起施行。

二、法律在空间上的适用范围

法律在空间上的适用范围也称为法律的地域效力范围，是指法律在什么空间领域内适用。制定法律的机关不同，法律适用的地域范围有所不同，大体上有两种情况：一是宪法、法律、行政法规、部门规章适用于全国，即在中华人民共和国领域内都适用；二是凡属地方立法机关或地方国家机关制定的地方性法规、自治条例、单行条例、地方政府规章，只在该机关管辖的行政区域范围内发生效力。

三、法律对人的适用范围

法律对人的适用范围是指法律对哪些人具有效力。在各国的法律实践中，一般有以下两种主要的处理原则：一是属人主义，即不论某人是身处国内还是国外，只要该人具有本国国籍即适用本国的法律。二是属地主义，即以地域为标准确定法律对人的约束力，凡是在本国管辖区域内的人，不论其国籍是本国还是外国，均受本国法律的管辖。例如，《民法典》规定："中华人民共和国领域内的民事活动，适用中华人民共和国法律。法律另有规定的，依照其规定。"该条主要采用属地主义，即在中华人民共和国领域内的民事活动，一般来说都得适用我国法律。该条同时规定，如果法律另有规定的，则依照其规定。其中最为重要的是涉外民事关系的法律适用问题。关于涉外民事关系的法律适用，《中华人民共和国涉外民事关系法律适用法》规定："当事人依照法律规定可以明示选择涉外民事关系适用的法律。"

第三节　法律适用的基本原则

法律适用的基本原则是指不同法律之间对同一事项的规定不一致时，应当适用其中哪一法律的基本规则。根据《中华人民共和国立法法》的有关规定，一般遵循"上位法优于下位法""特别法优于一般法""新法优于旧法""法不溯及既往"等原则进行处理。

一、上位法优于下位法原则

该原则是指不同位阶的法律之间发生冲突时，即在效力较高的法律与效力较低的法律相冲突的情况下，应适用效力较高的法律。在中国，宪法具有最高的法律效力，一切法律、行政法规、地方性法规、自治条例和单行条例、规章都不得同宪法相抵触。法律的效力仅次于宪法，高于行政法规、地方性法规、规章。行政法规的效力次于宪法和法律，高于部门规章、地方政府规章、地方性法规。地方性法规的效力高于本级和下级地方政府规章。省、自治区的人民政府制定的规章的效力高于本行政区域内设区的市、自治州的人民政府制定的规章。自治条例和单行条例依法对法律、行政法规、地方性法规作变通规定的，在本自治地方适用自治条例和单行条例的规定。经济特区法规根据授权对法律、行政法规、地方性法规作变通规定的，在本经济特区适用经济特区法规的规定。部门规章之间、部门规章与地方政府规章之间具有同等效力，在各自的权限范围内施行。

地方性法规与部门规章之间对同一事项的规定不一致，不能确定如何适用时，由国务院提出意见，国务院认为应当适用地方性法规的，应当决定在该地方适用地方性法规的规定；认为应当适用部门规章的，应当提请全国人民代表大会常务委员会裁决；部门规章之间、部门规章与地方政府规章之间对同一事项的规定不一致时，由国务院裁决。

二、特别法优于一般法原则

该原则是指同一机关制定的法律、行政法规、地方性法规、自治条例、单行条例、规章，特别规定与一般规定不一致的，适用特别规定。例如，《民法典》规定："其他法律对民事关系有特别规定的，依照其规定。"具体来说，对因物的归属和利用产生的民事关系，《民法典》物权编和《城市房地产管理法》《中华人民共和国土地管理法》《中华人民共和国文物保护法》等许多法律都有一些规定，但《民法典》作为一般法，《城市房地产管理法》等其他法律作为特别法，《中华人民共和国城市房地产管理法》等其他法律的特别规定应优先适用。

三、新法优于旧法原则

该原则是指同一事项已有新法施行时，旧法自然不再适用。具体来说，同一机关制定的法律、行政法规、地方性法规、自治条例、单行条例、规章，在旧的规定仍然具有合法效力的情况下，新的规定与旧的规定不一致的，适用新的规定。也就是说，新法优于旧法的前提是新法和旧法都具有合法效力。如果新法施行之日起，旧法同时废止，则不存在新法和旧法选择适用的问题。

而如果同一机关制定的新的一般规定与旧的特别规定不一致时，则由制定机关裁决。

四、法不溯及既往原则

法是否溯及既往，是指新的法律施行后，对它生效之前发生的事实和行为是否适用。如果不适用，则没有溯及力。具体来说，法律、行政法规、地方性法规、自治条例、单行条例、规章一般不溯及既往，但为了更好地保护自然人、法人和其他组织的权利和利益而作的特别规定时，可以溯及既往。例如，在《民法典》施行前成立的合同，根据当时的法律应当认定为无效，而根据《民法典》应当认定为有效或者可撤销的，应当适用《民法典》的规定。

第四节 消费者权益及个人信息保护

为了保护消费者的合法权益，维护社会经济秩序，促进社会主义市场经济健康发展，1993 年 10 月 31 日全国人民代表大会常务委员会通过了《中华人民共和国消费者权益保护法》（简称《消费者权益保护法》），自 1994 年 1 月 1 日起施行。此后，该法作了多次修改。为了保护个人信息权益，规范个人信息处理活动，促进个人信息合理利用，2021 年 8 月 20 日全国人民代表大会常务委员会通过了《中华人民共和国个人信息保护法》（简称《个人信息保护法》），自 2021 年 11 月 1 日起施行。

一、消费者及消费者权益的概念

根据《消费者权益保护法》，消费者是指为生活消费需要而购买、使用商品或者接受服务的自然人。根据最高人民法院的有关规定，符合条件的商品房购买人也是消费者，其权益受《消费者权益保护法》的保护。此外，在商品房和二手房买卖、租赁等交易中接受房地产经纪服务的自然人，也属于《消费者权益保护法》所指的消费者。因此，对房地产经纪机构来说，消费者就是接受其服务的客户，包括委托其提供经纪服务的房地产出卖人、购买人、出租人、承租人等。房地产经纪机构和房地产经纪从业人员应遵守《消费者权益保护法》，维护接受经纪服务的房地产出卖人、购买人、出租人、承租人等的合法权益。

消费者权益是指消费者在为生活消费需要购买、使用商品或者接受服务的消费活动中，依法享有的权利及权利受到保护时给消费者带来的应得利益，其核心是消费者的权利。

二、消费者的权利

《消费者权益保护法》规定了消费者享有安全保障、真情知悉、自主选择、公平交易等九项权利。

（一）安全保障权

消费者在购买、使用商品和接受服务时，享有人身、财产安全不受损害的权利。消费者有权要求经营者提供的商品和服务，符合保障人身、财产安全的要求。

（二）真情知悉权

消费者享有知悉其购买、使用的商品或者接受的服务的真实情况的权利。消费者有权根据商品或者服务的不同情况，要求经营者提供商品的价格、产地、生产者、用途、性能、规格、等级、主要成分、生产日期、有效期限、检验合格证明、使用方法说明书、售后服务，或者服务的内容、标准、费用等有关情况。

（三）自主选择权

消费者享有自主选择商品或者服务的权利。消费者有权自主选择提供商品或者服务的经营者，自主选择商品品种或者服务方式，自主决定购买或者不购买任何一种商品，自主决定接受或者不接受任何一项服务。消费者在自主选择商品或者服务时，有权进行比较、鉴别和挑选。

（四）公平交易权

消费者享有公平交易的权利。消费者在购买商品或者接受服务时，有权获得质量保障、价格合理、计量正确等公平交易条件，有权拒绝经营者的强制交易行为。

（五）获得赔偿权

消费者因购买、使用商品或者接受服务受到人身、财产损害的，享有依法获得赔偿的权利。

（六）得到尊重权

消费者在购买、使用商品和接受服务时，享有人格尊严、民族风俗习惯得到尊重的权利，享有个人信息依法得到保护的权利。

（七）依法结社权

消费者享有依法成立维护自身合法权益的社会组织的权利。在我国，维护消费者合法权益的社会组织主要指消费者协会。其中，中国消费者协会是依法成立的对商品和服务进行社会监督的保护消费者合法权益的全国性社会组织。各地依法成立的消费者协会是对商品和服务进行社会监督的保护消费者合法权益的区域性社会组织。消费者协会依法履行一些保护消费者合法权益的职责，例如：受理消费者的投诉，并对投诉事项进行调查、调解；就损害消费者合法权益的行为，支持受损害的消费者提起诉讼或者依照《消费者权益保护法》提起诉讼；对损害消费者合法权益的行为，通过大众传播媒介予以揭露、批评。

（八）获得知识权

消费者享有获得有关消费和消费者权益保护方面的知识的权利。

（九）监督批评权

消费者享有对商品和服务以及保护消费者权益工作进行监督的权利。消费者有权检举、控告侵害消费者权益的行为和国家机关及其工作人员在保护消费者权益工作中的违法失职行为，有权对保护消费者权益工作提出批评、建议。

三、经营者的义务

经营者是指向消费者提供商品或者服务的法人、其他经济组织和个人。《消费者权益保护法》从保护消费者合法权益的需要出发，针对消费者的权利，规定了经营者应履行守法诚信、接受监督、保证消费者安全、真实信息告知、真实标识等十项义务。

（一）守法诚信义务

经营者向消费者提供商品或者服务，应当依照《消费者权益保护法》和其他有关法律、法规的规定履行义务；恪守社会公德，诚信经营，保障消费者的合法权益；不得设定不公平、不合理的交易条件，不得强制交易。经营者和消费者有约定的，应当按照约定履行义务，但双方的约定不得违背法律、法规的规定。

（二）接受监督义务

经营者应当听取消费者对其提供的商品或者服务的意见，接受消费者的监督，包括对经营者提供商品或服务的合法性、价格合理性等进行全方位监督。

（三）保证消费者安全义务

经营者应当保证其提供的商品或者服务符合保障人身、财产安全的要求，对可能危及人身、财产安全的商品和服务，应当向消费者作出真实的说明和明确的警示，并说明和标明正确使用商品或者接受服务的方法以及防止危害发生的方法。经营者发现其提供的商品或者服务存在缺陷，有危及人身、财产安全危险的，应当立即向有关行政部门报告和告知消费者，并采取停止销售、警示、召回、无害化处理、销毁、停止生产或者服务等措施。

（四）真实信息告知义务

经营者向消费者提供有关商品或者服务的质量、性能、用途、有效期限等信息，应当真实、全面，不得作虚假或者引人误解的宣传。经营者对消费者就其提供的商品或者服务的质量和使用方法等问题提出的询问，应当作出真实、明确的答复。经营者提供商品或者服务应当明码标价。例如，房地产经纪机构提供代办贷款等其他服务时，应向委托人如实说明服务内容、收费标准等情况。

（五）真实标识义务

经营者以及租赁他人柜台或者场地的经营者，应当标明其真实名称和标记。

例如，房地产经纪机构及其分支机构应在其经营场所醒目位置公示营业执照和备案证明文件等资料。

（六）出具凭证单据义务

经营者提供商品或者服务，应当按照国家有关规定或者商业惯例向消费者出具发票等购货凭证或者服务单据；消费者索要发票等购货凭证或者服务单据的，经营者必须出具。

（七）质量保证义务

经营者应当保证消费者在正常使用商品或者接受服务的情况下，有权获得其提供的商品或者服务应当具有的质量、性能、用途和有效期限；但消费者在购买该商品或者接受该服务前已经知道其存在瑕疵，且存在该瑕疵不违反法律强制性规定的除外。经营者以广告、产品说明、实物样品或者其他方式表明商品或者服务的质量状况的，应当保证其提供的商品或者服务的实际质量与表明的质量状况相符。

（八）售后服务义务

经营者提供的商品或者服务不符合质量要求的，消费者可以依照国家规定、当事人约定退货，或者要求经营者履行更换、修理等义务。

（九）禁止以告示等方式免责

经营者在经营活动中使用格式条款的，应当以显著方式提醒消费者注意商品或者服务的数量和质量、价款或者费用、履行期限和方式、安全注意事项和风险警示、售后服务、民事责任等与消费者有重大利害关系的内容，并按照消费者的要求予以说明。经营者不得以格式条款、通知、声明、店堂告示等方式，作出排除或者限制消费者权利、减轻或者免除经营者责任、加重消费者责任等对消费者不公平、不合理的规定，不得利用格式条款并借助技术手段强制交易。格式条款、通知、声明、店堂告示等含有上述内容的，其内容无效。

（十）禁止侵犯消费者人身权

经营者不得对消费者进行侮辱、诽谤，不得搜查消费者的身体及其携带的物品，不得侵犯消费者的人身自由。经营者收集、使用消费者个人信息，应当遵循合法、正当、必要的原则，明示收集、使用信息的目的、方式和范围，并经消费者同意；应当公开其收集、使用规则，不得违反法律、法规的规定和双方的约定收集、使用信息。经营者及其工作人员对收集的消费者个人信息必须严格保密，不得泄露、出售或者非法向他人提供。经营者应当采取技术措施和其他必要措施，确保信息安全，防止消费者个人信息泄露、丢失。经营者未经消费者同意或者请求，或者消费者明确表示拒绝的，不得向其发送商业性信息。

四、消费者权益争议的解决

《消费者权益保护法》规定，消费者和经营者发生消费者权益争议的，可以通过以下5个途径解决：①与经营者协商和解；②请求消费者协会或者依法成立的其他调解组织调解；③向有关行政部门投诉；④根据与经营者达成的仲裁协议提请仲裁机构仲裁；⑤依法向人民法院提起诉讼。

五、消费者个人信息保护

《个人信息保护法》对个人信息权益保护、信息处理者的义务以及主管机关的职责作了全面规定。在信息化、数字化、网络化高度发展的背景下，个人与信息处理者之间存在明显的信息鸿沟，个人为了获得相应的信息服务，不得不对外大量提供个人信息，但无法知晓个人信息如何处理，时常发生个人信息买卖的违法事件，对个人财产安全和人身安全产生严重威胁。

国家市场监督管理总局修改后的《侵害消费者权益行为处罚办法》（2020年10月23日根据国家市场监督管理总局令第31号修订）规定，消费者个人信息是指经营者在提供商品或者服务活动中收集的消费者姓名、性别、职业、出生日期、身份证件号码、住址、联系方式、收入和财产状况、健康状况、消费情况等能够单独或者与其他信息结合识别消费者的信息。经营者收集、使用消费者个人信息，应当遵循合法、正当、必要的原则，明示收集、使用信息的目的、方式和范围，并经消费者同意。经营者不得有下列行为：①未经消费者同意，收集、使用消费者个人信息；②泄露、出售或者非法向他人提供所收集的消费者个人信息；③未经消费者同意或者请求，或者消费者明确表示拒绝，向其发送商业性信息。

房地产经纪机构及房地产经纪人掌握了大量的客户（消费者）个人信息，要重视和加强客户个人信息保护工作，严格按照《个人信息保护法》等法律法规的规定，做好客户个人信息的收集、存储、使用、加工、传输、提供、公开、删除等工作，不得非法买卖、提供或者公开客户个人信息；不得从事危害国家安全、公共利益的个人信息处理活动。

复 习 思 考 题

1. 房地产经纪人为什么要学习有关法律知识和规定？
2. 中国现行法律体系是如何构成的？

3. 什么是法律的适用范围？有哪几种法律的适用范围？

4. 搞清楚法律的适用范围有何意义？

5. 法律适用的基本原则有哪些？各项原则的含义是什么？

6. 搞清楚法律适用的基本原则有何意义？

7. 什么是《消费者权益保护法》所讲的消费者和消费者权益？

8. 《消费者权益保护法》规定的消费者的权利有哪些？

9. 《消费者权益保护法》规定的经营者的义务有哪些？

10. 现实中有哪些房地产经纪行为是损害消费者权益的？

11. 消费者权益争议解决的途径有哪几种？

12. 房地产经纪机构及从业人员为何要及如何保护消费者个人信息？

第九章　民法典有关内容和规定

房地产交易活动以及为其提供专业服务的经纪活动，均是平等的民事主体之间进行的民事活动。在房地产经纪活动中，房地产经纪人应保障房地产交易合法、安全，并促成公平交易。因此，房地产经纪人要做好经纪服务，应了解相关民事法律知识和规定，以保证房地产交易及其经纪服务行为合法有效，避免产生有关纠纷，防范出现法律风险。为了保护民事主体的合法权益，调整民事关系，维护社会和经济秩序，适应中国特色社会主义发展要求，弘扬社会主义核心价值观，2020 年 5 月 28 日全国人民代表大会通过了《中华人民共和国民法典》，自 2021 年 1 月 1 日起施行。本章介绍民法典总则编以及物权编、合同编、婚姻家庭编、继承编的有关内容和规定。

第一节　民法典总则编

民法典总则编规定了民事活动的基本原则、民事主体的权利义务、民事法律行为、民事责任等法律制度。

一、民事法律关系

民事法律关系是平等主体之间的权利和义务关系，根据权利义务所涉及的内容性质的不同，分为两大类，一是人身关系，二是财产关系。

人身关系是指民事主体之间基于人格和身份而形成的无直接物质利益因素的民事法律关系，包括人格关系（如生命权、健康权、姓名权、名誉权、荣誉权、肖像权、隐私权等）和身份关系（如婚姻、亲属、监护等）。

财产关系是指民事主体之间基于物质利益而形成的具有经济内容的民事法律关系，包括静态的财产支配关系（如所有权关系）和动态的财产流转关系（如债权债务关系）。就财产关系所涉及权利的内容来说，财产关系包括物权关系、债权关系等。

二、民事活动的基本原则

根据《民法典》规定，民事主体参加民事活动应当遵循平等原则、自愿原则、公平原则、诚信原则、守法和公序良俗原则、绿色原则。

（一）平等原则

《民法典》规定：“民事主体在民事活动中的法律地位一律平等。”平等原则是指民事主体，不论自然人、法人还是非法人组织，不论自然人的职务、职业、性别、年龄、民族、种族、宗教信仰、受教育程度、贫富等，不论法人的所有制性质、单位性质、行政级别、行政权力、规模大小、经济实力等，不论非法人组织经营什么业务等，在从事民事活动时，相互之间在法律地位上都是平等的，其合法权益受到法律的平等保护。贯彻平等原则，要求民事主体在从事民事活动时不得将自己的意志强加给对方，在进行交易时必须在平等协商的基础上达成交易协议，当事人一方利用优势地位强加给另一方的不公平的“霸王条款”无效，从而实现公平交易。

（二）自愿原则

《民法典》规定：“民事主体从事民事活动，应当遵循自愿原则，按照自己的意思设立、变更、终止民事法律关系。”自愿原则也称为意思自治原则，是指民事主体有权根据自己的意愿，自愿从事民事活动，按照自己的意思自主决定民事法律关系的内容及其设立、变更和终止，自觉承受相应的法律后果。自愿原则在合同订立上体现得尤为明显，只要不违反法律、行政法规的强制性规定，当事人在明辨利弊的基础上达成一致订立合同，合同便成立并相应发生法律效力，受到法律保护。

（三）公平原则

《民法典》规定：“民事主体从事民事活动，应当遵循公平原则，合理确定各方的权利和义务。”公平原则要求民事主体在从事民事活动时要公平对待，按照公平观念行使权利、履行义务，特别是对于双方民事法律行为，双方之间的权利和义务应当对等，不能一方只享有权利而不承担义务，也不能双方之间享受的权利和义务相差悬殊。公平原则的这种要求在《民法典》合同编中得到充分体现。例如，《民法典》合同编规定：“采用格式条款订立合同的，提供格式条款的一方应当遵循公平原则确定当事人之间的权利和义务，并采取合理的方式提示对方注意免除或者减轻其责任等与对方有重大利害关系的条款，按照对方的要求，对该条款予以说明。提供格式条款的一方未履行提示或者说明义务，致使对方没有注意或者理解与其有重大利害关系的条款的，对方可以主张该条款不成为合同的内容。"并规定，提供格式条款一方不合理地免除或者减轻其责任、加重对方责任、限制对方主要权利的条款无效。

此外，恶意串通损害他人利益，利用他人处于危困状态、缺乏判断能力等情形而进行的显失公平的民事行为，都是违反公平原则的。公平原则在财产性质的民事活动中的体现，即是等价有偿。当事人在从事有偿转移财产等民事活动中要进行等价交换，取得权利应向对方履行相应的义务，包括：①在从事转移财产的民事活动中，一方取得的财产与其履行的义务在价值上应是大致相等的；②在合同关系中，当事人的权利和义务一般应是对等的；③一方给另一方造成损害的，一般应给予另一方相当于其因此所受到的损失的赔偿。

（四）诚信原则

《民法典》规定："民事主体从事民事活动，应当遵循诚信原则，秉持诚实，恪守承诺。"诚信原则要求所有民事主体在从事任何民事活动时，包括行使民事权利、履行民事义务、承担民事责任时，都要秉持诚实、善意，信守自己的承诺。民事主体无论在与他人建立民事法律关系之前、之中、之后，都必须始终贯彻诚信原则，按照诚信原则的要求善意行事。例如，在着手与他人订立合同前，应如实告知交易方自己的相关信息，表里如一，不弄虚作假；在订立合同后，当事人应当遵循诚信原则，并根据合同的性质、目的和交易习惯履行通知、协助、保密等义务。

（五）守法和公序良俗原则

《民法典》规定："民事主体从事民事活动，不得违反法律，不得违背公序良俗。""处理民事纠纷，应当依照法律；法律没有规定的，可以适用习惯，但是不得违背公序良俗。"公序良俗是指公共秩序（包括社会公共利益、社会经济秩序等）和善良习俗（包括社会公共道德等）。守法和公序良俗原则要求民事主体在从事民事活动时不得违反各种法律的强制性规定，不违背公共秩序和善良习俗。

（六）绿色原则

《民法典》规定："民事主体从事民事活动，应当有利于节约资源、保护生态环境。"《民法典》合同编规定："当事人在履行合同过程中，应当避免浪费资源、污染环境和破坏生态。"绿色原则也称为生态文明原则，其目的是规范和引导民事主体节约资源、保护生态环境、促进人与自然和谐发展。

三、民事主体

（一）民事主体的概念

民事主体是指参与民事关系，享有民事权利和承担民事义务的"人"，包括自然人、法人和非法人组织。

民事主体是民事关系的参与者、民事权利的享有者、民事义务的履行者和民事责任的承担者。

（二）自然人

1. 自然人的概念

自然人就是生物学意义上的人，即通常意义上的人。民法上使用自然人这个概念，主要是与法人相区别。自然人不仅包括中国公民（即具有中华人民共和国国籍的自然人），还包括我国领域内的外国人和无国籍人。

2. 自然人的民事权利能力

民事权利能力是指民事主体享有民事权利、承担民事义务的法律资格。自然人的民事权利能力一律平等，且始于出生，终于死亡，即自然人从出生时起到死亡时止，具有民事权利能力。民事权利能力仅是一种享有民事权利、承担民事义务的资格。具有这种资格的主体要享有实际的权利及承担相应的义务，还必须通过实施一定的行为参加到某一具体的法律关系中。

3. 自然人的民事行为能力

民事行为能力是指民事主体独立参与民事活动，以自己的行为取得民事权利或承担民事义务的法律资格。民事行为能力与民事权利能力不同，民事权利能力是民事主体从事民事活动的前提，民事行为能力是民事主体从事民事活动的条件。所有的自然人都有民事权利能力，但不一定都有民事行为能力。《民法典》根据自然人辨认能力的不同，将自然人的民事行为能力分为下列 3 种。

（1）完全民事行为能力人。18 周岁以上的自然人为成年人，具有完全民事行为能力。16 周岁以上的未成年人，以自己的劳动收入为主要生活来源的，视为完全民事行为能力人。完全民事行为能力人具有健全的辨识能力，可以独立进行民事活动。

（2）限制民事行为能力人。8 周岁以上的未成年人和不能完全辨认自己行为的成年人，为限制民事行为能力人。限制民事行为能力人只能独立实施纯获利益的民事法律行为或者与其智力、精神健康状况相适应的民事法律行为，实施其他民事法律行为需由其法定代理人代理或经其法定代理人同意、追认。

（3）无民事行为能力人。不满 8 周岁的未成年人和不能辨认自己行为的成年人，为无民事行为能力人。无民事行为能力人应当由其法定代理人代理实施民事法律行为。

由上可知，对于签订房屋买卖合同这种重要的民事行为，限制民事行为能力人和无民事行为能力人都不能直接以自己的名义签订，应由其法定代理人代为签订。在实践中，为谨慎起见，要仔细核对当事人身份证件原件及有关信息，确认其年龄是否满 18 周岁，除 16 周岁以上不满 18 周岁能够证明自己为完全民事行为能力人外，凡是不满 18 周岁的，房屋买卖合同必须由其法定代理人代为签订。

4. 监护

监护是弥补无民事行为能力人和限制民事行为能力人的民事行为能力不足的法律制度，目的在于依法对其人身权利、财产权利以及其他合法权益进行监督和保护。依法进行保护和监督的人是监护人，监护人必须具有完全民事行为能力；被保护和监督的人是被监护人，包括两类：一是未成年人，二是无民事行为能力和限制民事行为能力的成年人。

未成年人的监护人是其父母；父母均已死亡或没有监护能力的，由以下有监护能力的人按顺序担任监护人：①祖父母、外祖父母；②兄、姐；③其他愿意担任监护人的个人或组织，但须经未成年人住所地的居民委员会、村民委员会或民政部门同意。

无民事行为能力或限制民事行为能力的成年人，由以下有监护能力的人按顺序担任监护人：①配偶；②父母、子女；③其他近亲属；④其他愿意担任监护人的个人或组织，但须经被监护人住所地的居民委员会、村民委员会或民政部门同意。

（三）法人

法人是法律上拟制的人，是一种社会组织，包括企业法人、机关法人、事业单位法人、社会团体法人等。法律基于社会现实的需要，对符合一定条件的组织赋予法人资格，便于这些组织独立从事民事活动。

法人的民事权利能力和民事行为能力从其成立时产生，到其终止时消灭。法人的机关代表法人从事民事活动，由此产生的一切法律后果由法人承担。法人的机关是指根据法律和法人章程的规定，能够对外代表法人从事活动的个人或集体。法人的法定代表人以及法人依法设立的其他机构，如公司董事会、经过授权能够对外代表公司行为的董事、执行总裁等，都可以作为法人的机关。

法人可以设立分支机构，分支机构不能作为独立的、完整的民事权利主体，但可根据法人章程、决议等的授权从事法人的部分业务。法人的分支机构分为领取了营业执照和未领取营业执照两种。领取了营业执照的分支机构可以自己的名义对外从事法律行为；未领取营业执照的分支机构不得以自己的名义独立从事民事活动，只能以法人的名义订约。在诉讼上，领取了营业执照的分支机构可以作为独立的诉讼主体，以自己的名义起诉、应诉；未领取营业执照的分支机构只能以法人的名义起诉、应诉。在责任承担方面，领取了营业执照的分支机构可先以自己的财产承担责任，不足部分再由其所属法人承担；未领取营业执照的分支机构应由其所属法人承担责任。

（四）非法人组织

非法人组织是指不具有法人资格但能以自己的名义从事民事活动的组织，包括个人独资企业、合伙企业、不具有法人资格的专业服务机构（如不具有法人资格的律师事务所、会计师事务所）等。

非法人组织具有民事权利能力和民事行为能力，可依法以自己的名义从事民事活动，能够享有并行使民事权利，承担民事义务，可确定一人或数人代表该组织从事民事活动。但与法人不同的是，非法人组织不能独立承担民事责任，其民事责任最终由其出资人或设立人承担无限责任。

四、民事权利

（一）民事权利的概念

民事权利是民法赋予民事主体在具体的民事法律关系中实施或不实施一定行为，或者要求他方实施或不实施一定行为的权利。

（二）民事权利的种类

根据民事权利的内容和性质，民事权利分为人身权利和财产权利。

在人身权利方面，《民法典》规定："自然人的人身自由、人格尊严受法律保护。""自然人享有生命权、身体权、健康权、姓名权、肖像权、名誉权、荣誉权、隐私权、婚姻自主权等权利。"在现代信息社会，个人信息保护尤其重要，《民法典》对此单列一条规定："自然人的个人信息受法律保护。任何组织和个人需要获取他人个人信息的，应当依法取得并确保信息安全，不得非法收集、使用、加工、传输他人个人信息，不得非法买卖、提供或者公开他人个人信息。"为了保护个人信息权益，规范个人信息处理活动等，我国还专门制定了《中华人民共和国个人信息保护法》，规定："任何组织、个人不得非法收集、使用、加工、传输他人个人信息，不得非法买卖、提供或者公开他人个人信息；不得从事危害国家安全、公共利益的个人信息处理活动。"

在财产权利方面，《民法典》规定："民事主体的财产权利受法律平等保护。"并规定民事主体依法享有物权、债权、知识产权、股权和其他投资性权利，自然人依法享有继承权。

（三）民事权利的取得

民事权利的取得是指民事主体依据合法的方式为其获得民事权利。《民法典》规定，民事权利可以依据以下方式取得：①民事法律行为；②事实行为；③法律规定的事件；④法律规定的其他方式。例如，订立合同是民事法律行为，合同当事人可以通过订立合同取得合同约定的民事权利。被继承人死亡是法律规定的事件，法定继承人可以根据法律规定继承遗产。

（四）民事权利的行使

民事主体按照自己的意愿依法行使民事权利，不受干涉。这是自愿原则在民事权利行使中的体现。民事主体行使权利时，应当履行法律规定的义务和当事人约定的义务，不得滥用民事权利损害国家利益、社会公共利益或他人合法权益。

五、民事法律行为和代理

（一）民事法律行为

1. 民事法律行为的概念

民事法律行为是指民事主体通过意思表示设立、变更、终止民事法律关系的行为。例如，签订房地产经纪服务合同、房屋买卖合同、房屋租赁合同等。民事法律行为的核心要素是意思表示，民事主体之间主要通过意思表示来体现自己的意图，实现民事权利义务关系设立、变更、终止的目的。没有意思表示，就没有民事法律行为。

意思表示是指民事主体为了追求一定民法上的效果而将其内心意思通过一定方式表达于外部的行为。意思表示中的"意思"是指设立、变更、终止民事法律关系的内心意图，"表示"是指将内心意思以适当方式向适当对象表示出来的行为。任何意思表示都是通过语言、文字、行为等一定外在表现形式体现出来的，而这些外在表现形式与表达意思人的内心真实意思表示是否一致，通常因表达意思人的表达能力或表达方式的不同而出现差异，或者因意思表示不清楚、不明确，从而导致在现实生活中不同的人对意思表示可能产生不同的理解，甚至产生争议。《民法典》规定，有相对人的意思表示的解释，应当按照所使用的词句，结合相关条款、行为的性质和目的、习惯以及诚信原则，确定意思表示的含义。有相对人的意思表示是指向特定对象作出的意思表示，是最普遍的，如订立合同的要约和承诺的意思表示。需要注意的是，不是任何单位和个人都可以对意思表示作出有权解释，只有人民法院或仲裁机构对意思表示作出的解释才是有权解释，才会对当事人产生法律约束力。

2. 民事法律行为的形式

民事法律行为可采用书面形式、口头形式或其他形式实施；法律、行政法规规定或当事人约定采用特定形式（如书面形式）的，应采用特定形式。例如，《城市房地产管理法》规定房地产转让、房屋租赁、房地产抵押应签订书面合同。

3. 民事法律行为的效力

民事法律行为包括合法的法律行为，以及无效、可撤销、效力待定的法律行为。《民法典》规定有效的民事法律行为应同时具备下列条件：①行为人具有相应的民事行为能力；②意思表示真实；③不违反法律、行政法规的强制性规定；④不违背公序良俗。某些特殊的民事法律行为除应具备上述条件外，还应符合其他特别的条件才能生效，如房地产买卖合同、房屋租赁合同应采用书面形式。

《民法典》规定下列民事法律行为无效：①无民事行为能力人实施的；②行为人与相对人以虚假的意思表示实施的；③行为人与相对人恶意串通，损害他人合法权益的；④违反法律、行政法规的强制性规定的；⑤违背公序良俗的。

《民法典》规定下列民事法律行为可撤销：①限制民事行为能力人实施的民事法律行为（除纯获利益的或者与其年龄、智力、精神健康状况相适应的民事法律行为外），在被法定代理人追认前，善意相对人有撤销的权利；②基于重大误解实施的民事法律行为，行为人有权请求人民法院或者仲裁机构予以撤销；③一方以欺诈手段，使对方在违背真实意思的情况下实施的民事法律行为，受欺诈方有权请求人民法院或者仲裁机构予以撤销；④第三人实施欺诈行为，使一方在违背真实意思的情况下实施的民事法律行为，对方知道或者应当知道该欺诈行为的，受欺诈方有权请求人民法院或者仲裁机构予以撤销；⑤一方或者第三人以胁迫手段，使对方在违背真实意思的情况下实施的民事法律行为，受胁迫方有权请求人民法院或者仲裁机构予以撤销；⑥一方利用对方处于危困状态、缺乏判断能力等情形，致使民事法律行为成立时显失公平的，受损害方有权请求人民法院或者仲裁机构予以撤销。

无效的或被撤销的民事法律行为自始没有法律约束力。民事法律行为部分无效，不影响其他部分效力的，其他部分仍然有效，比如租赁期限超过 20 年的合同，定金超过合同总价款 20％的合同。民事法律行为无效、被撤销或确定不发生效力后，行为人因该行为取得的财产，应当予以返还；不能返还或没有必要返还的，应当折价补偿。有过错的一方应当赔偿对方由此所受到的损失；各方都有过错的，应当各自承担相应的责任。

（二）代理

1. 代理的概念

《民法典》规定："民事主体可以通过代理人实施民事法律行为。"代理是指代理人在代理权限内，以被代理人名义实施民事法律行为，其法律效果直接归属于被代理人的行为。例如，甲授权乙代理其出售或购买房屋，乙以甲的名义与丙订立房屋买卖合同，由此产生的出售或购买房屋的权利义务，直接由甲承受。在代理法律关系中存在以下 3 个主体：①被代理人，又称本人；②代理人，即代理他人实施民事法律行为的人；③相对人，又称第三人，即与代理人实施民事法律行为的人。上述房屋出售或购买代理关系中，甲是被代理人（本人），乙是代理人，丙是相对人或第三人。

设立代理制度的主要目的，是解决某些民事主体因其时间、精力有限或受相关专业知识和经验等的限制，本人难以或不能亲自实施民事法律行为的问题。

2. 代理的类型

根据代理权产生依据的不同，代理分为下列两类。

（1）委托代理：是指按照被代理人的委托来行使代理权的代理。其中的代理人称为委托代理人。委托代理又可分为以下 3 种：①单独代理，是指只有一个代理人或者数个代理人对同一个代理权可以单独行使的代理。②共同代理，是指数个代理人共同行使一项代理权的代理。③转委托代理，也称为复代理。转委托是指为了被代理人的利益需要，代理人把一部分或全部受托事项再委托给其他人办理。例如，甲授权乙代理其出售房屋，乙因出国办事，经甲同意后转委托给丙出售。在该代理法律关系中，甲为被代理人，乙为委托代理人，丙为复代理人。

（2）法定代理：是指依照法律的规定来行使代理权的代理，主要是为无民事行为能力人和限制民事行为能力人行使权利、承担义务而设立的制度。在法定代理中，代理人称为法定代理人。

3. 代理权的取得

委托代理中的代理权需要通过民事法律行为方式取得，即被代理人要向代理人作出授权的意思表示。委托代理授权可以采用书面形式、口头形式或其他形式；法律、行政法规规定或当事人约定采用特定形式的，应当采用特定形式。其中，书面形式是最主要的授权形式，称为授权委托书。授权委托书应载明代理人的姓名或名称、代理事项、代理权限和代理期间，并由被代理人签名或盖章。代理权分为两类：一是特别代理权，是指被代理人授权代理人为其处理一项或一类特定民事法律行为，如授权代理人为其出售或出租房屋。二是概括代理权，又称一般代理、全权代理，是指被代理人授权代理人为其处理一切民事法律行为。

法定代理中的代理权来自法律的直接规定，无需被代理人的授权。无民事行为能力人、限制民事行为能力人的监护人是其法定代理人。

4. 代理权的行使

代理人行使代理权立足于被代理人的利益，应在代理权限内忠实履行代理职责。《民法典》规定："代理人不履行或者不完全履行代理职责，造成被代理人损害的，应当承担民事责任。"例如，委托代理人应根据被代理人的授权来行使代理权，在授权范围内认真维护被代理人的合法权益，勤勉尽责完成代理事项。对被代理人的授权范围不够具体明确的，代理人应根据诚信原则来从事代理行为。

《民法典》为了保护被代理人的合法权益，还对一些滥用代理权的行为作了明确规定：①代理人不得与相对人恶意串通，损害被代理人的合法权益。《民法典》规定："代理人和相对人恶意串通，损害被代理人合法权益的，代理人和相对人应当承担连带责任。"②代理人不得以被代理人的名义与自己实施民事法律行为，如不得以被代理人的名义与自己订立合同，但是被代理人同意或追认的除外。③代理人不得以被代理人的名义与自己同时代理的其他人实施民事法律行为，但是被代理的双方同意或追认的除外。④代理人不得超越代理权限进行代理活动。超越代理权限进行代理的，代理人应根据代理人与被代理人之间的基础关系，承担违约责任或侵权责任。⑤代理人不得利用代理权从事违法活动。《民法典》规定："代理人知道或者应当知道代理事项违法仍然实施代理行为，或者被代理人知道或者应当知道代理人的代理行为违法未作反对表示的，被代理人和代理人应当承担连带责任。"

此外，对于共同代理，《民法典》规定："数人为同一代理事项的代理人的，应当共同行使代理权，但是当事人另有约定的除外。"共同行使是指只有经过全体代理人的共同同意才能行使代理权，即数人应当共同实施代理行为，享有共同的权利义务。对于转委托代理，《民法典》规定："代理人需要转委托第三人代理的，应当取得被代理人的同意或者追认。转委托代理经被代理人同意或者追认的，被代理人可以就代理事务直接指示转委托的第三人，代理人仅就第三人的选任以及对第三人的指示承担责任。转委托代理未经被代理人同意或者追认的，代理人应当对转委托的第三人的行为承担责任，但是在紧急情况下代理人为了维护被代理人的利益需要转委托第三人代理的除外。"

5. 无权代理及其法律效果

无权代理有以下 3 种类型：①没有代理权的无权代理，即行为人没有得到被代理人的授权，就以被代理人名义从事代理行为的代理。②超越代理权的无权代理，即行为人与被代理人之间存在代理关系，行为人有一定的代理权，但其实施的代理行为超出了代理范围的代理。例如，甲与乙房地产经纪机构签订了房地产经纪服务合同，委托乙机构出售其房产；乙机构带丙实地看房后，超出房地产经纪服务合同的约定，以甲的名义收取丙 3 万元定金并出具收条；乙机构收取定金行为属于超越代理权的无权代理。③代理权终止后的无权代理，即行为人与被代理人之间原本有代理关系，由于法定情形或约定情形的出现使得代理权终止，但是行为人仍然从事代理行为的代理。

根据《民法典》，行为人没有代理权、超越代理权或代理权终止后，仍然实施代理行为，未经被代理人追认的，对被代理人不发生效力。行为人实施的行为被追认前，善意相对人有撤销的权利。行为人实施的行为未被追认的，善意相对人有权请求行为人履行债务或就其受到的损害请求行为人赔偿。相对人知道或应当知道行为人无权代理的，相对人和行为人按照各自的过错承担责任。另外，《民法典》规定："行为人没有代理权、超越代理权或者代理权终止后，仍然实施代理行为，相对人有理由相信行为人有代理权的，代理行为有效。"对于这种代理行为，一般称为"表见代理"。

此外，《民法典》规定："依照法律规定、当事人约定或者民事法律行为的性质，应当由本人亲自实施的民事法律行为，不得代理。"

六、民事责任

民事责任是指民事主体不履行或不完全履行民事义务的法律后果，是保障民事权利和民事义务实现的重要措施，也是对民事主体不履行民事义务行为的一种制裁。《民法典》规定："民事主体依照法律规定和当事人约定，履行民事义务，承担民事责任。""因不可抗力不能履行民事义务的，不承担民事责任。法律另有规定的，依照其规定。不可抗力是指不能预见、不能避免且不能克服的客观情况。"不可抗力事件的具体认定，应符合我国的法律法规，一般包括战争、罢工、火灾、风灾、地震、雷电、流行病等不能预见、对其发生和后果不能避免且不能克服的社会因素和自然因素。而限购、限贷、限售、限价等房地产市场调控政策出台和调整是否属于不可抗力，房地产经纪人应建议当事人在合同中明确约定。根据《最高人民法院关于审理商品房买卖合同纠纷案件适用法律若干问题的解释》规定，商品房买卖合同约定，买受人以担保贷款方式付款，因不可归责于当事人双方的事由未能订立商品房担保贷款合同并导致商品房买卖合同不能继续履行的，当事人可以请求解除合同，出卖人应当将收受的购房款本金及其利息或者定金返还买受人。即因国家信贷政策变动，买受人无法获得贷款的，可以解除买卖合同且无需承担违约责任。

承担民事责任的方式主要有以下 11 种：①停止侵害；②排除妨碍；③消除危险；④返还财产；⑤恢复原状；⑥修理、重作、更换；⑦继续履行；⑧赔偿损失；⑨支付违约金；⑩消除影响、恢复名誉；⑪赔礼道歉。以上承担民事责任的方式，可以单独适用，也可以合并适用。

第二节　民法典物权编

民法典物权编调整因物的归属和利用产生的民事关系，主要从民事角度明确物权的归属，明确物的权利人对物享有哪些权利，明确对物权如何保护。

一、物权概述

（一）物的概念和分类

民法典物权编规范的物，包括不动产和动产。不动产是指土地、海域以及房屋、林木等定着物；动产是指不动产以外的物，如家具、家电、汽车等。

根据物之间的从属关系，物分为主物和从物。凡两个以上的物相互配合发挥作用而组合在一起，其中起主要作用的物为主物，起辅助作用的物为从物。《民法典》规定："主物转让的，从物随主物转让，但是当事人另有约定的除外。"

主物、从物的概念不同于物的整体与其组成部分之间的关系。物的组成部分与物的整体就是一个物，如汽车与其发动机，如果没有发动机的作用，汽车就不成其为汽车了，也就无法发挥物的整体效用。再如安装在房屋中的门窗、散热器、电梯、地板等，一般是房屋的组成部分，与房屋是一个物。而主物和从物在聚合之前分别为独立的两个或多个物，在聚合之后成为主物与从物的关系，如自行车与车锁。再如房屋与其房门的钥匙，房屋与其配套而分离开的停车位、储藏室等，可以说是主物与从物的关系，其中房屋为主物。但是，摆放在房屋内的家具、家电、装饰品等，一般仍然是独立的物，与房屋不是主物与从物的关系。

物还分为原物和孳息。孳息是指由原物所产生的额外收益，分为天然孳息和法定孳息。例如，果树和其长出的果实，果树为原物，果实为天然孳息。再如，存款和其利息，存款为原物，利息为法定孳息。天然孳息由所有权人取得；既有所有权人又有用益物权人的，由用益物权人取得；当事人另有约定的，按照约定取得。法定孳息当事人有约定的，按照约定取得；没有约定或约定不明确的，按照交易习惯取得。

（二）物权的概念及其与债权的区别

物权是指权利人在法律规定的范围内对一定的物享有直接支配并排除他人干涉的权利，包括所有权、用益物权和担保物权。物权是与债权相对应的一种民事权利。债权是指权利主体按照合同约定或依照法律规定，请求相对人为或不为一定行为的权利。

物权和债权都属于财产权，但二者不同，主要有下列区别。

（1）权利性质不同。物权是支配权，债权是请求权。所谓支配权，是指权利主体进行直接的排他性支配，并享有其利益的权利。所谓请求权，是指权利人请求他人为一定行为或不为一定行为的权利。物权的权利人无须借助他人的行为就能行使其权利直接支配标的物，并通过对标的物的直接支配享受其利益。而债权人仅能请求债务人为或不为一定行为，不能直接支配债务人的财产，也不能直接支配债务人的人身以强制给付。例如，甲把自己的房屋卖给乙，在尚未依照法律规定将该房屋的所有权转移给乙时，甲仍然享有该房屋的支配权。在这种情况下，甲、乙之间为债权债务关系，如甲在房价大幅上涨情况下反悔不卖时，乙尚不得直接支配该房屋，但可以依法请求甲向其交付房屋并协助或配合办理转移登记手续。

（2）权利产生方式不同。物权的产生实行法定主义，债权的产生实行任意主义。即物权的种类和内容受法律的限制，不允许当事人任意创设新的物权，也不允许当事人变更物权的内容。而债权的发生并没有这样的限制。债权发生在当事人之间，遵循自愿原则，当事人只要不违反法律、行政法规的强制性规定和公序良俗，便可以通过合意而创设债权，且其内容由当事人约定。例如，合同是当事人之间的协议，对合同内容如何约定，只要不违法，原则上由当事人决定。

（3）权利效力范围不同。物权是"绝对权""对世权"，其效力及于一切人，即义务人为不特定的任何人的权利类型；债权是"相对权""对人权"，其效力及于特定人，即义务人为特定人的权利类型。物权是直接支配物的权利，其义务人是物权的权利人以外的任何人，即物权的权利人以外的一切人均为义务主体，均负有不得侵害其权利和妨害其权利行使的义务。而债权的权利义务仅限于当事人之间，如合同的权利义务仅限于订立合同的各方当事人，不能要求与合同当事人无关的人为或不为一定行为。即使因为第三人的行为使债权不能实现，债权人也不能依据债权的效力向该第三人请求排除妨害。

（4）权利效力不同。物权具有支配力，债权仅有请求力。物权作为一种支配权，其支配力使物权具有排他效力、优先效力、追及效力。排他效力是指同一物上不能并存内容相互冲突的两个物权。优先效力是指物权和债权并存时，无论是物权成立于债权之前还是之后，物权都优先于债权。如房地产办理了抵押权设立登记后，该抵押权就可以对抗一般债权。当然，物权优先于债权也有例外，如《民法典》第四百零五条规定："抵押权设立前，抵押财产已经出租并转移占有的，原租赁关系不受该抵押权的影响"；第七百二十五条规定："租赁物在承租人按照租赁合同占有期限内发生所有权变动的，不影响租赁合同的效力"，即"买卖不破租赁"。追及效力是指物权成立后，无论其标的物辗转落入何人之手，权利人均可追及标的物行使其权利。而在同一物上可以并存两个以上的债权，除法律另有规定外，各债权相互平等，不具有排他性、优先权。债权也没有追及效力，当债权的标的物被第三人占有时，无论该第三人的占有是否合法，债权人均不能向第三人请求返还。

（三）民法典物权编的主要原则

1. 物权法定原则

物权法定原则的内容包括：①物权的种类法定，即当事人设定的物权必须符合现行法律的规定，不得随意创设。②物权的内容法定，即当事人不得超越法律规定的物权内容的界限，改变法律明文规定的物权内容。③物权的效力法定，即当事人不得协议改变法律赋予的物权的排他效力、优先效力和追及效力。④物权的公示方式法定，即当事人设立、变更、转让和消灭物权必须通过法律规定的公示方式。房屋所有权等不动产物权的设立、变更、转让必须办理物权变动的登记；未经登记，不发生物权变动的效力。

2. 物权公示原则

物权变动必须以一种可以公开的能够表现物权变动的方式予以展示，并以此决定物权变动的效力。物权变动的公示方式包括登记、交付。我国不动产物权变动与动产物权变动的公示方式不同。不动产物权以登记和登记的变更作为权利享有和变动的公示方式；动产物权以占有作为权利享有的公示方式，以占有的转移、交付作为权利变动的公示方式。因此，要知晓一项不动产的权利主体，就是查不动产登记簿，其记载的权利人就是该不动产的权利人，但登记错误需要依法更正的除外；要知晓动产的权利主体，就是看谁占有它，即动产在谁的手里，就可以推定其是该动产的权利人，但有相反证据的除外。例如，现实中有时发生"一房二卖"的情况：甲把自己的房屋先卖给乙，并把该房屋交给乙使用，后因丙出价高，甲又把房屋卖给丙，丙办理了房屋所有权转移登记。那么，该房屋究竟是属于乙还是属于丙？解决"一房二卖"问题在理论上有多种办法可供选择，例如：一是按照签订房屋买卖合同的先后，二是按照付款的先后，三是按照买方有无实际占有房屋，四是按照房屋有无办理转移登记。上述几种解决办法都有其一定道理。民法典物权编对此作出了明确规定，即看该房屋有没有办理转移登记，如果已经办理了转移登记，则不动产登记簿上记载的人就是该房屋的所有权人。据此，乙虽然先买，但没有办理转移登记，丙虽然后买，但已经办理了转移登记，不动产登记簿上记载的所有权人是丙，因此该房屋归丙所有，且丙有权要求乙腾出房屋。另外，乙虽然没有办理转移登记，但乙和甲之间签订的房屋买卖合同是有效的，乙可以按照房屋买卖合同要求甲赔偿损失。

3. 物权取得和行使遵守法律、尊重社会公德原则

物权是排他性的支配权，被称为"绝对权"，但这是相对于债权等其他权利而言的，并不是说物权是完全绝对的、不受任何限制的权利。现代社会不承认有不受任何限制的物权，并且随着社会经济发展，物权因公共利益的需要受到越来越多的限制。例如，《民法典》规定："业主行使权利不得危及建筑物的安全，不得损害其他业主的合法权益。"再如，国家为了公共利益的需要，可以征收私有房屋，这就是对房屋所有权的重大限制。

（四）物权的分类

1. 不动产物权和动产物权

凡是以不动产为标的物的物权，为不动产物权，如房屋所有权、土地所有权、建设用地使用权、宅基地使用权、居住权、地役权、不动产抵押权等。凡是以动产为标的物的物权，为动产物权，如对一套家具、一台电视机拥有的所有权。

2. 主物权和从物权

主物权是不依赖于其他权利而独立存在的物权，如所有权、建设用地使用权、宅基地使用权。从物权是从属于其他权利并为其服务的物权，如地役权、居住权、抵押权、质权、留置权。主物权具有独立性，而从物权依存于主权利，随主权利的转移而转移，随主权利的消灭而消灭。

3. 自物权和他物权

自物权是权利人对自己的物享有的权利，即所有权。他物权是在他人的物上设立的权利，如建设用地使用权、地役权、抵押权等。

4. 完全物权和限制物权

完全物权即所有权，是权利人对标的物享有全面的、排他性支配的权利。为充分发挥物的效用，法律规定权利人可以在其所有物上为他人设立权利，这种权利的直接效力是限制了所有权的效力，称为限制物权。用益物权和担保物权都是限制物权。

5. 无期限物权和有期限物权

无期限物权是指没有期限限制的物权。所有权属于无期限物权，只要物存在，该物上的所有权就存在。有期限物权是指有存续期限的物权。建设用地使用权通常是有期限物权，抵押权、质权、留置权也属于有期限物权。

二、所有权

（一）所有权概述

所有权人对自己的物依法享有占有、使用、收益和处分的权利。占有是对物

的控制与支配；使用是对物的利用；收益是通过物的占有、使用等方式取得经济效益；处分是对物在事实上和法律上的处置。占有、使用、收益和处分称为所有权的四项权能，它们可以与所有权发生分离，而所有权人并不因此丧失所有权，但其所有权因此受到限制。

根据所有权主体的不同，所有权分为国家所有权、集体所有权和私人所有权。

（二）不动产所有权

土地所有权和房屋所有权是最为典型的不动产所有权。我国现行有关法律规定，土地只能为国家所有和农民集体所有，其中城市市区的土地属于国家所有，农村和城市郊区的土地除由法律规定属于国家所有的以外，属于农民集体所有；房屋可以私人所有，其中住宅主要为私人所有。因此，我国的土地所有权只有国家所有权和集体所有权两种，房屋所有权则有国家所有权、集体所有权和私人所有权三种。

根据《民法典》，无处分权人将不动产转让给受让人，除法律另有规定外，同时符合以下情形的，受让人取得该不动产的所有权，即"不动产善意取得"必须同时具备以下 4 个条件：①转让人是无处分权人；②受让人受让该不动产时是善意的，即受让人不知转让人是无处分权人；③以合理的价格转让，即受让人支付了合理的价款；④转让的不动产已经依法登记，即依照法律规定已经进行了不动产物权变动登记，该不动产所有权已经登记在受让人名下。不动产善意取得的法律效力是：同时具备上述 4 个条件的，受让人取得转让的不动产所有权，但原所有权人有权向无处分权人请求赔偿损失；不同时具备上述 4 个条件的，不发生善意取得的效力，原所有权人有权追回被转让的不动产。当事人善意取得建设用地使用权、抵押权等其他物权的，参照上述规定。

（三）业主的建筑物区分所有权

业主对建筑物内的住宅、经营性用房等专有部分享有所有权，对专有部分以外的共有部分享有共有和共同管理的权利。

业主对建筑物专有部分以外的共有部分，享有权利，承担义务；不得以放弃权利为由不履行义务。业主转让建筑物内专有部分的住宅、经营性用房，其对共有部分享有的共有和共同管理的权利一并转让。

建筑区划内的道路，属于业主共有，但属于城镇公共道路的除外。建筑区划内的绿地，属于业主共有，但属于城镇公共绿地或者明示属于个人的除外。建筑区划内的其他公共场所、公用设施和物业服务用房，属于业主共有。

建筑区划内，规划用于停放汽车的车位、车库应首先满足业主的需要。建筑区划内，规划用于停放汽车的车位、车库的归属，由当事人通过出售、附赠或出租等方式约定。占用业主共有的道路或其他场地用于停放汽车的车位，属于业主共有。

（四）相邻关系

相邻关系是指不动产的相邻权利人依照法律法规规定或按照当地习惯，相互之间应提供必要的便利或接受必要的限制而产生的权利和义务关系。《民法典》对处理相邻关系的原则，以及用水与排水、通行、通风、采光和日照等相邻关系做了规定。例如，不动产权利人对相邻权利人因通行等必须利用其土地的，应当提供必要的便利；不动产权利人因建造、修缮建筑物以及铺设电线、电缆、水管、暖气和燃气管线等必须利用相邻土地、建筑物的，该土地、建筑物的权利人应当提供必要的便利；建造建筑物，不得违反国家有关工程建设标准，不得妨碍相邻建筑物的通风、采光和日照；不动产权利人不得违反国家规定弃置固体废物，排放空气污染物、水污染物、土壤污染物、噪声、光、电磁波辐射等有害物质；不动产权利人挖掘土地、建造建筑物、铺设管线以及安装设备等，不得危及相邻不动产的安全。

尽管相邻关系的处理很复杂，但可以归纳为两个方面：一是相邻一方有权要求他方提供必要的便利，他方应给予必要的方便；二是相邻各方行使权利，不得损害他方的合法权益。

（五）共有

不动产可以由两个以上的单位、个人共有。共有是指两个以上权利主体对一物共同享有所有权。共有的权利主体，称为共有人；共有的客体，称为共有财产或共有物；各共有人之间因财产共有形成的权利义务关系，称为共有关系。

共有分为按份共有和共同共有。按份共有也称为分别共有，是指两个以上权利主体对一物按照份额享有权利和承担义务的共有。例如，甲、乙合买一处 100万元的房屋，甲出资 60 万元，乙出资 40 万元，甲、乙约定各按出资的份额（甲60%，乙40%）对该房屋享有权利、承担义务。共同共有是指两个以上权利主体对一物不分份额、平等地享有权利和承担义务的共有。例如，夫妻对共同财产的共有。共同共有与按份共有的主要区别是：共同共有是不确定份额的共有，只有在共同共有关系消灭，如婚姻关系解除，对共有财产进行分割时，才能确定各个共有人应得的份额。

处分按份共有的不动产以及对不动产作重大修缮、变更性质或用途的，应经占份额 2/3 以上的按份共有人同意，处分共同共有的不动产以及对不动产作重大修缮、变更性质或用途的，应经全体共同共有人同意，但共有人之间另有约定的除外。例如，夫妻共同共有的一套住房，如果要出售，必须夫妻双方都同意。

按份共有人可以转让其享有的共有的不动产份额，其他共有人在同等条件下享有优先购买的权利。"同等条件"是指其他共有人就购买该份额所给出的价格等条件与欲购买该份额的非共有人相同。在实践中，为谨慎起见，按份共有的房屋出售时，一般要求出卖人提供其他共有人放弃优先购买权的证明文件。

三、用益物权

（一）用益物权的概念

用益物权是用益物权人对他人所有的不动产或者动产，依法享有占有、使用和收益的权利。它是以对他人所有的物为使用、收益的目的而设立的，因此称为"用益"物权。

（二）用益物权的种类

《民法典》规定了下列 5 种用益物权。

（1）土地承包经营权：土地承包经营权人依法对其承包经营的耕地、林地、草地等享有占有、使用和收益的权利。

（2）建设用地使用权：也称为国有建设用地使用权。建设用地使用权人依法对国家所有的土地享有占有、使用和收益的权利，有权利用该土地建造建筑物、构筑物及其附属设施。根据《民法典》规定，集体所有的土地作为建设用地的，应依照《中华人民共和国土地管理法》等法律规定办理。也就是说，使用集体所有的土地进行建设，不属于《民法典》所规定的建设用地使用权范畴。根据取得方式，建设用地使用权分为划拨、出让等方式取得的建设用地使用权。建设用地使用权通常是有使用期限的，其中：住宅建设用地使用权期间届满的，自动续期；非住宅建设用地使用权期间届满后的续期，依照法律规定办理，其期间届满后土地上的房屋及其他不动产的归属，有约定的，按照约定；没有约定或者约定不明确的，依照法律、行政法规的规定办理。建设用地使用权转让、互换、出资、赠与的，使用期限由当事人约定，但不得超过建设用地使用权的剩余期限，并且附着于该土地上的建筑物、构筑物及其附属设施一并处分；建筑物、构筑物及其附属设施转让、互换、出资、赠与的，该建筑物、构筑物及其附属设施占用范围内的建设用地使用权一并处分。

（3）宅基地使用权：宅基地使用权人依法对集体所有的土地享有占有和使用的权利，有权依法利用该土地建造住宅及其附属设施。

（4）居住权：居住权人有权按照合同约定，对他人的住宅享有占有、使用的用益物权，以满足生活居住的需要。根据《民法典》规定，居住权一般无偿设立，设立居住权的住宅不得出租，但是当事人另有约定的除外；居住权不得转让、继承；居住权自登记时设立，居住权期限届满或居住权人死亡的，居住权消灭。

（5）地役权：地役权人有权按照合同约定，利用他人的不动产，以提高自己的不动产的效益。上述他人的不动产为供役地，自己的不动产为需役地。例如，甲为了出行方便，若经过乙房屋的通道进入自己的房屋可大大缩短路程，则甲、乙双方协商后，甲可在乙的房屋上设定地役权。

（三）用益物权的特征

用益物权有以下 5 个特征：①是以对物的实际占有为前提，以使用、收益为目的。②是由所有权派生的物权。③是受限制的物权，只具有所有权的部分权能。④是一项独立的物权。⑤一般以不动产为客体。

上述为用益物权的一般特征，但地役权具有特殊性，表现为：地役权不以对他人之物的实际占有为前提；地役权以满足需役地的需要为目的，具有从属性。地役权具体有以下 4 个特征：①地役权是依据合同设立的。②地役权是利用他人不动产的权利。③地役权是为了提高自己不动产的效益。④地役权具有从属性和不可分性，不能与需役地分离，随着需役地所有权或使用权的消灭而消灭。

四、担保物权

（一）担保物权的概念

担保物权是为保障债权的实现而设立的物权。担保物权人在债务人不履行到期债务或者发生当事人约定的实现担保物权的情形时，依法享有就担保财产优先受偿的权利，但法律另有规定的除外。

（二）担保物权的种类

担保物权包括下列 3 种权利。

（1）抵押权。这是指为担保债务的履行，债务人或者第三人不转移财产的占有，将该财产抵押给债权人，当债务人不履行到期债务或者发生当事人约定的实现抵押权的情形时，债权人享有以该财产折价或者以拍卖、变卖该财产所得的价款优先受偿的权利。其中，债务人或者第三人为抵押人，债权人为抵押权人，提供担保的财产为抵押财产。例如，甲向乙借款 300 万元，为了保证按时偿还该借款，将自己的房屋抵押给乙。在这个法律关系中，甲既是债务人，又是抵押人；乙既是债权人，又是抵押权人；该房屋是抵押财产。如果甲向乙借款，为了担保甲按时偿还借款，丙将自己的房屋抵押给乙，则丙为抵押人，乙为抵押权人。

以建筑物抵押的，该建筑物占用范围内的建设用地使用权一并抵押。以建设用地使用权抵押的，该土地上的建筑物一并抵押。抵押人未依照上述规定一并抵押的，未抵押的财产视为一并抵押。以建筑物、建设用地使用权等不动产抵押的，应办理抵押登记，抵押权自登记时设立。当事人之间订立的抵押合同，除法律另有规定或合同另有约定外，自合同成立时生效；未办理抵押登记的，虽然抵押权尚未设立，但不影响抵押合同的效力。抵押权设立前，抵押财产已出租并转移占有的，原租赁关系不受该抵押权的影响。抵押期间，抵押人可以转让抵押财产。抵押人转让抵押财产的，应及时通知抵押权人。抵押财产转让的，抵押权不受影响。

（2）质权。包括动产质权和权利质权。动产质权是指为担保债务的履行，债务人或第三人将其动产交由债权人占有，债务人不履行到期债务或发生当事人约定的实现质权的情形，债权人享有以该动产折价或者以拍卖、变卖该动产所得的价款优先受偿的权利。权利质权是指以债务人或第三人有权处分的汇票、支票、本票、债券、存款单、股权等权利为标的而设定的质权。

（3）留置权。这是指在债务人不履行到期债务时，债权人有权依照法律规定留置已经合法占有的债务人的动产，并就该动产优先受偿的权利。

（三）担保物权的特征

担保物权有以下 4 个特征：①以保障债权实现为目的。②具有优先受偿的效力。③是在债务人或第三人的财产上设定的权利。④具有从属性和不可分性。担保物权是从属于主债权的权利，主债权全部消灭的，担保物权随之消灭；主债权部分消灭的，担保物权仍然存在，担保财产仍然担保剩余的债权，直到债务人清偿剩余债务时为止。

五、占有

占有是对物事实上的控制与支配，分为有权占有和无权占有。

有权占有是指占有人与占有返还请求人之间有租赁、寄存、保管或其他正当法律关系时，占有人对物的占有，如根据房屋租赁合同，房屋承租人对他人房屋的占有。

无权占有是指占有人对物的占有无正当法律关系或原法律关系被撤销或被确认无效时，占有人对物的占有，如租用或借用他人房屋到期不还。

无权占有又分为善意占有和恶意占有。其中，恶意占有是指占有人明知或应知自己为无权占有而仍然进行的占有。恶意占有与善意占有的法律责任及法律后果存在差别。根据《民法典》规定，善意占有人因使用占有物并致使该物受到损害的，一般不需承担赔偿责任，恶意占有人因使用占有物并致使该物受到损害的，应承担赔偿责任。

第三节　民法典合同编

从事房地产经纪业务，应与委托人签订房地产经纪服务合同，在经纪服务中通常还要为委托人代拟房地产交易合同，协助委托人与他人签订房地产交易合同。因此，房地产经纪人应了解民法典合同编的有关规定。

民法典合同编调整因合同产生的民事关系，主要规范合同的订立、效力、履行、保全、变更、转让、合同解除及终止、违约责任等问题。

一、合同概述

（一）合同的概念

合同也称为契约，是民事主体之间设立、变更、终止民事权利义务关系的协议。

（二）合同的特征

合同主要有下列 4 个特征。

（1）是平等主体之间的民事法律关系。合同各方当事人的法律地位平等，一方不得凭借行政权力、经济实力等将自己的意志强加给另一方。

（2）是两方以上当事人自愿进行的民事法律行为。合同的主体至少有两方，并且合同是各方当事人在自愿基础上平等协商的结果。

（3）是关于民事权利义务关系的协议。合同是在当事人之间设立、变更或终止特定民事权利义务关系，以实现当事人的特定经济目的。

（4）是具有相应法律效力的文件。合同依法成立后，各方当事人都必须按照合同约定履行自己的义务，不得擅自变更或解除。当事人不履行合同约定的义务，要依法承担违约责任。

（三）合同的分类

1. 典型合同和非典型合同

根据法律对合同是否规定一定名称和作出特别规定，分为典型合同和非典型合同。典型合同也称为有名合同，是指在法律上已规定了一定名称，作出了特别规定的合同，即在法律上有明文规定的合同。非典型合同也称为无名合同，是指在法律上没有规定一定名称和作出特别规定的合同。

《民法典》规定的买卖合同、租赁合同、委托合同、中介合同、借款合同等都是典型合同。典型合同之外的合同，即是非典型合同。

2. 要式合同和非要式合同

根据合同是否需要采用特定形式才能成立，分为要式合同和非要式合同。要式合同是指需要采用特定形式才能成立的合同。非要式合同是指不需要采用特定形式就能成立的合同。

合同的形式有书面形式、口头形式和其他形式。合同究竟采用何种形式，应依照法律、行政法规规定或者按照当事人约定。法律、行政法规规定采用书面形式的，应采用书面形式。因《中华人民共和国城市房地产管理法》规定房地产转让、房屋租赁、房地产抵押应当签订书面合同，所以房地产转让合同（包括房屋买卖合同）、房屋租赁合同、房地产抵押合同均是要式合同。《房地产经纪管理办法》规定，房地产经纪机构接受委托提供房地产信息、实地看房、代拟合同等房地产经纪服务的，应与委托人签订书面房地产经纪服务合同。除法律、行政法规有特别规定的以外，当事人既可以采用书面形式也可以采用口头形式订立合同。但当事人约定采用书面形式的，应采用书面形式。

3. 双务合同和单务合同

根据合同双方当事人是否互相享有权利、承担义务，分为双务合同和单务合同。双务合同是指合同双方当事人互相享有权利、承担义务的合同，如房屋买卖合同、房屋租赁合同。在双务合同中，不仅合同双方当事人都享有权利、承担义务，而且他们之间的权利义务是相互对应的，己方的权利正是他方的义务，而他方的权利又正是己方的义务。单务合同是指合同双方当事人中仅有一方承担义务的合同，如赠与合同、借用合同。

4. 有偿合同和无偿合同

根据合同当事人是否需要为从合同中得到的利益支付相应对价，分为有偿合同和无偿合同。有偿合同是指合同当事人需要为从合同中得到的利益支付相应对价的合同，如房屋买卖合同、房屋租赁合同。无偿合同是指合同当事人不需要为从合同得到的利益支付相应对价的合同，如房屋赠与合同。

5. 诺成合同和实践合同

根据合同是否需要实际交付标的物才能成立，分为诺成合同和实践合同。诺成合同是指合同双方当事人意思表示一致即告成立的合同。实践合同是指在合同双方当事人意思表示一致后还需要实际交付标的物才能成立的合同。

在《民法典》中凡是没有规定以实际交付标的物为合同成立条件的合同都是诺成合同。大多数合同是诺成合同。确认某种合同是否属于实践合同，通常除了根据商业习惯，还应有法律明确规定。如定金合同、自然人之间的借款合同、保管合同、借用合同属于实践合同。

6. 主合同和从合同

根据合同是否必须以其他合同的存在为前提条件，分为主合同和从合同。主合同是指不以其他合同的存在为前提即可独立存在的合同。从合同是指不能独立存在而以其他合同的存在为存在前提的合同。例如，甲与银行订立借款合同，为担保偿还该借款而与银行订立房地产抵押合同，则甲与银行之间的借款合同为主合同，房地产抵押合同为从合同。区分主合同和从合同的法律意义在于，主合同确定无效或被撤销的，从合同也失去效力；主合同终止的，从合同也随之终止。

二、合同的订立

当事人之间订立合同的过程，就是当事人之间明确权利义务的过程。因此，订立合同时如果考虑周详，则有利于维护当事人的合法权益，可以减少合同履行中的纠纷，即使发生了纠纷，也便于有效解决。

（一）合同的内容

合同的内容就是对合同当事人权利义务的具体规定，体现为合同的各项条款。在不违反法律、行政法规的强制性规定下，合同的内容由当事人约定，一般包括以下条款：①当事人的名称或姓名和住所；②标的，即合同当事人的权利义务指向的对象，如房地产经纪服务合同的标的为房地产经纪机构所提供的服务，房屋买卖合同的标的为房屋；③数量；④质量；⑤价款或报酬，如房地产经纪服务合同中的佣金，房屋买卖合同中的价款，房屋租赁合同中的租金；⑥履行期限、地点和方式；⑦违约责任；⑧解决争议的方法。

在订立合同时，当事人可参照各类合同的示范文本或推荐文本。

（二）合同订立的程序

当事人订立合同，采取要约、承诺方式进行。任何合同的成立，都表明当事人之间达成了合意，而合意的过程，一般是先有一方当事人发出订约的意思表示，然后由另一方加以附和或允诺。要约和承诺是合同订立的两个阶段。

1. 要约

要约是指当事人一方向另一方提出合同条件，希望另一方接受的意思表示。发出要约的一方称为要约人，接受要约的一方称为受要约人。该意思表示应符合以下规定：①内容具体、明确，即表达出订立合同的意思，包括一经受要约人承诺，合同即可成立的各项基本条款；②表明经受要约人承诺，要约人即受该意思表示约束。

应注意要约与要约邀请的区别。要约邀请是希望他人向自己发出要约的意思表示，是当事人订立合同的预备行为。要约邀请的内容往往不具体、不明确，其相对人不特定。因此，要约邀请不具有要约的约束力，发出要约邀请的人不受其约束。如寄送的价目表、商业广告、拍卖公告、招标公告等为要约邀请。但商业广告的内容符合要约规定的，视为要约。

2. 承诺

承诺是指受要约人同意接受要约的全部条件以缔结合同的意思表示。承诺必须由受要约人向要约人作出。由于要约原则上是向特定人发出的，所以只有接受要约的特定人即受要约人才有权作出承诺，受要约人以外的第三人无资格向要约人作出承诺。同时，承诺必须向要约人作出，如果向要约人以外的其他人作出，则只能视为对他人发出新的要约，不能产生承诺效力。承诺必须在规定的期限内到达要约人，只有到达要约人时才能生效。

（三）缔约过失责任

缔约过失责任是指在合同成立前一方当事人因违背其应依据诚实信用原则所尽的义务，造成另一方当事人信赖利益的损失所应承担的民事责任。与违约责任不同，缔约过失责任是在合同成立前的责任，此时当事人之间还不存在合同义务，当事人一方违反的是先合同义务。违约责任则是发生在合同成立之后，是当事人不履行或不适当履行合同义务所应承担的民事责任，违约方违反的是合同义务。《民法典》规定："当事人在订立合同过程中有下列情形之一，造成对方损失的，应当承担赔偿责任：（一）假借订立合同，恶意进行磋商；（二）故意隐瞒与订立合同有关的重要事实或者提供虚假情况；（三）有其他违背诚信原则的行为。"

三、合同的效力

依法成立的合同，对当事人具有法律约束力。这种法律约束力就是合同的效力。合同的生效是指已经成立的合同开始发生以国家强制力保障的法律约束力，即合同发生法律效力。因此，合同的成立和生效是两个不同的概念。当事人达成合意，意味着合同成立；合同符合法律规定或当事人约定的生效条件，合同才能生效，才能获得法律的保护。

（一）合同的生效条件

合同生效应同时具备下列 3 个条件。

（1）当事人具有相应的民事行为能力。对自然人来说，完全民事行为能力人可以单独订立合同，限制民事行为能力人只能订立纯获利益或者与其智力、精神健康状况相适应的合同，无民事行为能力人不能独立订立合同。对法人来说，其民事行为能力应与民事权利能力在产生与消灭的时点上相一致，法人的民事行为能力不能超出法律和法人章程规定的业务范围。

（2）意思表示真实。这是要求当事人的内心意愿自由产生，同时所表达出来的意思与其相一致。或者说，当事人的表示行为应真实地反映其内心意愿。

（3）不违反法律、行政法规的强制性规定和社会公共利益。即合同的内容和形式不得与法律、行政法规的强制性或禁止性规定相抵触，不得违反社会公共利益。

此外，合同生效还受到其他因素影响，例如：当事人在合同中约定了合同生效时间的，以约定为准；法律规定应当办理批准、登记手续的，自批准、登记时生效；附生效条件的合同在所附条件成就时生效。

（二）违反生效条件的合同

违反生效条件的合同分为下列 3 种。

（1）无效合同。这是指合同虽已成立，但因其不具备法律规定的生效条件而被确认为无效的合同。如《中华人民共和国城市房地产管理法》等法律、行政法规禁止或限制转让的房地产，其买卖合同由于违反了国家法律、行政法规的禁止性规定，原则上应当无效。合同被确认为无效所产生的效力是溯及既往的，即从合同成立时开始就没有法律约束力，而不是从被确认为无效时开始没有法律约束力。但是，合同被确认为无效不影响合同中独立存在的有关解决争议方法的条款的效力。合同部分无效不影响其他部分效力的，其他部分仍然有效。

（2）效力待定的合同。这是指合同虽已成立，但因其不完全具备法律规定的生效条件，能否生效还须经权利人的追认才能确定的合同。它是自身有瑕疵的合同，而这种瑕疵经权利人的追认是可以弥补的，因此它不同于无效合同和可撤销合同。无效合同属于确定无效，不能因其他行为使之生效；可撤销的合同在未被撤销之前，其效力已经发生。产生效力待定的合同的主要原因包括：①合同的主体不具有相应的民事行为能力。②因无权代理而订立的合同。③无权处分他人财产而订立的合同。

需要注意的是，关于买卖合同（包括房地产买卖合同），《民法典》规定："因出卖人未取得处分权致使标的物所有权不能转移的，买受人可以解除合同并请求出卖人承担违约责任。"该规定是关于出卖人对出卖标的物无处分权时，买卖合同是否有效的规定，是基于物权变动的原因行为与物权变动的结果相分离的原则。据此，出卖人订立买卖合同时，即使对标的物没有处分权，也不影响作为原因行为的买卖合同的效力，但是出卖物能否因买卖合同而发生物权转移的法律后果，即合同能否得到履行，则要依据出卖人此后能否取得处分权而定。无权代理和超越代理权限签订的买卖合同如果未得到所有权人或处分权人的追认，则合同效力不能约束所有权人或处分权人，但可以约束签约人，包括承担违约责任。

（3）可变更、可撤销的合同。这是指因当事人在意思表示方面存在瑕疵而可以对已经成立的合同请求人民法院或仲裁机构予以变更或撤销的合同。合同的变更或撤销是合同当事人一方依法行使变更权或撤销权的结果。合同被变更后，当事人之间仍然存在着合同关系，只是合同内容发生了变化。合同变更仅对未履行的部分发生效力，对已履行的部分没有溯及力。合同被撤销后，合同当事人之间便消灭合同关系，这一效力追溯到合同成立时。

四、合同的履行

合同的履行是指债务人按照合同约定，全面、适当地完成其合同义务，债权人的合同债权得到完全实现。例如，房屋买卖中，买受人按买卖合同约定支付价款，出卖人交付房屋，并协助办理所有权转移登记等；房地产经纪服务中，房地产经纪机构按经纪服务合同约定提供服务，委托人支付佣金等。

合同生效后，当事人就质量、价款或报酬、履行地点等内容没有约定或约定不明确的，当事人可以签订补充协议；当事人不能达成补充协议的，按照合同有关条款或交易习惯确定。当事人就合同有关内容不明确，按照合同有关条款或交易习惯仍不能确定的，适用下列规定。

（1）质量要求不明确的，按照强制性国家标准履行；没有强制性国家标准的，按照推荐性国家标准履行；没有推荐性国家标准的，按照行业标准履行；没有国家标准、行业标准的，按照通常标准或符合合同目的的特定标准履行。

（2）价款或报酬不明确的，按照订立合同时履行地的市场价格履行；依法应当执行政府定价或政府指导价的，依照规定履行。

（3）履行地点不明确，给付货币的，在接受货币一方所在地履行；交付不动产的，在不动产所在地履行；其他标的，在履行义务一方所在地履行。

（4）履行期限不明确的，债务人可以随时履行，债权人也可以随时要求履行，但应当给对方必要的准备时间。

（5）履行方式不明确的，按照有利于实现合同目的的方式履行。

（6）履行费用的负担不明确的，由履行义务一方负担；因债权人原因增加的履行费用，由债权人负担。

五、违约责任

（一）违约责任的概念

违约责任是违反合同义务所应承担的民事责任，即合同当事人一方不履行合同义务或履行合同义务不符合约定所应承担的民事责任。违约责任以合同义务的存在为前提，无合同义务即无违约责任。违约责任只在合同当事人之间产生，对合同以外的第三人并不发生违约责任。

（二）违约的形式

按照违约行为的具体形态，分为不履行合同义务和履行合同义务不符合约定。不履行合同义务是债务人不为当为之事，包括履行不能和履行拒绝。履行不能是债务人在事实上、法律上和经济上不能履行，有永久不能和一时不能、主观不能和客观不能、全部不能和部分不能等。履行拒绝是债务人能够履行合同义务却无正当理由拒绝履行。拒绝可以是明示的，即明确表示不履行合同义务；也可以是默示的，即以自己的行为表明不履行合同义务。

履行合同义务不符合约定是债务人虽然履行了债务，但其履行不符合约定，比如数量不足、质量不符、履行方法不当、履行时间不当等。

根据违约行为发生的时间，分为预期违约和届期违约。预期违约也称为先期违约，是指在合同履行期到来之前，一方当事人无正当理由明确表示或以自己的行为表明将不履行合同义务。届期违约也称为实际违约，是指在合同履行期到来之后，当事人不履行合同义务或履行合同义务不符合约定。

（三）违约责任的承担方式

违约责任的承担方式主要有继续履行、采取补救措施、赔偿损失、支付违约金、适用定金罚则等。

1. 继续履行

继续履行也称为强制继续履行、依约履行、实际履行，是在当事人一方不能主动履行合同时，另一方有权要求违约方按照合同约定继续履行义务，或者请求人民法院、仲裁机构强制违约方按照合同约定继续履行义务。例如，在房屋买卖中，买卖双方签订了房屋买卖合同后，如果卖方因房价上涨而不卖或要求加价，或者买方因房价下跌而不买或要求减价，则守约方有权请求人民法院、仲裁机构按照双方签订的房屋买卖合同强制卖方继续卖房或强制买方继续买房。

2. 采取补救措施

补救措施包括第三人替代履行，受损害方根据标的的性质以及损失的大小，可以合理选择请求对方承担修理、重做、更换、退货、减少价款或减少报酬等违约责任。

3. 赔偿损失

赔偿损失也称为违约损害赔偿，是违约方因不履行合同义务或者履行合同义务不符合约定而给对方造成损失，依照法律规定或按照合同约定应承担赔偿损失的责任。违约损害赔偿的范围原则上以守约方的实际损失为限。《民法典》规定："当事人一方不履行合同义务或者履行合同义务不符合约定的，在履行义务或者采取补救措施后，对方还有其他损失的，应当赔偿损失。""损失赔偿额应当相当于因违约所造成的损失，包括合同履行后可以获得的利益；但是，不得超过违约一方订立合同时预见到或者应当预见到的因违约可能造成的损失。"这一规定的目的，在于使守约方获得的赔偿额相当于在合同正常履行的情况下所能获得的利益。

4. 支付违约金

违约金是当事人在合同中约定或由法律直接规定的一方违反合同时应向对方支付一定数额的金钱。这是违反合同可以采用的承担民事责任的方式，只适用于合同当事人有违约金约定或法律规定违反合同应支付违约金的情形。如果当事人在合同中没有约定违约金，法律又没有规定违反合同应支付违约金的，则不产生违约金的责任方式。违约金如果是由合同当事人约定的，其数额的约定虽然属于当事人享有的合同自由的范围，但这种自由不是绝对的，而是受限制的。《民法典》规定："当事人可以约定一方违约时应当根据违约情况向对方支付一定数额的违约金，也可以约定因违约产生的损失赔偿额的计算方法。约定的违约金低于造成的损失的，人民法院或者仲裁机构可以根据当事人的请求予以增加；约定的违约金过分高于造成的损失的，人民法院或者仲裁机构可以根据当事人的请求予以适当减少。"根据最高人民法院的相关司法解释，当事人约定的违约金超过造成损失的30%的，一般认为"过分高于造成的损失"。

5. 定金罚则

（1）定金的性质和最高数额。定金是指当事人约定的，为保证债权的实现，由一方在履行前预先向对方给付的一定数量的货币或其他代替物。《民法典》第五百八十六条规定："当事人可以约定一方向对方给付定金作为债权的担保。定金合同自实际交付定金时成立。定金的数额由当事人约定；但是，不得超过主合同标的额的20%，超过部分不产生定金的效力。实际交付的定金数额多于或者少于约定数额的，视为变更约定的定金数额。"第五百八十七条规定："债务人履行债务的，定金应当抵作价款或者收回。给付定金的一方不履行债务或者履行债务不符合约定，致使不能实现合同目的的，无权请求返还定金；收受定金的一方不履行债务或者履行债务不符合约定，致使不能实现合同目的的，应当双倍返还定金。"因此，定金可以督促双方自觉履行义务，起到担保作用。此外，定金还具有惩罚性质，而且对违约行为的惩罚不仅适用于给付定金的一方，还适用于收受定金的一方。同时需要注意的是，《民法典》规定定金的数额不得超过主合同标的额的20%，这一比例是强制性规定，当事人不得违反。但当事人约定的定金比例如果超过了20%，并不是整个定金条款无效，仅是超过的部分无效。例如，合同双方约定的定金比例为合同总价款的25%，则5%这一超过的部分不再作为定金，定金罚则仍然按20%的比例执行。

（2）定金与订金的区别。"订金"与"定金"虽然只有一字之差，并很容易混淆，但二者在法律上有本质区别。"定金"属于法律用语，是一种对债权的法定担保方式。而"订金"不是法律用语，通常被理解为预付款。在司法审判中，二者的法律后果完全不同。如果是定金，则根据《民法典》的规定，应适用定金罚则。而如果是订金，则无论是卖方违约还是买方违约，收取订金的一方只需如数退还，不存在双倍返还或被守约方没收的问题。与订金类似的还有押金、预订款、诚意金、意向金、保证金、订约金、担保金、留置金等，如果没有约定定金性质的，不能按照定金处理。

（3）定金与预付款的区别。预付款是合同双方当事人商定的在合同成立后一方当事人预先向对方支付的一部分价款。预付款的交付在性质上是一方履行合同的行为，合同履行时预付款要充抵价款，合同不履行时预付款应返还。预付款的适用不存在惩罚违约行为的问题，无论发生何种违约行为，预付款都不发生像定金那样的丧失或双倍返还问题。因此，预付款与定金的性质是完全不同的。

（4）定金与违约金的区别。《民法典》第五百八十八条规定："当事人既约定违约金，又约定定金的，一方违约时，对方可以选择适用违约金或者定金条款。"这就是说，定金和违约金不能并用。当一方违约时，对方可以在定金条款和违约金条款中选择其一适用。如果适用了定金责任，就不再适用违约金责任；反之，如果适用了违约金责任，就不再适用定金责任。至于是选择定金条款还是选择违约金条款，这一权利属于守约方。在这种情况下，守约方有权选择其中对自己最有利的。

（5）定金责任与赔偿损失的区别。定金责任不以实际发生的损害为前提，定金责任的承担也不能替代赔偿损失。在既有定金条款又有实际损失时，应分别适用定金责任和赔偿损失的责任，二者同时执行。《民法典》规定："定金不足以弥补一方违约造成的损失的，对方可以请求赔偿超过定金数额的损失。"据此，约定的定金不足以弥补一方违约造成的损失的，守约方既可以请求定金，也可以就超过定金数额的部分请求法定的赔偿损失。但定金和损失赔偿的数额总和不高于因违约造成的损失。

六、买卖合同和租赁合同

（一）买卖合同

1. 买卖合同的概念和特征

买卖合同是出卖人转移标的物的所有权于买受人，买受人支付价款的合同。在买卖合同关系中，转移标的物所有权以获取价款的一方为出卖人或卖方，支付价款以取得标的物所有权的一方为买受人或买方。出卖的标的物应属于出卖人所有或者有权处分，并且不是法律、行政法规所禁止或者限制转让的。

买卖合同有以下特征：①是有偿合同。买卖是商品交换最普遍的形式，其实质是以等价有偿的方式转移标的物的所有权。买卖合同是典型的有偿合同。《民法典》规定，法律对其他有偿合同没有规定的，参照适用买卖合同的有关规定；当事人约定易货交易，转移标的物的所有权的，参照适用买卖合同的有关规定。②是双务合同。买卖双方都享有一定的权利，承担一定的义务，并且这种权利和义务存在对应关系，买方的权利就是卖方的义务，反之亦然。③是诺成合同。买卖合同自双方当事人意思表示一致即可成立，不需要交付标的物。④既可以是非要式合同，也可以是要式合同。买卖合同的成立和有效不需要具备一定形式，但法律另有规定的除外。例如，《中华人民共和国城市房地产管理法》规定："房地产转让，应当签订书面转让合同，合同中应当载明土地使用权取得的方式。"因此，房地产转让合同，包括房屋买卖合同，是要式合同。

2. 买卖合同的内容

买卖合同的内容一般包括标的物的名称、数量、质量、价款、履行期限、履行地点和方式、检验标准和方法、结算方式以及违约责任、解决争议的方法等条款。

3. 买卖合同当事人的义务

（1）出卖人的义务：①按照约定的期限、质量、数量要求向买受人交付标的物；②按照约定向买受人转移标的物的所有权；③就交付的标的物，保证第三人不得向买受人主张任何权利，但法律另有规定以及买受人订立买卖合同时知道或应当知道第三人对买卖的标的物享有权利的除外。

（2）买受人的义务：①按照约定的数额、时间、地点向出卖人支付价款。②按照约定及时受领标的物。③按照约定及时检验标的物。买受人收到标的物时应当在约定的检验期间内检验；没有约定检验期间的，应当及时检验。当事人约定检验期间的，买受人应当在检验期间内将标的物的数量或质量不符合约定的情形通知出卖人；买受人怠于通知的，视为标的物的数量或质量符合约定。当事人没有约定检验期间的，买受人应当在发现或应当发现标的物的数量或质量不符合约定的合理期间内通知出卖人；买受人在合理期间内未通知或自标的物收到之日起两年内未通知出卖人的，视为标的物的数量或质量符合约定，但对标的物有质量保证期的，适用质量保证期，不适用该两年的规定。出卖人知道或应当知道提供的标的物不符合约定的，买受人不受上述规定的通知时间的限制。

4. 标的物所有权的转移和孳息归属

动产所有权自标的物交付时起转移，不动产所有权转移以登记为准，但法律另有规定或当事人另有约定的除外。标的物在所有权转移之前产生的孳息，归出卖人所有；在交付之后产生的孳息，归买受人所有。

5. 标的物的风险责任承担

标的物的风险责任承担是指买卖合同履行过程中发生的标的物毁损、灭失的风险由买卖双方中哪一方负担。《民法典》规定，标的物毁损、灭失的风险，在标的物交付之前由出卖人承担，交付之后由买受人承担，但是法律另有规定或者当事人另有约定的除外。因买受人的原因致使标的物不能按照约定的期限交付的，买受人应当自违反约定之日起承担标的物毁损、灭失的风险。因标的物质量不符合质量要求，致使不能实现买卖合同目的，买受人拒绝接受标的物或者解除买卖合同的，标的物毁损、灭失的风险由出卖人承担。根据《最高人民法院关于审理商品房买卖合同纠纷案件适用法律若干问题的解释》（法释〔2020〕17号）规定，对房屋的转移占有，视为房屋的交付使用，但当事人另有约定的除外。房屋毁损、灭失的风险，在房屋交付使用前由出卖人承担，在房屋交付使用后由买受人承担；买受人接到出卖人的书面交房通知，无正当理由拒绝接收的，房屋毁损、灭失的风险自书面交房通知确定的房屋交付使用日期之日起由买受人承担，但法律另有规定或者当事人另有约定的除外。

（二）租赁合同

1. 租赁合同的概念和特征

租赁合同是出租人将租赁物交付承租人使用、收益，承租人支付租金的合同。租赁物应为法律允许出租的物，如依法可出租的住房。在租赁合同关系中，提供租赁物的使用、收益权的一方为出租人，对租赁物有使用、收益权的一方为承租人。

租赁合同有以下特征：①是转移财产使用、收益权的合同。租赁合同只是将租赁物的使用、收益权转让给承租人，在租赁有效期内，承租人可以对租赁物占有、使用、收益，但不能处分，租赁物的所有权或处分权仍然属于出租人。租赁期间届满，承租人应将租赁物返还出租人。这是租赁合同与买卖合同的根本区别。②是双务、有偿合同。在租赁合同中，支付租金与转让租赁物的使用、收益权之间存在对价关系，承租人支付租金是其取得租赁物使用、收益权的对价，而出租人获取租金是其出租财产的目的。③是诺成合同。租赁合同的成立不以租赁物的交付为要件，当事人只要依法达成协议，合同即成立。

2. 租赁合同的内容和形式

租赁合同的内容一般包括租赁物的名称、数量、用途、租赁期限、租金及其支付期限和方式、租赁物维修等条款。其中，租赁期限不得超过 20 年。超过 20 年的，超过部分无效。租赁期限届满，当事人可以续订租赁合同，但约定的租赁期限自续订之日起不得超过 20 年。

租赁期限 6 个月以上的，租赁合同应采用书面形式。当事人未采用书面形式，无法确定租赁期限的，视为不定期租赁。租赁期限 6 个月以下的，当事人可以选择采用书面形式还是口头形式。但是对于房屋租赁，《中华人民共和国城市房地产管理法》规定："出租人和承租人应当签订书面租赁合同，约定租赁期限、租赁用途、租赁价格、修缮责任等条款，以及双方的其他权利和义务，并向房产管理部门登记备案。"因此，不论房屋租赁期限长短，即使 6 个月以下的，均应签订书面租赁合同。

3. 租赁合同的种类

(1) 不动产租赁合同和动产租赁合同。以不动产为租赁物的合同为不动产租赁合同，以动产为租赁物的合同为动产租赁合同。不动产租赁在我国主要是房屋租赁。

(2) 定期租赁合同和不定期租赁合同。当事人对租赁期限有约定的合同为定期租赁合同，对租赁期限没有约定的合同为不定期租赁合同。对于不定期租赁合同，当事人可以随时解除，但出租人解除租赁合同的，应在合理期限之前通知承租人。租赁期间届满，承租人继续使用租赁物，出租人没有提出异议的，原租赁合同继续有效，但租赁期限为不定期。

(3) 一般租赁合同和特殊租赁合同。一般租赁是指法律没有特殊要求的租赁，特殊租赁是指法律有特殊要求的租赁。例如，《中华人民共和国城市房地产管理法》《商品房屋租赁管理办法》等房地产管理法律法规对房屋租赁有特殊规定，因此房屋租赁合同属于特殊租赁合同。

4. 租赁合同当事人的义务

(1) 出租人的义务：①按照租赁合同约定将租赁物交付承租人。②在租赁期间保持租赁物符合约定的用途。③在租赁物需要维修时在合理期限内进行维修，但当事人另有约定的除外，如房屋租赁通常约定"大修为业主，小修为租客"。④出卖已出租房屋的，应当在出卖之前的合理期限内通知承租人，承租人享有以同等条件优先购买的权利。

但有下列情形之一，承租人主张优先购买房屋的，人民法院不予支持：①房屋共有人行使优先购买权的；②出租人将房屋出卖给近亲属，包括配偶、父母、子女、兄弟姐妹、祖父母、外祖父母、孙子女、外孙子女的；③出租人履行通知义务后，承租人在 15 日内未明确表示购买的；④第三人善意购买已出租房屋并已办理转移登记手续的。实践中为谨慎起见，房地产经纪机构受委托转让已出租房屋时，应要求出卖人提供《承租人放弃优先购买权声明》之类的证明文件。

（2）承租人的义务：①按照租赁合同约定的期限支付租金。②按照租赁合同约定的方法或租赁物的性质使用租赁物。③妥善保管租赁物，因保管不善造成租赁物毁损、灭失的，应承担损害赔偿责任。④未经出租人同意，不得对租赁物进行改善或增设他物。⑤未经出租人同意，不得将租赁物转租给第三人。⑥租赁期间届满，应将租赁物返还出租人。

此外，《民法典》规定："租赁物在承租人按照租赁合同占有期限内发生所有权变动的，不影响租赁合同的效力。"即"买卖不破租赁"，也就是当出租人在租赁有效期内将租赁物的所有权转让给第三人时，租赁合同对新的所有权人仍然有效。具体来说，具备以下 4 个条件，即使买受人不知道该租赁合同存在，租赁关系仍然能够对抗该买受人：①租赁合同已成立并生效，且该租赁合同成立时租赁物未被司法查封；②租赁物已交付承租人；③所有权发生变动是在租赁期间；④出租人或租赁物的所有权人将租赁物的所有权让与了第三人。

5. 租赁合同的解除

租赁期间虽然未届满，但《民法典》规定某些情形下租赁合同当事人一方可以解除租赁合同。

出租人可以解除租赁合同的情形有：①承租人未按照租赁合同约定的方法或租赁物的性质使用租赁物，致使租赁物受到损失的；②承租人未经出租人同意转租的；③承租人无正当理由未支付或迟延支付租金，经催告后在合理期限内仍不支付租金的；④不定期租赁的出租人可以随时解除租赁合同，但应在合理期限之前通知承租人。

承租人可以解除租赁合同的情形有：①因租赁物部分或全部毁损、灭失，致使不能实现租赁合同目的的；②租赁物危及承租人的安全或健康的，即使承租人订立租赁合同时明知该租赁物质量不合格，承租人仍然可以随时解除租赁合同；③不定期租赁的承租人可以随时解除租赁合同，但应在合理期限之前通知出租人。

七、委托合同和中介合同

（一）委托合同

1. 委托合同的概念

委托合同是委托人和受托人约定，由受托人处理委托人事务的合同。在委托合同关系中，委托他人为自己处理事务的人称委托人，接受委托的人称受托人。委托合同是建立在委托人和受托人相互信任的基础上，其标的是处理委托事务，一般是受托人以委托人的名义处理委托事务。

2. 委托合同的特征

委托合同有以下特征：①是以为委托人处理事务为目的的合同。委托人与受托人订立委托合同的目的，在于通过受托人办理委托事务来实现委托人追求的结果。②委托合同的订立以委托人和受托人之间的相互信任为前提。③是诺成、非要式、双务合同。④既可以是有偿合同，也可以是无偿合同。委托合同是否有偿，可由当事人双方根据委托事务的性质、难易程度等协商确定，法律不作强制规定。

3. 委托合同的种类

（1）特别委托合同和概括委托合同。特别委托是指委托人委托受托人为其处理一项或数项事务的委托。概括委托是指委托人委托受托人为其处理约定范围内的一切事务的委托，如委托人委托受托人处理其房屋买卖业务或租赁业务的所有事宜。

受托人在处理委托事务时，应以委托人授权的权限为准。划分特别委托和概括委托的意义在于，使受托人能够明确自己可以从事哪些代理活动，也使第三人知道受托人的身份和权限，使其有目的、有选择地订立民事合同，以防止因委托权限不明确而引起不必要的纠纷，如果发生了纠纷，也便于根据委托权限确定当事人之间各自的责任。

（2）单独委托合同和共同委托合同。单独委托是指只有一个受托人的委托。共同委托是指有两个以上受托人的委托。两个以上受托人共同处理委托事务的，对委托人承担连带责任。

（3）直接委托合同和转委托合同。直接委托是指由委托人直接选任受托人的委托。转委托是指受托人为委托人再选任受托人的委托。受托人为委托人进行转委托，除紧急情况下受托人为维护委托人的利益而需要转委托第三人的以外，应当征得委托人的同意或追认。关于转委托，《民法典》规定："经委托人同意，受托人可以转委托。转委托经同意或者追认的，委托人可以就委托事务直接指示转委托的第三人，受托人仅就第三人的选任及其对第三人的指示承担责任。转委托未经同意或者追认的，受托人应当对转委托的第三人的行为承担责任；但是，在紧急情况下受托人为了维护委托人的利益需要转委托第三人的除外。"

4. 委托合同当事人的义务

(1) 受托人的义务：①按照委托人的指示处理委托事务。受托人应当严格按照委托人的指示，在委托人授权的范围内认真维护委托人的合法权益，勤勉谨慎完成委托事务。受托人原则上不得变更委托人的指示，如果因客观情况发生变化，为了维护委托人的利益而需要变更委托人指示的，应当经委托人同意；因情况紧急，难以和委托人取得联系的，受托人应当妥善处理委托事务，但事后应当将该情况及时报告委托人。②亲自处理委托事务。受托人应当亲自处理委托事务，不得擅自将自己受托的委托事务再委托第三人代为处理，但经委托人同意，受托人转委托的除外。③按照委托人的要求报告委托事务的处理情况。受托人在办理委托事务的过程中，应当按照委托人的要求，向委托人报告委托事务处理的进展情况、存在问题等。委托合同终止时，受托人应当报告委托事务的结果。④向委托人转交处理委托事务取得的财产。受托人处理委托事务取得的财产，如为委托人出租房屋所取得的租金等，应当转交给委托人。

(2) 委托人的义务：①支付处理委托事务的费用。无论委托合同是有偿合同还是无偿合同，委托人都应当承担处理委托事务的费用。对于受托人为处理委托事务垫付的必要费用，委托人应当偿还并支付利息。②向受托人支付报酬。有偿的委托合同，受托人完成委托事务的，委托人应当按照约定向其支付报酬。因不可归责于受托人的事由，委托合同解除或者委托事务不能完成的，委托人应当向受托人支付相应的报酬。但当事人另有约定的，按照其约定。

5. 委托合同当事人的赔偿责任

(1) 受托人的赔偿责任：①有偿的委托合同，因受托人的过错给委托人造成损失的，委托人可以要求赔偿损失。②无偿的委托合同，因受托人的故意或者重大过失给委托人造成损失的，委托人可以要求赔偿损失。重大过失是指一般人对该行为所产生的损害后果都能预见到，而行为人却因疏忽大意没有预见到，致使损害后果发生的心理状态。③受托人超越权限给委托人造成损失的，无论委托合同是有偿的还是无偿的，都应当赔偿损失。

（2）委托人的赔偿责任：①受托人处理委托事务时，因不可归责于自己的事由受到损失的，可以向委托人要求赔偿损失。例如，委托人在受托人无过错的情况下，解除委托合同的。②委托人经受托人同意，可以在受托人之外委托第三人处理委托事务，但因此给受托人造成损失的，如使受托人报酬减少的，受托人可以向委托人要求赔偿损失。

6. 委托合同的终止

委托合同终止的原因分为一般原因和特殊原因。一般原因是指合同通常的终止原因，如委托事务处理完毕、委托合同履行已不可能、委托合同的存续期间届满等。特殊原因是指导致委托合同终止特有的原因，主要有：①当事人一方解除委托合同。委托人或者受托人可以随时解除委托合同。因解除合同给对方造成损失的，除不可归责于该当事人的事由以外，应当赔偿损失。②委托人死亡、终止或者受托人死亡、丧失民事行为能力、终止的，委托合同终止，但当事人另有约定或者根据委托事务的性质不宜终止的除外。

（二）中介合同

1. 中介合同的概念

中介合同过去称为居间合同，为了便于人民群众理解，《民法典》将"居间合同"的名称改为"中介合同"。中介合同是中介人向委托人报告订立合同（如房屋买卖合同、租赁合同等）的机会或者提供订立合同的媒介服务，委托人支付报酬的合同。

在中介合同中，接受委托报告订立合同的机会或提供订立合同的媒介服务的一方为中介人，给付报酬的一方为委托人。中介人的主要义务是提供中介服务以促成委托人与第三人订立合同。

报告订立合同的机会是指中介人接受委托人的委托，寻觅、搜索有关信息，向委托人报告订立合同的机会。

提供订立合同的媒介服务是指中介人不仅要向委托人报告订立合同的机会，还要进一步在委托人与第三人之间传达对方意思，从中斡旋，努力促成委托人与第三人订立合同。

2. 中介合同的特征

中介合同有下列 4 个特征。

（1）以促成委托人与第三人订立合同为目的。中介服务以促成委托人与第三人订立合同为目的，其内容分为报告订立合同的机会和提供订立合同的媒介服务，分别称为"报告中介"和"媒介中介"。

（2）中介人在合同关系中处于介绍人的地位。中介人对委托人与第三人之间如何订立合同没有实质的介入权。无论何种中介，包括房地产中介在内，中介人都不是委托人的代理人，而只是居于委托人与第三人之间起介绍、协助作用的中间人。

（3）具有诺成性、双务性、有偿性。

（4）委托人给付报酬义务的履行有不确定性。在中介合同中，只有中介人促成委托人与第三人订立合同的，委托人才负有给付报酬的义务。而委托人与第三人能否订立合同，不是中介人的意志所能决定的，具有不确定性。因此，中介人能否取得报酬，也具有不确定性。

3. 中介合同当事人的义务

（1）中介人的义务

①中介人应向委托人如实报告有关订立合同的事项。中介人应当就其所知的有关订立合同的事项，如第三人的资信状况、支付能力、标的物是否有瑕疵等，向委托人如实报告，不得恶意促成委托人与第三人订立合同。如果中介人故意隐瞒与订立合同有关的重要事实或者提供虚假情况，损害委托人利益的，不仅不得请求支付报酬，而且应当承担赔偿责任。

②中介人促成合同成立的，中介活动的费用由中介人负担，因为该费用一般已作为成本计算在中介报酬内，中介人不得再另外请求给付费用。中介活动的费用是中介人从事中介活动支出的费用，简称中介费用。

（2）委托人的义务

①中介人促成合同成立的，按照约定向中介人支付报酬。因中介人提供订立合同的媒介服务而促成合同成立的，如果当事人之间无特别约定的，一般应由该合同的当事人平均负担中介人的报酬。促成合同成立是指合同合法、有效的成立。如果促成的合同属于无效或可撤销的合同，则不能视为促成合同成立，中介人不能请求支付报酬。但由于中介合同可以随时终止，有时不免会发生委托人为了逃避支付报酬的义务，故意拒绝中介人已完成的中介服务，而直接与通过中介人认识的第三人订立合同。就此情况，中介人并不丧失报酬的请求权。例如，甲委托乙（中介人）购买住房，乙为其找到了合适的住房的业主丙，甲为了不支付佣金，假借该住房不合适终止了中介合同，之后自行找到丙购买该住房。甲的这种行为无疑违背了诚信原则，因此仍然需要支付报酬。对此，《民法典》第九百六十五条明确规定："委托人在接受中介人的服务后，利用中介人提供的交易机会或者媒介服务，绕开中介人直接订立合同的，应当向中介人支付报酬。"对"利用中介人提供的交易机会或者媒介服务"的理解，主要看委托人是否存在利用中介人提供的信息、机会等条件但未通过中介人而与第三人进行交易的行为。

司法审判实践中，如果原产权人通过多家经纪机构挂牌出售同一房屋，委托人通过其他公众都可以获知的正常途径获得同一房源信息，在多家经纪机构同时带看下，最终委托人选择了报价低、服务好的经纪机构成交，并不违反禁止"跳单"条款。

②中介人未促成合同成立的，按照约定向中介人支付必要费用。中介人未促成合同成立的，委托人可以拒绝支付报酬，但中介人可以按照约定要求委托人支付从事中介活动支出的必要费用，如交通费等。而如果没有约定的，则从事中介活动的费用由中介人负担，中介人无权要求委托人支付，委托人也没有义务向中介人支付该费用。

此外，关于限贷、限购等政策对支付中介报酬的影响，根据《最高人民法院关于印发〈全国民事审判工作会议纪要〉的通知》（法办〔2011〕442号）的有关规定，房屋买卖双方当事人确因中介人的中介行为订立合同，如果房屋买卖合同明确约定以按揭贷款方式付款且买受人因不能办理约定的按揭贷款，或买受人由于相应住房限购政策的实施而无法办理房屋所有权转移登记，中介人以已经促成合同订立为由请求支付中介报酬的，人民法院一般不予支持。但中介人要求委托人支付从事中介活动支出的合理费用的，人民法院应予以支持。中介人故意隐瞒真实情况、违规操作，恶意促成买卖双方订立合同，如果房屋买卖合同不能履行，严重损害委托人利益的，对中介人请求委托人支付报酬的，人民法院不予支持；委托人请求中介人赔偿所造成损失的，人民法院应根据当事人的过错程度处理。

（三）中介合同与委托合同的异同

中介合同与委托合同的相同之处：①都是一方接受他方的委托，并按照他方的指示要求，为他方办理一定事务的合同；②都属于服务合同，其标的是提供服务，而不是物的交付。

中介合同与委托合同的不同之处，主要表现在下列4个方面。

（1）在中介合同中，中介人只是介绍或协助委托人与第三人订立合同，并不参与委托人与第三人之间的关系；而在委托合同中，受托人可以代委托人与第三人订立合同，参与并可以决定委托人与第三人之间的合同内容。

（2）中介合同是有偿合同，中介人促成合同成立的，可以请求报酬，并且在媒介中介时可以从委托人及其相对人双方取得报酬；而委托合同可以是有偿合同，也可以是无偿合同。

（3）在中介合同中，委托人有权自主决定是否承受中介人处理事务的法律后果；而在委托合同中，受托人处理事务的后果直接归于委托人。

（4）处理事务不同。中介人接受委托的内容限于为委托人报告订约机会或介绍委托人与第三人订约，而委托合同中的受托人接受委托的内容是办理委托事务。

第四节　民法典婚姻家庭编

民法典婚姻家庭编调整因婚姻家庭产生的民事关系。民法典婚姻家庭编以及《最高人民法院关于适用〈中华人民共和国民法典〉婚姻家庭编的解释（一）》（法释〔2020〕22号），对夫妻财产制度等内容作了规定。

一、夫妻财产制的类型及其适用

夫妻财产制是规定夫妻关系存续期间夫妻财产关系的法律制度，包括夫妻婚前财产和婚后财产的归属、管理、使用、收益和处分等内容，其核心是夫妻婚前财产和婚后财产的所有权归属问题。夫妻关系存续期间是指夫妻双方登记结婚之日至婚姻关系终止之日的期间，即婚姻关系发生效力之日起到配偶一方死亡或者双方离婚生效之日止。结婚前的恋爱期间或订婚期间不属于婚姻关系存续期间，而婚后夫妻分居期间或离婚诉讼期间属于婚姻关系存续期间。

民法典婚姻家庭编规范了夫妻约定财产制和夫妻法定财产制。夫妻法定财产制包括夫妻个人财产制、夫妻共同财产制。

夫妻约定财产制和夫妻法定财产制可以同时并用，但只有在夫妻双方没有约定或约定不明确的情况下，才适用夫妻法定财产制的规定。具体地说，夫妻婚前财产和婚姻关系存续期间所得的财产，可以为夫妻共同所有，也可以归各自所有或夫妻中的某一方所有，具体是哪种所有形式，首先应根据夫妻之间的约定；只有夫妻之间没有约定或约定不明确的，才适用法律关于夫妻一方个人财产和夫妻共同财产的规定。

二、夫妻约定财产制的主要内容

夫妻约定财产制是指法律允许夫妻双方采取书面协议方式，约定夫妻关系存续期间某项或某些财产的所有权归属的制度。例如，夫妻双方可以约定所购买的两套住房为夫或妻一方所有，或者夫妻双方分别所有。《民法典》规定，男女双方可以约定婚姻关系存续期间所得的财产以及婚前财产归各自所有、共同所有或者部分各自所有、部分共同所有。需注意的是，夫妻财产约定应具备下列4个条件。

（1）夫妻双方必须具有完全民事行为能力。如果夫妻一方丧失或部分丧失了民事行为能力，则该对夫妻只能适用法定夫妻财产制，不能另行约定夫妻财产制。但一方当事人是在依法达成夫妻财产制协议之后丧失或部分丧失民事行为能力的，不影响原来协议的效力。

（2）约定应当采用书面形式。夫妻之间关于财产所有的约定应采用书面形式。例如，王先生和李女士结婚之后购买了一套住房，双方书面约定该住房归李女士所有，则该住房为李女士所有。但如果夫妻双方没有书面约定，仅凭双方口头上说或某一方口头上说无法证实待定内容。为避免日后产生不必要的纠纷，建议房地产经纪从业人员不推定该住房归李女士所有。

（3）意思表示真实。以欺诈、胁迫手段或乘人之危使对方违背真实意思做出的约定可以依法撤销。

（4）内容必须合法，不得规避法律或损害国家、集体和他人的合法利益。例如，夫妻不得利用财产约定归夫或妻一方所有来逃避应向第三人履行的债务。

夫妻约定财产所有权归属可以在婚前、结婚时或婚姻关系存续期间。夫妻双方就财产关系进行约定后，对双方当事人和知道该约定的相对人具有法律约束力。《民法典》规定："夫妻对婚姻关系存续期间所得的财产约定归各自所有，夫或者妻一方对外所负的债务，相对人知道该约定的，以夫或者妻一方的个人财产清偿。"

三、夫妻法定财产制的主要内容

（一）夫妻个人财产制的主要内容

根据民法典婚姻家庭编，夫妻一方所有的房地产包括：①一方的婚前房地产。婚前房地产是指一方于婚姻登记前，购买并登记于自己一人名下的房地产。②遗嘱或赠与合同中确定只归夫或妻一方的房地产。

因此，对于上述房地产的所有权，如果夫妻双方没有书面约定或书面约定不明确的，为夫妻一方所有。例如，李女士在与王先生结婚之前购买了一套住房，如果婚后双方对该住房没有书面约定为夫妻共同所有或书面约定不明确的，则该住房归李女士所有。因此，对于已婚业主出售其名下"单独所有"的房屋，必须核实房屋是否为其婚前取得（婚后无房贷）。如果为婚前取得，业主可以单独出售；如果为婚后取得，即使房屋所有权证或不动产权证记载为单独所有，为谨慎起见，也必须要求业主持有其配偶亲笔签名的配偶同意出售证明。

（二）夫妻共同财产制的主要内容

根据民法典婚姻家庭编，除夫妻之间有书面约定及依法应为夫妻一方所有的房地产外，夫妻在婚姻关系存续期间所得的房地产，归夫妻共同共有，包括因继承或受赠所得的房地产。因此，夫妻在婚姻关系存续期间所得的房地产，如果夫妻双方没有书面约定或书面约定不明确，并且又不属于法律规定为夫妻一方所有的，为夫妻共同共有。

民法典婚姻家庭编明确规定，夫妻对共同财产，有平等的处理权。因此，夫或妻对夫妻共同所有的房地产做重要处理决定，如出卖房地产，夫妻双方应平等协商，取得一致意见。一方未经另一方同意出售夫妻共同所有的房地产，第三人善意购买、支付合理对价并已办理不动产登记的，另一方不得主张追回该房地产。

四、司法解释对夫妻财产制的规定

为了更加明确夫妻之间的房地产归属问题，2020 年 12 月 29 日最高人民法院公布了《最高人民法院关于适用〈中华人民共和国民法典〉婚姻家庭编的解释（一）》（法释〔2020〕22 号）。具体来说，有关内容归纳总结如下。

（1）结婚前，父母为双方购置房屋出资的，该出资应当认定为对自己子女个人的赠与，但父母明确表示赠与双方的除外。

（2）结婚后，父母为双方购置房屋出资的，依照约定处理；没有约定或者约定不明确的，按照《民法典》第一千零六十二条第一款第四项原则处理。该项规定，夫妻在婚姻关系存续期间继承或者受赠的财产，为夫妻的共同财产，归夫妻共同所有，但是本法第一千零六十三条第三项规定的除外。《民法典》第一千零六十三条第三项规定，遗嘱或者赠与合同中确定只归一方的财产，为夫妻一方的个人财产。

（3）由一方婚前承租、婚后用共同财产购买的房屋，登记在一方名下的，应当认定为夫妻共同财产。

（4）《民法典》规定属于夫妻一方的个人财产，不因婚姻关系的延续而转化为夫妻共同财产。但当事人另有约定的除外。

（5）夫妻一方婚前签订房屋买卖合同，以个人财产支付首付款并在银行贷款，婚后用夫妻共同财产还贷，房屋登记在首付款支付方名下的，离婚时该房屋由双方协议处理；如果双方不能达成协议的，人民法院可以判决该房屋归产权登记一方，尚未归还的贷款为产权登记一方的个人债务，双方婚后共同还贷支付的款项及其对应财产增值部分，离婚时应根据照顾子女、女方和无过错方权益的原则，由产权登记一方对另一方进行补偿。

第五节　民法典继承编

　　房屋是个人或家庭的主要财产。自然人死亡后的遗产中通常有房屋。在有多个继承人的情况下，为了不损害房屋的效用，便于遗产分割，继承人往往将遗产中的房屋出售，然后分配房屋出售所得的价款。在从事涉及继承的房屋经纪业务时，应注意作为遗产的房屋与房屋所有权人在世时的房屋出售有所不同。因此，房地产经纪人需要了解民法典继承编的有关规定。民法典继承编调整因继承产生的民事关系。

一、继承和遗产的概念

　　继承是指从自然人生理死亡或被宣告死亡时起，按照法律规定将其遗产转移给他人所有的一种法律制度。遗产是指自然人死亡时遗留的个人合法财产，包括自然人的房屋等财产。

　　房屋继承是指按照法律规定将被继承人遗留的房屋所有权及该房屋占用范围内的土地使用权转移给继承人的法律制度。房屋继承是房屋所有权和土地使用权继受取得方式的一种。

　　生理死亡或被宣告死亡的自然人为被继承人。对被继承人来说，其生前对财产的处分都具有法律效力，但其死亡后不可能再对财产进行处分。继承从被继承人死亡时开始。失踪人被宣告死亡的，以人民法院判决中确定的失踪人的死亡日期为继承开始的时间。继承一开始，遗产的所有权便转归继承人。继承人为一人的，继承人单独取得遗产的所有权；继承人为两人或两人以上的，遗产为全部继承人的共有财产。根据《民法典》，因继承或受遗赠取得房屋物权的，自继承或受遗赠开始时发生效力。但继承人或受遗赠人处分该房屋物权时，应办理不动产登记手续，否则不发生物权变动的效力。例如，房地产经纪机构受委托出售尚未办理继承登记的房屋的，除遗嘱继承外，为谨慎起见，应将所有同一顺位法定继承人视为共同共有人，签订房屋买卖合同时，应要求所有同一顺位法定继承人共同签订（或委托他人代为签订），并要求已婚的继承人的配偶出具其亲笔签名的配偶同意出售证明。

二、遗产继承方式和顺序

　　遗产继承方式有以下 4 种：①法定继承，又称无遗嘱继承，即按照法律的直接规定继承，是在被继承人无遗嘱的情况下按照法律规定的继承人范围、继承人顺序、遗产分配原则等进行的遗产继承方式。②遗嘱继承，又称指定继承，是继承人按照被继承人生前所立的合法有效的遗嘱进行的遗产继承方式。③遗赠，是被继承人生前以遗嘱的方式将其遗产赠送给法定继承人以外的其他人或国家、集体组织的一种遗产处理方式。④遗赠扶养协议，是自然人与扶养人签订关于扶养人承担该自然人生养死葬义务，并于该自然人死亡后享有按约定取得其遗产权利的协议。

根据《民法典》，继承开始后，按照法定继承办理；有遗嘱的，按照遗嘱继承或遗赠办理；有遗赠扶养协议的，按照协议办理。因此，遗产处理的先后顺序是遗赠扶养协议、遗嘱继承或遗赠、法定继承，即优先考虑遗赠扶养协议，其次考虑遗嘱继承或遗赠，最后考虑法定继承。

法定继承人的范围和顺序是：第一顺序为配偶、子女、父母；丧偶儿媳对公婆，丧偶女婿对岳父母，尽了主要赡养义务的，作为第一顺序继承人。第二顺序为兄弟姐妹、祖父母、外祖父母。继承开始后，由第一顺序继承人继承，第二顺序继承人不继承；没有第一顺序继承人继承的（包括第一顺序继承人全部放弃继承的），由第二顺序继承人继承。

三、遗产继承与债务清偿

继承遗产应先清偿被继承人依法应缴纳的税款和债务。也就是说，继承人在接受被继承人的遗产时，应负责清偿被继承人生前所欠的税款和债务，但继承人缴纳的税款和清偿的债务以被继承人的遗产实际价值为限。

执行遗赠不得妨碍清偿遗赠人依法应缴纳的税款和债务。也就是说，清偿被继承人生前所欠的税款和债务优先于遗赠，即如果被继承人生前有税款和债务没有清偿，则在执行遗赠之前应先清偿被继承人生前所欠的税款和债务。

复 习 思 考 题

1. 房地产经纪人为什么要学习民法典有关知识和规定？

2. 什么是民事法律关系？其要素有哪些？

3. 什么是民法典？什么是平等主体？

4. 什么是民法典调整的财产关系和人身关系？

5. 民事活动的基本原则有哪些？

6. 根据《民法典》，什么是完全民事行为能力人、限制民事行为能力人和无民事行为能力人？

7. 什么是法人？有哪几种法人？

8. 什么是民事权利？什么是民事义务？

9. 民事法律行为成立的条件是什么？

10. 哪些民事行为是无效民事行为？

11. 什么是代理？它有哪些种类？代理责任有哪些？

12. 什么是民事责任？承担民事责任的方式有哪些？

13. 什么是不可抗力？现实中不可抗力通常包括哪些情况？它对承担民事责任有何影响？

14. 什么是物权？它有哪些效力？与债权有何区别？

15. 民法典物权编的主要原则有哪些？

16. 物权主要有哪几种分类？

17. 所有权有哪几项权能？中国现行不动产所有权有哪几种？

18. 什么是善意取得？善意取得应具备的条件有哪些？

19. 用益物权和担保物权的含义是什么？

20. 建设用地使用权、地役权和抵押权的含义是什么？

21. 什么是占有？如何区分有权占有与无权占有，以及无权占有中的恶意占有？

22. 什么是合同？它有哪些特征？

23. 合同有哪些分类？各种分类有何意义？

24. 什么是合同的效力？合同的生效条件有哪些？

25. 合同一般包括哪些内容？对合同的履行和违约责任有哪些规定？

26. 定金罚则的内容是什么？定金与订金、预付款、违约金等有何区别？

27. 什么是买卖合同、租赁合同、委托合同、中介合同？它们有哪些特征？当事人的义务主要有哪些？

28. 委托合同与中介合同有何异同？

29. 夫妻约定财产制和共同财产制的主要内容有哪些？

30. 房地产为夫妻一方所有的情形有哪些？

31. 作为遗产的房屋买卖与一般房屋买卖有何不同？应注意哪些问题？

32. 遗产继承的方式有哪几种？法定继承人的范围和顺序是什么？

第十章　住房消费和营销心理

　　房地产经纪人要与许多不同的人打交道，并因房地产交易频次低、成交有不确定性，会面临许多挑战、遇到许多挫折、承受很大的心理压力。因此，房地产经纪人要做好经纪服务，应具有必要的心理学知识，了解住房消费心理和营销心理，并提升与人顺畅沟通、友好相处的能力，还要有效减轻自己的心理压力，保持积极乐观向上的心态。一个善于跟人打交道，能赢得他人信任，懂得站在客户角度思考问题，会把握客户的需要和动机且有针对性地适时推介合适的房源，掌握有关谈判技巧的房地产经纪人，往往能在业务上取得成功。为此，本章介绍消费者（客户）的心理与行为，营销过程心理与策略，房地产经纪人心理及其综合素质提高，以及房地产经纪人的人际交往和积极心态等。

第一节　个体消费者的心理与行为

一、心理活动和心理现象

（一）心理活动与行为表现

　　心理学是一门主要探索人的心灵奥秘，研究人的心理活动和行为表现的科学。人的心理活动支配其行为，并通过其行为表现出来。反过来，通过观察、分析人的外部行为，便可推测其内部心理活动。

　　人的心理活动是通过人脑进行的。人脑接受外界的多种信息，将这些信息加工处理，转换成内在的心理活动，进而支配人的行为，并以语言、肢体动作（如表情、眼神、手势）、活动等行为方式表现出来。

（二）心理现象及其认识

　　心理现象是一种不同于自然现象、社会现象的复杂而奇妙的主观精神现象，是心理活动的表现形式，可分为心理过程、个性心理两大方面。

1. 心理过程

　　心理过程是指在客观事物的作用下，人的心理活动在一定时间内发生和发展的过程，包括下列 3 个方面。

（1）认知过程。当人以感觉、知觉、记忆、思维、想象等形式反映客观事物的性质、联系及其对人的意义时，就是认知过程。

（2）情绪过程。人们在对客观事物的认知过程中，根据客观事物是否符合或满足自己的需要，会表现出一定的态度，比如是否喜欢，是否满意，是否同意。伴随认知过程而产生的人对客观事物的某种态度的体验，就是情绪过程。

（3）意志过程。人们对客观事物不仅要认知和感受它，还要处理或改造它。为了处理或改造客观事物，需要提出目标，制定计划，选择完成计划、达到目标的方式方法，还要不懈地努力、克服困难。由认知支持和情绪推动，人有意识地排除内心障碍、克服外部困难而坚持实现预定目标的过程，就是意志过程。

此外，人们在感知某个事物、回忆某件往事、思考某个问题、想象某个形象时，心理活动必须有所指向和集中才能更好地看清、听清、记住、思索它，这就是注意。注意的基本功能是对信息进行选择，伴随着心理过程的始终，是心理过程顺利进行、保证心理过程指向和集中于所反映对象的必要条件。注意指向并集中在一定对象后，会保持一定时间，维持心理活动持续进行。

2. 个性心理

个性心理是指个人受社会制约或在群体影响下所形成的各种心理现象的总和，在不同的人之间有所不同。个性心理包括下列两个方面。

（1）个性心理特征：是某个人的心理过程中经常和稳定地带有个体倾向性的精神面貌，主要表现在性格、气质、能力3个方面，以性格为核心。个性心理特征影响着一个人的言行举止，集中体现了某个人的心理活动的独特性。

（2）个性心理倾向：是决定个人对客观事物的态度和行为的内部动力系统，包括需要、动机、兴趣、理想、信念、价值观，能使人的行为表现出积极性，对心理活动进行组织和引导，使心理活动有目的、有选择地对客观事物进行反映。

心理现象的结构示意，如图10-1所示。概括起来，心理过程和个性心理是相互联系的，个性心理以心理过程为基础，反过来又影响心理过程；认知过程、情绪过程和意志过程是统一的心理过程的3个不同方面；个性心理特征和个性心理倾向是个性心理不可分割的两个侧面，二者相互联系、相互制约。

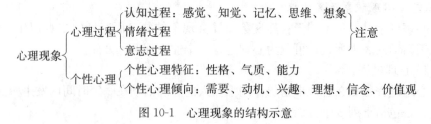

图 10-1 心理现象的结构示意

二、消费者的心理过程

（一）消费者的认知过程

住房消费者（如购房人、租房人，通常称为客户）对住房的认知过程，是其住房消费（如购买或承租住房，简称购租住房）心理过程的起点和第一阶段。购租住房的各种心理和行为现象，包括购租动机的产生、购租态度的形成、购租过程中的比选等，都是以客户对住房的认知过程为先导的。可以说，离开了对住房的认知过程，一般不会产生购租住房行为。

1. 消费者的感觉

客户对住房的认知过程是从客户对住房的感觉开始的。感觉主要有视觉、听觉、嗅觉、味觉和触觉。客户一般借助这些感觉来接受住房有关信息，通常以视觉方式获得的信息量最多。例如，当看见住房的周围环境、景观和外观，听到住房周边的声音，闻到室内外的气味，触摸门窗、墙体等，便产生了住房是否美观、安宁、清新、牢固等不同的感觉。

感觉在住房消费和营销活动中的作用主要有下列两个。

（1）使客户获得对住房的第一印象。此外，房地产经纪人（或营销人员）的仪表、经纪门店或售楼处的内部布置等，也会使客户产生不同的感觉。客户这些感觉的好坏往往使其产生不同的情绪体验，甚至影响到情绪型客户是否购租住房，是否选择经纪服务。

（2）不同的客体刺激对同一个人会引发不同的感觉，相同的客体刺激对不同的人所引发的感觉不同，应针对不同类型的客户发出不同强度的刺激信号。例如，应针对不同需求或偏好的客户，突出住房的交通便利、地段优越、户型较好、价格实惠、环境优美、小区安全、配套设施完善等优点，并对住房存在的不足坦诚地予以提示（因为住房的许多不足，客户自己也能看出，如果遮遮掩掩，反而给客户不诚实的感觉），以取得最佳的营销效果。

2. 消费者的知觉

知觉是在感觉的基础上形成的，是反映客观事物的整体形象和表面联系的心理过程。知觉的形成不仅需要具体的客观对象，还需要以往的知识和经验的帮助。例如，客户在实地看房时，眼观住房的环境、外观、户型、房间大小、光线明暗、新旧程度等，耳听室内外声音、房屋隔声等，鼻闻室内外气味，体感室内温度、湿度等，形成对住房个别特性的感觉，在此基础上综合评价其美观度、适用性、舒适度、性价比等，得出对该住房的整体印象，即是知觉。

知觉的特性及其在住房消费和营销活动中的作用主要有下列4个。

（1）选择性。客观事物多种多样，人们总是以其中少数事物作为知觉的对象，对它们反映得较清晰，而对其余事物反映得较模糊，这就是知觉的选择性。知觉的选择性不仅与人的需要、兴趣、知识、经验以及刺激对人的意义是否重要等密切相关，还与对象及其背景的刺激性相关，如刺激强度大、对比明显、新颖独特的事物容易成为知觉的对象。因此，房地产经纪人可运用知觉的选择性帮助客户确定购租目标，比如针对客户通常带着既定的需求（如拟购租住房的地段、价位、面积、户型、楼层、新旧等）选择住房，可直接突出住房的这些方面，以吸引客户的注意。

（2）整体性。在知觉过程中，人们不是孤立地反映事物的个别部分和个别特性，而是反映事物的整体和各部分之间的关系，这就是知觉的整体性。根据知觉的整体性，在经纪门店、售楼处等有限的空间内展示房源信息时，应使客户通过展示的有限房源信息获得对住房的整体印象。

（3）理解性。在知觉过程中，人们总是根据以往的知识和经验来解释当前所知觉的对象，并用语言来概括它，赋予它确定的含义，这就是知觉的理解性。知觉的理解性要求提供的房源信息与目标客户的文化水平、理解能力吻合。

（4）恒常性。当知觉的客观条件（如距离、角度或光线明暗）在一定范围内改变时，知觉的映象仍然保持相对不变，这就是知觉的恒常性。知觉的恒常性是客户再次购租或推荐他人购租某种住房的一个重要因素。良好的口碑、信誉和品牌通常会拥有忠实的客户。

观察是知觉的特殊形式，是有目的、有计划、主动的知觉过程，比一般的知觉有更深的理解性。房地产经纪人做好客户言行举止等观察非常重要，主要从3个方面进行：①明确观察的目的和任务；②明确观察的重点和难点；③记录并整理观察的结果。例如，客户通常用语言和肢体动作来表达其所想的内容，因此可通过观察客户无意流露出来的语气、表情、眼神、手势等，来判断其有无购租意愿、购租急迫程度以及想要购租的住房状况等。

3. 消费者的记忆

人们不仅能够感知周围的事物，还能记住它们，当这些事物再次出现时，能够认出它们，或者虽然事物并没有出现在眼前，但能够回忆起，这就是记忆。记忆是人对以往经验的识记、保持、再认和回忆。其中，识记是识别并记住事物，是记忆的开端；保持是记忆的中心环节，是信息的储存，通过保持可以巩固识记的内容，为再认或回忆提供条件；再认是过去经历过的事物重新出现时能够识别出来；回忆是过去经历过的事物并没有出现在眼前而能够把它在头脑中重现出来。

记忆在住房消费和营销活动中的作用主要有下列 6 个。

（1）记忆影响客户的购租决策。客户进行购租活动时，要依靠各种信息。这些信息一部分来自记忆，且记忆的强弱影响客户对信息的使用。住房的广告、地址、名称、外观、价格等都是客户记忆的主要方面，好的营销策略应让房源信息给客户留下深刻印象。

（2）记忆规律影响住房宣传效果。客户在购租住房时，会面对大量的房源信息，其中许多信息会被遗忘或不被注意，只有能引起客户注意的信息才会留在其记忆中。因此，应研究客户的记忆规律，有效提高住房的宣传效果。

（3）营销活动可以加强客户的记忆。住房营销过程中，可以把客户吸引到对住房宣传、观看的活动中，从而加深客户对住房的记忆，扩大销售。

（4）通过加深理解提高记忆效果。理解是识记材料的重要条件，广告宣传中可以把新房源与客户所熟知的事物建立联系，从而提高记忆效果。

（5）情绪对记忆产生影响。客户的情绪处于愉快、兴奋、激动的状态时，对与之相关的信息会形成良好的记忆，且此类记忆能保持较长时间。因此，可以利用情绪诉求手段加强客户对房源的印象。

（6）适度重复能加深客户对房源的印象。提高重复率是一种加深客户记忆的宣传策略，房源广告的投放可利用这一策略。

4. 消费者的思维

人们在实践活动中，经常运用已有的知识和经验对问题进行比较、分析、综合和概括等，这些思考活动就是思维。思维是更复杂、更高级的心理活动。只有通过思维，才能获得对事物的本质属性、内在联系和发展规律的认识。

人们的思维有 4 个特点：①思维的独立性差异。例如，有的客户在购租活动中有自己的主见，不易受外界的影响；而有的客户缺乏思维的独立性，易受外界的影响。②思维的灵活性差异。有的客户能根据市场变化，灵活改变原有的想法或计划，作出变通的决定；而有的客户遇到变化时呆板，不能作出灵活反应或变通。③思维的敏感性差异。有的客户能在较短的时间内发现问题和解决问题，迅速作出购租决定；而有的客户遇事犹豫不决，不能迅速作出购租决定。④思维的创造性差异。有的客户善于通过多种渠道收集房源信息，在购租活动中不因循守旧，不安于现状，有创新意识，有丰富的创造力和想象力。

可见，客户通过对住房的思维过程而做出的购租行为，通常是一种理智的消费行为，同时不同客户的思维能力有差异。而人的思维主要是借助语言实现的，思维和语言有着密切联系。因此，房地产经纪人得体的话语会拉近与客户的距离，使营销活动取得较好效果。

5. 消费者的想象

人们不仅能够直接感知客观事物，记住和回忆过去曾经感知过的事物，还可以在感知、记忆、思维的基础上，在头脑中加工形成一种新的形象，这就是想象。想象和思维一样，是一种高级的心理活动。

想象主要有两种分类：①根据有无目的，分为有意想象和无意想象。有意想象是有预定目的、自觉产生的想象。无意想象是没有特定目的、不自觉的、自然而然的想象。梦是无意想象的极端情况。②根据想象与现实的关系，分为幻想、梦想和空想。幻想是与人的愿望相联系的，指向未来的想象。积极的幻想是健康的，符合事物发展规律，并有可能实现的梦想。消极的幻想是完全脱离现实生活，违背事物发展规律，并且毫无实现可能的空想。

想象在住房消费和营销活动中的作用主要有下列两个。

（1）引发客户正面和美好的想象。客户在评价、购租住房时常常伴随着想象，想象对于推动客户的购租行为有重要作用。在营销活动中，通过对住房的介绍，激发客户对购租住房后居住体验或使用场景的美好想象，从而推动其购租行为。

（2）培养房地产经纪人丰富的想象力。房地产经纪人应能想象出哪种居住体验或使用场景更适合客户的需要，从而提高成交率。

（二）消费者的情绪过程

客户对住房的认知过程不是机械的，而会产生是否喜欢、满意等肯定或否定的心理反应，这就是客户购租心理的情绪过程。

客户的情绪具有短暂性和不稳定性的特点，并伴有情景性和冲动性。例如，客户进入经纪门店或售楼处购租住房，如果感到该场所环境整洁、服务良好周到、房源信息丰富、查找方便快捷、有大量房源可供选择，就会感到高兴和满意，会产生一种愉悦的体验，而且以后还会愿意光顾或推荐他人光顾；反之会感到沮丧和失望。这些都是情绪的体现。

在购租住房活动中，客户情绪的产生及其变化主要受下列 5 个因素的影响。

（1）住房的属性。住房的属性或构成要素是影响客户情绪的一个主要因素，当客户受到可供选择的住房各种属性的刺激并形成整体印象时，对住房的情绪便会产生，比如喜欢或不喜欢。随着对住房了解的深入，情绪程度也会发生变化，比如非常喜欢或很不满意等。

（2）客户的心理准备状态。一般来说，客户的需求程度越高，购租动机越强烈，情绪的兴奋程度会越高，购租的可能性就越大。

（3）客户的个性特征。包括客户的购租能力、性格特征和气质类型。就购租能力来说，购租能力较弱的客户在选择住房时往往有手足无措、较紧张的情绪。

（4）营销场所的环境。营销场所的设施、温度、照明、色彩、气味、音响等，都是导致客户情绪变化的因素。如果营销场所舒适优雅，客户会产生愉快、满意的情绪，反之会产生否定的情绪。

（5）房地产经纪人的表情和态度。房地产经纪人的服务态度、服务内容、服务水平如何，直接影响客户的心理感受和情绪变化。客户对住房和营销场所环境形成良好印象后，能否转变为购租行为主要看房地产经纪人的服务情况。

总之，客户的情绪产生及其变化，既可促使购租行为的实现，又可阻碍购租行为的进行。在营销活动中注重为客户营造良好的气氛，处理好与客户的关系，对促成交易具有积极意义。

（三）消费者的意志过程

客户在购租住房活动中的意志过程是客户有目的、自觉地支配和调节自己的行动，克服种种困难，实现预定购租目标的心理过程。

人们在实践活动中，通过认知过程的心理活动，对客观事物从感性认识进入理性认识，同时通过情绪过程，进一步反映了客观事物同个体需要间的关系。最终表现为行动的、积极要求改变现实的心理过程，构成了心理过程的另一个重要方面，即意志过程。

客户在购租住房活动中的意志过程可分为两个阶段：一是作出购租决定阶段，即客户意志开始参与的阶段，包括确定购租目标、制定购租计划、选择购租方式等。二是执行购租决定阶段，即客户将其购租决定变为购租行动的阶段。在此阶段，客户需要自觉地排除和克服各种因素的干扰，以顺利完成购租活动。

（四）消费者的注意

客户的注意是客户的心理活动对一定对象的指向和集中，是客户获取信息的先决条件，因为只有进入客户注意范围的事物，才可能被其感知。

根据有无预定目标和意志努力程度，注意分为无意注意和有意注意。无意注意并不是没有注意，而是指事先没有预定目标，也不需要做出意志努力，无意之中对某个对象引起的注意。有意注意是指有预定目标，并经过意志努力的注意，如客户带着一定的购租要求（如拟购租住房的地段、价位、户型、新旧等），在大量的房源信息中选择自己想要的，就属于有意注意。

现代营销活动重视引起和吸引客户对商品及其有关信息的注意。客户注意的效果直接决定企业的经济效益，因此注意效果被直接命名为经济行为，即所谓"注意力经济"。其中，因眼睛（实际上是视觉）在注意中占据重要地位，甚至把

"注意力经济"称为"眼球经济"。注意在营销活动中的作用主要有 3 个：①利用有意注意和无意注意的关系，创造更多的营销机会。②发挥注意的心理功能，比如利用强烈、鲜明、新奇的活动刺激人们的无意注意，实现由无意注意到有意注意的转换。③利用注意规律设计、发布广告或房源信息，比如利用形状、色彩、位置、对比等方法吸引客户的注意。

三、消费者的个性心理特征

个性既包括某个人呈现在他人面前的外部自我，也包括由于种种原因不能显示的内部自我。客户的个性心理特征包括客户的性格、气质和能力。

（一）消费者的性格

1. 性格的概念

性格是某个人在对人、对事的态度和行为方式上所表现出来的心理特点，如直率、开朗、慷慨、刚强、傲慢、温柔、圆滑、吝啬、粗暴等。性格是个性的集中表现和具有核心意义的个性心理特征。了解和掌握了一个人的性格，就抓住了其个性链条的核心。

2. 性格的类型

按照一定标准把性格加以分类，有助于了解一个人性格的主要特点，揭示其性格的实质。

根据个体心理活动的倾向性，可将性格分为外向型和内向型。外向型的人，其心理活动倾向聚焦于外部世界，关心外部的事物，爱交际且善交际，活泼、开朗，感情外露，自由奔放，不拘小节，当机立断，独立性强，活动能力强，易适应环境的变化，但有轻率、易变的一面。内向型的人，其心理活动倾向聚焦于内部世界，好沉思、善内省，处事谨慎，深思熟虑，孤僻，交际面窄，常常沉浸在自我欣赏和自我陶醉之中，易害羞，寡言少语，较难适应环境的变化，但一旦下定决心办某件事，总能锲而不舍。现实生活中，多数人是兼有外向型和内向型的中间型。

根据理智、情绪、意志三者在性格结构中所占的优势，可将性格分为理智型、情绪型和意志型。理智型性格的人，通常用理智来衡量一切，并以理智来支配自己的行动。情绪型性格的人，情绪体验深刻，言行举止易受情绪左右。意志型性格的人，行动目标明确、积极主动，具有果断、自制、持久而坚定的特性。

根据个体独立性的程度，可将性格分为顺从型和独立型。顺从型的人，独立性一般较差，倾向于以外在参照物作为信息加工的依据，易受暗示，通常不加批判地接受别人的意见，习惯于按照别人的意见（要求）办事，在紧急情况下往往表现得惊惶失措。独立型的人，不易受外来事物的干扰，具有坚定的信念，能独立地判断事物、发现问题、解决问题，在紧急情况下不慌张，能充分发挥自己的力量，但易固执己见，甚至喜欢把自己的意见强加于人。

3. 消费者的性格与其行为特征

在选择住房过程中，客户的性格不同会表现出不同的行为特征。例如，外向型客户一般表现为热情活泼，喜欢与房地产经纪人交换意见，其言语、表情、动作较明显地表露出对住房的好恶。理智型客户喜欢依据较全面客观的标准，认真仔细考虑住房的各方面因素，选择那些最能满足自己需要的住房。情绪型客户喜欢以自己的主观态度来选择住房，易受各种诱因的影响，表现出易变和举棋不定。房地产经纪人应注意观察客户的性格，对不同性格的客户采取不同的营销策略。

（二）消费者的气质

1. 气质的含义

在日常生活中，人们常说某个人"气质好"或"很有气质"，其中的气质一般是指人的行为举止、外貌、谈吐甚至衣着打扮、文化素养等。心理学所讲的气质与此有所不同，可理解为人的"脾气""禀性"，是指人在许多场合一贯表现出来的、较为稳定的心理活动的动力特征。

气质表现在心理过程的强度、速度、稳定性、灵活性和指向性上。人们情绪体验的强弱，意志努力的程度，知觉或思维的快慢，注意力集中时间的长短，注意转移的难易，以及心理活动是倾向于外部事物还是自身等，都是气质的表现。

2. 气质的类型及其在住房营销中的应用

气质类型是表现在一类人身上共有的或相似的心理特征的典型结合，其分类标准和种类很多，如有些人活泼、直爽、浮躁，有些人沉静、稳重。人的气质差异是先天形成的，是人的天性，它只给人的言行涂上某种色彩，无好坏之分。每种气质类型既有积极的一面，也有消极的一面。了解客户的气质类型，有助于针对性地为客户提供经纪服务。例如，对于活泼的客户，一般可与其多交谈，不厌其烦地有问必答；而对于稳重的客户，应避免言语过多和过分热情，以免引起其反感。

（三）消费者的能力

能力是完成某种活动的必要条件，且能力的强弱决定着完成活动的效率和质量。能力有多种，如认识能力、语言表达能力、组织能力、购买能力等。人们之间的能力有差异，往往差异较大。例如观察力，有的人在观察中对细节感知清晰，但对整体把握不准；而有的人侧重于综合的感知，获得事物的整体印象，但忽略细节；有的人则二者兼有，既能注意事物的整体，又不忽略其细节。

根据客户对住房的了解和认识程度，客户的能力可分为知识型、略知型和无知型。知识型客户熟悉住房的有关知识，能识别住房的优劣，挑选住房时比较自信，不易受营销环境和房地产经纪人介绍的影响。对于这类客户，应向其提供有关专业资料，不宜对住房作过多的介绍评论，以免引起其反感，主要工作是回答客户提出的问题。略知型客户了解住房的有关知识，但不够全面深入，甚至一知半解。对于这类客户，应对住房作一些必要的介绍，补充其对住房的认识，增强其购租信心，促成其购租行为。无知型客户缺乏住房的必要知识，挑选住房时往往犹豫不决，易受营销环境的影响。对于这类客户，应耐心细致地向其介绍住房，打消其购租顾虑，促进其购租行为。

四、消费者的需要和动机

客户的行为与其需要和动机有密切关系。需要是行为的根源和原动力，而动机是行为的直接驱动力。这是因为客户的行为是有目的的，之所以要购租住房，是为了满足自己的居住、投资、保值等需要。当某种需要没有得到满足时，客户会产生内心紧张。这种内心紧张状态激发客户争取实现目标的动力，即形成动机。在动机的驱使下，客户采取行动以实现目标。

（一）需要的概念和特点

人的需要是人的机体对自身和外部生活条件的要求在人脑中的反映。这种反映通常以欲望、渴求、意愿的形式表现出来，如口渴时想喝水，饥饿时想吃东西，无住房时想有住房，已有住房时想有大房子、新房子、好房子。

需要有以下 3 个特点：①对象性。任何需要都是有对象的，以追求某种事物来获得满足。②紧张性。一种需要的出现会使人感到有某种欠缺。人在力求获得满足而未得到满足的过程中，常常会体验到一种特有的紧张感或不适感、苦恼感。③驱动性。需要一旦出现，就会成为一种内在力量，支配人们去寻求满足，推动人们从事有关活动。

同时需注意的是，一方面，有时人们并未感到有某种欠缺，但仍然可能产生对某种商品的需要，比如面对美味佳肴时可能产生食欲，尽管还未感到饥饿。这些能引起人们需要的外部刺激或情景，称为消费诱因。另一方面，在运用消费诱因刺激消费行为时要把握好分寸，因为诱因对产生需要的刺激作用是有限度的，诱因刺激强度过大会导致人们的不适、反感甚至不满，比如过于热情地向客户推介房源、急于要求客户签订合同，反而会抑制其购租需要的产生。

（二）需要的种类和层次

人的需要是多种多样的，且原有的需要得到满足后，又会产生新的需要。如图 10-2 所示，美国心理学家马斯洛（Abraham H. Maslow，1908—1970 年）把人类的需要按照先后顺序和高低层次，分为下列 5 类。

图 10-2　人类需要的层次

（1）生理的需要。这是维持生存的需要，如对水分、食物、睡眠的需要等。这类需要是最原始、最基本的，如果不被满足，就会产生不良后果，甚至有生命危险。

（2）安全的需要。当生理的需要得到满足后，人们就会被安全的需要所推动。安全的需要是希望得到保护和免于威胁从而获得安全感的需要，比如希望避免灾害等对身体的伤害，要求社会治安良好、职业稳定、未来生活有保障等。当未来不可预期或社会秩序受到威胁时，这类需要就特别突出。

（3）归属和爱的需要。生理和安全的需要虽然得到满足，但并不能保证幸福。因为人是社会性动物，不愿意孤独，希望与人交往，有知心朋友，成为某个社会群体中的一员。归属和爱的需要包括被别人接纳、爱护、关注、欣赏、鼓励、支持等需要。

（4）尊重的需要。满足了归属和爱的需要后，人们便会产生对自我尊重和受人尊重的关注，比如希望自己有实力、有成就、有荣誉、有地位、有威望，得到他人的赞赏或高度评价等。

（5）自我实现的需要。当前面 4 种需要都得到满足后，人的活动便由自我实现的需要所支配。自我实现的需要是追求人生存在价值而产生，是希望实现自己的理想和抱负。这时人具有高度的自我意识和社会认知能力，富于创造性，行为具有自发性，能够积极地面对未知和挑战。

需要层次理论认为，人们通常是先满足较低层次的需要，然后去关注较高层次的需要，只有较低层次的需要得到满足或部分得到满足后，较高层次的需要才有可能产生。当一种需要基本得到满足后，就会失去对动机和行为的支配力量，转而由新的占优势的需要起支配作用。因此，房地产经纪人要分析客户所处的需要层次，根据其住房需求，有针对性地为客户提供更合适的房源和专业的经纪服务。同时也应注意的是，现实生活中可能在较低层次的需要还没有满足时就已经受到较高层次需要的影响。此外，房地产经纪人自己要提高认识，努力做到诚信、专业，使自己以及房地产经纪职业和行业得到社会认可和尊重。

（三）消费者住房需要的主要内容

上述各层次需要在人们购租住房中或多或少都有所表现，因为住房既是生存资料（生活必需品），又是发展资料，还是享受资料。客户对住房的需要包括对住房本身及有关服务（如物业服务、经纪服务）的需要，其内容主要包括下列7个方面。

（1）对住房基本功能的需要。住房基本功能是其能够满足人们居住需要的物质属性，如挡风遮雨、保温隔热、隔声、通风、采光等，是客户对住房的最基本需要。

（2）对住房安全性能的需要。客户要求住房是安全的、对身心健康没有危害，如要求建筑结构安全、防盗、防灾（如防火灾、地震、洪水、泥石流等灾害）、无污染（所用建筑材料环保，所在地区无空气污染等）、私密性，所在居住区治安良好、未发生过犯罪案件或犯罪率低等。

（3）对住房使用便利的需要。客户要求居住在住房内方便日常生活，如上下水、供电、供气、供热、通信、网络等设施设备齐全，出入交通便捷，日常购物方便，就医便利等。

（4）对住房审美功能的需要。这主要表现在客户对住房的建筑造型、风格、色彩等方面的追求，考虑住房在这些方面是否符合自己的审美要求。因社会地位、生活背景和文化水平等不同，不同客户的审美观和审美标准有所不同，也就具有不同的审美需要。

（5）对住房情绪功能的需要。客户在购租住房时会将各种情绪映射到住房上，考虑是否满足自己对情绪的诉求，比如缺乏安全感的人要求住房看起来安全、温暖。此外，通常对所在小区居民职业、年龄、收入水平以及邻里关系等也有所要求。

（6）对住房社会象征的需要。客户拥有某种住房可使其得到某种心理满足，比如提高社会声望和地位、得到社会认可、受人尊重等。出于社会象征需要的客户，特别看重住房的社会象征意义，比如某些购房人要求住房位于高档社区、居住区或住宅小区，对邻居有一定要求，甚至愿意花高价购买接近名家住所或名人居住过的住宅，能显示自己的社会地位和身份，令人羡慕等。

（7）对享受良好服务的需要。除了对住房本身的需要，客户还要求在购租住房及居住使用过程中享受到良好服务。良好服务能给客户以尊重、感情交流、个人价值认定等方面的心理满足。随着经济社会发展，客户对住房消费中享受良好服务的要求日趋强烈，服务在客户需要中的地位不断上升。例如，客户要求住房的物业服务及时、质优价廉，以及在购租住房过程中房地产经纪人的服务诚信专业、热情周到，能使其放心省心。此外，还要求有较好的购租住房体验，以较少的时间、较快的方式购租到所需要的住房。近年来兴起的 VR 看房、线上签约等线上服务，能较好地满足客户这方面的需要。

（四）消费者的动机

1. 消费者动机的形成

消费者动机是源于消费者的生理、心理等需要，驱使消费者朝着一定目标去行动的内在动力，也就是引起消费者行为的内部原因和推动力量。通常说"行为背后必有原因"，这里的原因指的就是动机。

当消费者的某种需要达到一定强度而驱使其去行动时，这种需要就转化为动机。因此，动机是在需要的基础上产生，由需要所推动，但需要在强度上必须达到一定水平并指引行动朝着一定目标，才会变成动机。此外，通过外界的刺激也可产生动机。例如，某人原本不打算买房或不想很快买房，但受到同事、朋友买房或某些"打动人心"的售房广告、房源信息、政府鼓励住房消费政策等影响，便产生了购房动机。因此，既要适应和满足客户的需要，又要主动引导和激发客户的需要，使其产生购租住房的动机。但值得注意的是，刺激仍然要以需要为基础，只有当刺激和需要相联系时才能形成动机。因此，只有打动客户内心并使其自发产生购租意愿的营销策略、促销活动，才是好的营销策略、促销活动。

2. 消费者动机的功能

从动机和行为的关系来说，动机有 3 个功能：①激活功能。动机引发、刺激、驱使客户产生购租住房行动。②指向功能。动机使客户的购租行动朝着一定的目标。③维持和调节功能。动机使客户的购租行动维持一定的时间，并调节其购租行动的强度和方向。

3. 消费者动机的种类

客户的兴趣、爱好等不同，形成了不同的动机。常见的客户动机有以下 7 种：①求实动机。表现为追求住房的使用价值，注重住房的内在品质，不太讲究外观等。②求廉动机。表现为追求价格相对较低的住房，比如喜欢选购折扣价、优惠价的住房，不太计较住房的内在品质和外观。③求同动机。表现为追求大众化的住房，随波逐流。④求美动机。表现为追求住房的欣赏价值或艺术价值，注重住房的外观等。⑤求新动机。表现为追求住房的潮流、新颖和时尚，不太计较住房的价格。⑥求奢动机。表现为注重住房的档次、知名度、开发商、服务商等。⑦求奇动机。表现为注重住房的与众不同，甚至追求住房的奇特式样。

五、消费者的行为

消费者的行为是在其需要和动机的驱使下进行的，即：消费需要→消费动机→消费行为→需要满足。

消费需要的强度决定消费行为实现的程度，需要越迫切、越强烈，消费行为实现的可能性就越大。住房消费者的行为一般会经过 5 个阶段：①确认需求，即客户认识到有购租住房的需要。②搜集信息，即客户通过有关渠道获取有关房源信息。③评价选择，即客户对所获取的房源信息进行分析、权衡，作出初步选择。④购租决定，即客户最终表示出购租意图。⑤购租后感受，即客户对购租住房后满意程度的态度。

根据客户购租目标的明确程度，可把客户分为以下 3 种：①确定型客户，他们事先掌握了住房知识和市场信息，有明确的购租目标，进入经营场所会主动向房地产经纪人提出所要购租的住房要求。②半确定型客户，他们有大致的购租目标，但购租目标还不够具体，需要房地产经纪人或内行的指点才能确定。③盲目型客户，他们事先没有确定购租目标，进入经营场所往往走马观花，其购租行为是随机的，易受营销环境的影响。

根据客户购租行为的不同态度，可把客户分为以下 5 种：①习惯型客户，他们因其对某些住房较熟悉和信任，以致产生习惯性购租行为，其目的性很强、决策果断、成交迅速。②理智型客户，他们感情色彩较少，不易受他人的诱导或广告宣传的影响。③经济型客户，他们对住房价格较敏感，对同类住房中价格较低的感兴趣，经济实惠是其购租住房的基本原则。④冲动型客户，他们情绪波动较大，没有明确的购租计划，易受外界因素的影响，往往凭直觉迅速作出购租决定，但事后有时后悔。⑤疑虑型客户，他们善于观察细小事物，疑心较大，在购租住房时细致、谨慎、动作较慢，往往缺乏购租经验或主见，希望得到房地产经纪人的提示或帮助。

第二节　消费者群体的心理与行为

一、消费者群体的形成和类型

（一）消费者群体的概念和意义

消费者群体是指具有一种或多种相同消费特征的若干消费者所形成的集体。消费者的住房购租行为虽然大多是分散、各自独立进行的，但因年龄、性别、职业（或行业）、收入水平、受教育程度等相同或相近，使其中一些消费者具有一种或多种相同的消费特征，或者因年龄、性别、职业、收入水平、受教育程度等差异，使消费者形成了互有区别的群体。

通过对不同客户群体的划分，了解、分析其购租住房心理与行为，可准确细分市场，并有针对性地采取营销策略，从而取得良好的营销效果。

（二）消费者群体的形成原因

消费者群体的形成是消费者的内在因素和外部因素共同作用的结果。内在因素有年龄、性别、性格、生活方式、兴趣爱好等。具有某种相同特征的消费者，易形成共同的生活目标和消费倾向，如因年龄差异形成了青年、中年和老年消费者群体。外部因素有职业、收入水平、受教育程度、民族、宗教信仰等，它们一般通过内在因素对消费者产生影响。例如，职业的差异导致工作环境、工作内容、能力素质、心理特点等差异，这些差异会反映到消费习惯、消费行为上，比如形成机关人员、科技人员、服务人员、工人等消费者群体。

（三）消费者群体的类型划分

（1）根据人口统计因素划分：包括年龄、性别、职业、民族、收入水平、受教育程度等。例如，根据性别，分为女性、男性住房消费者群体。女性在购租住房时一般比男性偏爱小户型，决策时间更长。根据收入水平，分为低收入、中等收入、高收入住房消费者群体。

（2）根据客户来自地区划分：如分为本地（如本市、本省）、外地（如外市、外省）客户群体；沿海、内地、边远地区客户群体；城市、农村客户群体；境内、海外客户群体。

（3）根据客户心理因素划分：包括生活方式、性格、心理倾向等。例如，根据生活方式，可分为保守型、潮流型，或者节约型、享受型等客户群体；根据性格，可分为支配型、服从型，积极型、消极型，独立型、依赖型等客户群体；根据心理倾向，可分为注重实际型、相信权威型、犹豫怀疑型等客户群体。

（4）根据客户对住房的现实反映划分：包括购租动机、对住房要素的敏感性等。例如，根据购租动机，可分为求实型、求廉型、求同型、求美型、求新型、求奢型、求奇型等客户群体；根据对住房要素的敏感性，可分为价格敏感型、地段敏感型、环境敏感型、户型敏感型、质量敏感型、外观敏感型、服务敏感型等客户群体。

（5）根据客户对购租方式的偏好划分：如分为线下偏好型、线上偏好型和混合型客户群体。线下偏好型客户喜欢与房地产经纪人面对面交流，倾向于在经纪门店、售楼处查看房源信息和洽谈购租事项。而线上偏好型客户喜欢自行在互联网环境下浏览房源信息，甚至下订单和支付。目前，线上交易主要适用于住房租赁，不适用于住房买卖。混合型客户则结合线上、线下各自优势，先在互联网平台浏览、挑选房源，然后实地看房，在经纪门店或售楼处谈判购租。

客户群体不是固定不变的，随着时间等变化，还会产生新的客户群体。随着房地产市场发展和经济社会发展，客户群体的划分会越来越细。因此，为了精准营销，应及时关注客户群体的发展变化，适时调整营销策略。

二、不同年龄消费者的心理与行为

年龄是划分消费者群体的常用标准，不同年龄的客户因社会阅历和心理成熟度的差别，形成了各具特色的购租住房心理与行为。购租住房心理是指客户在购租住房时所具有的一种心理状态。因住房交易中不满 18 周岁的未成年人通常是由其父母或其他成年人帮助购租的，这里主要介绍青年及以上年龄客户群体的心理与行为。

（一）青年消费者的心理与行为

青年消费者一般是指年龄在 18 岁至 40 岁的消费者，通常易冲动、易感情用事，独立性和消费潜力较大，消费行为的影响力也较大，是消费潮流的领导者。青年消费者在购租住房行为中的心理特征主要表现在下列 4 个方面。

（1）追求时尚和新颖。青年消费者思维活跃、富有冒险精神和创造性，其消费理念追求时尚新颖、力图领导消费潮流。

（2）追求科技和实用。青年人接触面广、信息渠道多、信息量大，其消费需求除了要求时尚新颖，还要求科技性、实用性。

（3）追求自我成熟的表现和消费个性心理的实现。青年消费者喜欢那些能够反映自己个性心理成熟的住房，有时还把住房与自己的理想、职业、时代追求联系在一起。

（4）冲动性多于计划性。青年人在情绪和性格上容易冲动，缺乏理财计划，往往在时尚、新潮的住房面前表现得非常冲动。

青年消费者是购租住房特别是住房租赁和刚性购房需求的主力人群，其购租住房目的主要是结婚、落户、子女上学等需求，但往往资金不够宽裕。对于这类客户，要根据其购租住房目的有针对性地推荐房源，如重点推荐小户型、总价较低、配套较全的住房，介绍房源时可突出说明住房设计的独到之处，描绘居住在该住房的好处或生活画面等，激发客户居住其中的丰富想象，以促成交易。还值得关注的是，年轻一代消费者（18 岁至 25 岁）更加注重个性化和居住体验，倾向于与自己价值观相符合的居住生活，喜欢参与社交媒体和分享找房经历。

（二）中年消费者的心理与行为

中年消费者一般是指年龄在 40 岁至 60 岁的消费者，通常在心理上已成熟，自我意识和自我控制能力较强，个性表现较稳定，能有条不紊、理智地分析处理问题。中年消费者在购租住房等消费中的心理特征主要表现在下列 5 个方面。

（1）理智性胜于冲动性。随着年龄的增长，青年时的冲动情绪逐渐趋于平稳，理智逐渐支配行动。中年人的这种心理特征表现在购租决策心理和行动中，使其在购租住房时很少受住房外在因素的影响，而较注重住房的内在性能和质量，往往经过分析、比较后，才作出购租决定，尽量使自己的购租行为合理、正确、可行，较少有冲动、随意购租的行为。

（2）计划性多于盲目性。中年人虽然掌握着家庭中大部分收入和积蓄，但因既要赡养父母又要养育子女，肩上的担子沉重。其中多数人遵循量入为出的消费原则，很少像青年人那样随意、盲目购租。因此，中年人在购租住房前常常对住房的价位、性能要求乃至购租的时间、地点都妥善安排，做到心中有数，对不需要或不合适的住房一般不会购租，很少有计划外开支和即兴购租。

（3）追求实用和节俭。中年人不像青年人那样追求时尚，生活的重担、经济收入的压力使其越来越实际，购租实用的住房成为多数中年人的购租决策心理和行为。因此，中年人更多关注住房是否适用。当然，中年人也会被新产品所吸引，但更多关注新产品是否比同类旧产品更具实用性。住房的实际效用、合适价格与较好外观的统一，是引起中年消费者购租的主要动因。

（4）有主见且受外界影响小。由于中年人的购租行为具有理智性和计划性的心理特征，他们做事大多有主见，并由于经验丰富，对住房的鉴别能力较强，大多愿意挑选自己喜欢的住房，对房地产经纪人的推荐、介绍有一定的分析判断能力，对广告之类的宣传也有较强的评判能力，因此受其影响较小。

（5）随俗求稳并注重住房的便利。中年人不像青年人那样完全根据个人爱好进行购租，需求逐渐稳定。他们更关注别人对该住房的看法，宁可压抑个人爱好而表现得随俗，喜欢买一款大众化的、易于被接受的住房，尽量不使人感到自己花样翻新和不够稳重。

中年消费者通常是住房改善性需求和投资性需求的主力人群。根据这类客户的购租住房目的，可向其推荐较多可供选择的房源，客观说明每个房源的优缺点、性价比，突出介绍房源的居住环境、实用性或者投资收益、保值增值等方面的特点，并给其足够的决策时间，以促成交易。

（三）老年消费者的心理与行为

老年消费者一般是指年龄在 60 岁以上的消费者，通常怀旧心理较强烈，追求方便实用，注重购租方便和良好服务。老年消费者对住房性能和质量要求较高，特别是要安全和使用方便，如通常要求住房为低楼层或有电梯、无障碍，甚至有院子。因此，可向这类客户推荐出入方便、购物就医方便、环境安静、健身设施齐全的房源，并帮助其增强购租信心。值得注意的是，随着人口老龄化的加剧，适老化住房需求逐渐发展起来，老年消费者更加注重舒适、安全和便利的居住环境。

三、不同阶层消费者的心理与行为

消费者的收入水平、职业、受教育程度等，构成了不同阶层的消费者群体。与之相关的消费心理主要有下列 3 种。

（1）基于希望被同一阶层成员接受的"认同心理"。例如，曾经某些较高收入阶层的人士不管自己是否真心喜欢，通常会倾向打高尔夫球等休闲活动。

（2）基于避免向下的"自保心理"。例如，自认为较高收入阶层的人士通常不会像工薪阶层那样去购租小户型或普通配套的住房用于自住。

（3）基于向上攀升的"高攀心理"。例如，某些较低收入阶层人士宁愿省吃俭用来购买高级轿车，以获得"有钱人"的满足感。

房地产经纪人应正确认识所营销的新建商品房、二手房等住房及经纪服务的定位，适应客户的不同阶层及其购租住房心理，开展相应的营销活动。

第三节　营销过程心理与策略

营销过程心理是在房地产经纪人运用多种营销要素和营销手段时，客户作出反应、产生购租动机、进行购租决策、采取购租行动的一系列心理活动过程。营销要素和营销手段主要有住房价格、广告、现场营销。

一、住房价格心理

住房价格包括买卖价格、租赁价格（通常称为租金），是购租住房中最敏感的因素之一。住房价格心理是客户对住房价格的心理反应，是影响客户购租行为的重要因素之一。

（一）住房价格的心理功能

住房价格的心理功能主要有下列 3 个。

（1）住房价值认知功能。客户通常因缺乏住房价值的专业知识和鉴别能力，难以准确分辨住房的性能、质量好坏和实际价值高低，这时价格往往成为客户衡量住房性能、质量和实际价值的尺度。此外，客户还会通过"货比三家"来分析判断住房价格是否合理。因此，对住房售价或租金的确定不能随意。

（2）自我意识比拟功能。客户在购租住房时，往往通过想象和联想，把住房与自己的性格、气质等个性心理特征联系起来，与自己的愿望、兴趣、爱好等个性心理倾向结合起来，以满足自己心理上的欲望和需求。住房价格是客户比拟经济地位、社会地位、文化修养、生活情操等方面的一个重要途径。

（3）调节住房需求功能。住房价格高低可调节住房需求量大小、需求发生的时间早晚。在其他条件不变的情况下，房价越高，需求量会越小。但是在预期未来房价涨落的情况下，可能存在买涨不买落的心理。例如，当房价持续上涨时，客户以为房价还要上涨而提前购买，甚至出现恐慌性抢购；而在房价有下降趋势时，客户往往持币观望，甚至可能出现抛售。需指出的是，在房价持续上涨时，房地产经纪人员不得参与哄抬房价。

（二）客户的住房价格心理表现

客户的住房价格心理表现主要有下列 4 种。

（1）习惯性心理。这是客户在长期关注、跟踪或多次购租住房中，通过对住房价格的反复感知而逐渐形成的衡量住房价格的心理。该心理一旦形成，通常较难改变。当住房价格变动而改变了客户习惯的价格时，客户心理会经历一个打破原有习惯，由不习惯、不适应到逐渐习惯、较为适应的过程。认识到了习惯性心理对客户购租行为的影响，对住房价格的调整应采取慎重的态度。

（2）敏感性心理。这是客户对住房价格变动的反应强弱程度，既有一定的客观标准，又有主观因素，是客户在长期实践中逐渐形成的一种心理价格尺度。客户对价格变动敏感的住房，当其价格变动时，客户会较快作出反应。但是客户对价格变动的敏感性强度，会随着价格变动的习惯性适应程度的提高而降低。

（3）倾向性心理。这是客户在购租过程中对住房价格选择所表现出的倾向。

不同客户的住房价格倾向有所不同，如高收入的客户倾向于高档小区、配套完善、价格较高的住房，中等收入的客户倾向于普通小区、配套齐全、价格适中的住房。

（4）感受性心理。这是客户对住房价格高低的感知强弱程度。客户通常不仅基于对某一住房自身的价格是否可接受来作出购租决策，还基于该住房与相似住房的价格比较来作出购租决策。这种受到背景刺激因素的影响而导致价格在感受上的差异，会直接影响客户对价格的判断。因此，可向客户推荐区位等相似而价格不同的房源，将这些房源信息整理在一张表格中让客户比较，以取得较好的营销效果。在带客户看房时，可先看价格较高、条件较好的住房，再看价格较低、条件较差的住房，然后看价格和条件适中的客户。这样，客户通过对比感受，就能较快、较客观地作出购租决策。

（三）客户对住房价格的判断

客户一般通过以下 4 个途径对住房价格进行判断：①与市场上相似住房的价格进行比较；②与同一场所（如同一售楼处、同一商品房项目）中相似住房的价格进行比较；③通过住房自身的区位、户型、楼层、朝向、新旧等进行比较；④通过客户自身的体验来判断。

客户对住房价格的判断既受其心理因素的影响，又受某些客观因素的影响，主要有下列 5 个。

（1）客户的收入水平。这是影响客户对住房价格判断的主要因素，比如对同一套住宅的同一标价，企业高管或高收入的客户与普通员工或中等收入的客户的感受完全不同。

（2）客户的价格心理。住房的价格一旦高于客户习惯的价格，客户就会觉得太贵。

（3）营销的场所。对于不同的营销场所，客户对价格的判断标准有所不同。通常，在越高档的营销场所，客户一般会认为住房的价格越高。

（4）住房的功能。一种住房如果只有一种功能，则标价高了客户会觉得太贵，而如果该住房具有较多的功能，对于同样的标价就会感觉物有所值。例如，"学区房"的价格虽然明显高于同区位其他住房的价格，但仍然供不应求。

（5）客户对住房需求的急迫程度。如果客户急需某种住房且其不可替代，即使住房价格或租金较高，客户通常也会接受。这就是某些区域的房价或房租虽然很高，但一些刚性需求者仍然要购租住房的原因。

（四）住房的心理定价策略

住房的价格高低是影响其销售的一个重要因素。为了适应和满足不同客户的购租心理，住房定价要有相应的策略。

1. 高位定价策略

这是针对价高质优或便宜没好货的心理，以同类住房中较高甚至最高的价格来定价。购租这种住房的人，往往不是很在乎价格，更关心住房的品质及其能否显示自己的身份和社会地位，通常价格越高，其心理越满足。例如，某套住宅是所在片区或小区内位置、户型、楼层、朝向、景观最好的，甚至为所谓的"楼王"，其挂牌价就有可能是所在片区或小区最高的。

2. 低位定价策略

这是针对追求经济实惠的心理，以同类住房中较低的价格来定价，以吸引追求经济实惠的客户购买。例如，某套住宅因业主出国、急需资金或换购更好的住宅而希望快速售出，可建议业主将挂牌价确定为所在片区或小区明显偏低的。

3. 尾数定价策略

这是定一个零头数结尾的非整数价格，使客户产生价格较低的心理感觉，也使客户认为定价是认真、精确的。例如，一套 100m² 的住宅，挂牌单价 9 998元/m² 会使人感觉比 10 000 元/m² 明显便宜，或者挂牌总价 99 万元会使人感觉比 100 万元明显便宜。特别是挂牌总价为 99 万元而不是 101 万元，客户会觉得便宜许多，101 万元会使客户觉得价格上了一个台阶，但二者实际上仅相差 2 万元。这种定价策略还可以是价格尾数取人们通常认为的吉利数字，使客户图个吉利，更愿意购买。比如挂牌总价 118 万元、138 万元、158 万元的住宅，在同等价位的住宅中更容易引起客户的注意并产生购买意愿。同时需注意的是，尾数的确定要符合当地的风俗习惯，因为不同的尾数在不同地区、不同民族中的效果不尽相同。

此外，据报道，美国有关研究人员分析了 2.7 万个二手房交易数据后发现，如果卖家一开始的开价更加精确，比如 322 万元而不是 300 万元，最后的成交价反而更高。之所以会出现这种情况，一是因为精确的数字让人觉得更可信。322 这个数字看起来不像是一拍脑袋想出来的，因此让人觉得更加有依据。如果要卖房子，开价 300 万元，会让人觉得这个价格是凭空而来的。而如果定价 322 万元，则听起来比较靠谱。二是因为精确的数字让人觉得更小。人们觉得精确的价格更便宜，比如 523 元这个价格比 500 元要"便宜"。因为对于大白菜的价格，人们通常会说两三元一斤；而对于电视机的价格，可能会说 5 000 多元，虽然这台电视机的价格是 5 390 元，但人们一般不会记得后面的零头，只会记得前面的数字。因此，人们对于小的数字反而记得比较精确，对于大的数字只能记得一个笼统的数。电视机多少钱人们通常只能精确到千位数，房子总价多少人们通常只能精确到万位数。这样一来，在人们的记忆里，精确到个位数的价格都比较小。这就会给人们一个感觉，即小的数字才精确，因此当一个价格更精确时，反而让人感觉更便宜。

4. 折扣定价策略

这种定价策略主要适用于新建商品房销售。针对客户追求物美价廉的心理，为激发客户的购租欲望和进行促销，将价格定得不低甚至偏高，再对符合一定条件的客户给予价格折扣优惠。例如，对在某个日期之前或一定期限内（如 10 天内）交购房定金的，给予价格九五折优惠；对不贷款而用现金一次性付款的，给予价格八八折优惠等。有时，还会采取赠送物业费、装修、高价礼品等变相折扣的方式。

二、住房广告心理

（一）住房广告的心理过程

住房广告的心理过程可概括为下列 5 个环节。

（1）通过广告引起客户的注意，使客户的意识转向广告中的住房，并对广告中的住房信息加以注意。广告能否引起客户的注意，是广告能否取得预期效果的基础。因此，广告要有一定信息的刺激性和趣味性，比如"业主急售""尾房清盘销售"等有可能打动某些人。

（2）通过广告传递出的信息，使客户增加对广告中住房的了解。为了加深客户的记忆，还要求广告有一定的重复性，如系列房地产广告和营销活动在商品房推广中常被采用就是这个道理。

（3）进一步产生记忆与想象、联想交互作用的心理过程。记忆有助于增强客户对广告中住房的认同，为了加强客户的记忆，要求广告有一定的形象性，使客户在头脑中形成较具体的形象，比如"精装公寓，拎包入住"会吸引年轻人购租。

（4）通过以上过程，引起客户的兴趣，增强其购租住房的欲望和作出购租决策的动力。情绪是决定客户是否购租广告中住房的重要因素之一，因此广告应注重艺术感染力、讲究人情味、诱发人们的积极情绪。

（5）形成良好的住房形象，产生对住房积极的评价，进而产生购租意向，付诸购租行为。

（二）成功广告的心理方法

成功的广告要针对潜在客户的心理。可运用下列 5 种方法打动潜在客户。

（1）真实可信。客户对广告的信任只是一种现象，其实质是通过广告来认识和了解住房。如果人们购租了广告上宣传的住房而不能获得广告宣传的购租体验，则其被激发的购租热情会很快被不信任所代替，甚至要求退房。

（2）适时实用。广告宣传要抓住不同时期客户的心理愿望，通过住房表面击中客户某个特定时期的心理。例如，过去住房不够宽裕时期，客户往往更多关注的是住房面积大小；而现在，客户往往更多关注的是住房户型布局、小区环境、周边配套设施等。

（3）引起共鸣。成功的广告要吸引客户的注意，引起客户的共鸣。例如，可针对所出售或出租住房的突出优点或特色，利用人们希望把美好的想象变成现实的心理，通过宣传一种较模糊的感觉，引起更多的联想，比如"给一个五星级的家"等。

（4）创造信誉。通过广告真实与艺术地宣传，使客户通过自身实践或相互传递信息后得到更多认同，从而创造住房的形象与信誉。

（5）方便可行。在广告宣传中附加某些方便购租的说明。这是因为，如果引起了客户的兴趣，但客户不知道到哪里去购租，则广告是不成功的。因此，房地产广告应注明销售或出租电话和地址，甚至附带所销售或出租楼盘介绍和导航功能的二维码或微信公众号等。

三、住房现场营销心理

（一）现场营销的客户心理

在现场营销过程中，客户会产生一些典型的心理反应，影响其购租决策和行为。房地产经纪人应注意客户的不同心理状态，主要有下列 6 种。

（1）择优心理。人们在购租住房时往往希望购租到其中相对最好的，而对"最好"通常又没有客观明确的标准，因此一般是通过对多套住房的比较，从中挑选一个相对较好的。如果没有多套住房供客户挑选，客户往往难以下决心购买，因此有时给客户多个房源选择反而有利于销售。

（2）逆反心理。当客户感觉房地产经纪人在急切地推销某种住房时，往往会产生逆反心理，担心这种住房会有质量缺陷或其他猫腻而放弃购租。因此，在向客户推介房源时，不应过于强烈推销某个房源，而宜同时推介多个房源，说明它们各有优缺点，给客户留下选择的余地。

（3）烦躁心理。如果交易过程中等待时间过长、交易场所环境较差等，会使客户产生焦躁不安的心理，破坏交易情绪。对售楼处、经纪门店来说，要尽量提高接待来访客户、解答客户问题、房源信息查询、带领客户看房等经纪服务工作效率，避免客户心急而另寻其他门店。

（4）从众心理。许多人争相购租的楼盘或项目，即使自己对其不够了解，也可能在从众心理的驱使下购租。反之，无人问津的楼盘或项目，人们通常怀疑它是否有某些缺陷或认为不值得购租。

（5）抢购心理。当住房供不应求或要涨价时，如房源紧张或房价可能上涨的信息，会使人们产生紧张心理，担心买不到或价格上涨而出现争相购买，甚至恐慌性抢购。但需注意的是，根据有关法律、法规和政策，房地产开发企业、房地产经纪机构和房地产经纪人员不得发布虚假房源信息和广告，不得捂盘惜售或变相囤积房源，不得通过捏造或散布涨价信息等方式恶意炒作、哄抬房价。

（6）待购心理。当住房供应充足、价格可能下跌时，人们因担心买后价格会下降，而不急于购买。如果价格一降再降，人们持币待购的心理会更加强烈。因此，如新建商品房中尾房清盘、下调房价时，宜一步降到位。

（二）现场营销过程心理分析

现场营销的心理过程是房地产经纪人了解和推动客户购租住房的心理过程，一般经过下列 5 个阶段。

（1）观察客户的购租意图。客户进入销售或出租场所，房地产经纪人不宜马上靠近或询问，否则会给客户造成心理压迫感，产生拒绝购租的心理，而应分清客户的购租意图，分类予以接待。如果客户进入销售或出租场所后，目光集中，脚步轻快，迅速索取或询问住房信息，房地产经纪人应马上以欢迎的态度靠近；如果客户有购租某种住房的意图，但对目标住房还不十分明确，一般会东看西瞧，不急于提出购租要求，房地产经纪人应让其在自由轻松的气氛下任意浏览，在客户需要帮助时再予以询问；如果客户进入销售或出租场所后，目光游移不定，观看一些毫无关联的住房信息，没有购租目标，但这类客户如果发现有兴趣的住房，也可能会购租，房地产经纪人应顺其自然，静观其变；客户进入销售或出租场所后，如果没有固定的目标，仅参观游览，房地产经纪人可只微笑面对。

（2）了解客户的购租目标。当客户发现了购租目标或对某种住房产生兴趣时，这个目标往往不够具体，需要从众多同类住房中选择后才能确定，房地产经纪人应主动对客户感兴趣的住房进行介绍或带看，协助客户锁定购租目标。

（3）诱发客户的兴趣和联想。当住房或房地产经纪人给客户留下较满意的印象时，客户会放弃排斥心理，主动向房地产经纪人询问，甚至产生一种兴奋的情绪。房地产经纪人应抓住机会介绍住房的性能、特点，突出住房的使用带给客户的便利或好处，引导客户产生进一步的兴趣和联想。

（4）强化客户对住房的综合印象。当客户对住房产生联想后，就会开始想要拥有它。但是多数客户一般不会马上作出购租决定，而是与其他同类住房进行比较评价和筛选。此时，房地产经纪人应善于发出诱发需求的提示，强化住房的综合吸引力，使客户加强对住房的良好印象。

（5）促进客户采取购租行为。在经过比较评价和筛选后，客户的购租欲望会进一步转化为购租决定，并开始实施购租行动。有些客户树立了购租信心后会很快采取购租行动，而有些则十分迟疑。房地产经纪人应站在客户的角度从使用到服务的各个方面坚定客户的信心，促成其购租行为。

（三）现场营销与互联网营销的心理差异

现场营销、互联网营销各有优缺点，对客户的心理影响有所不同。

（1）可视性和触感差异。现场营销可以让客户看到住房的真实场景和细节，亲身体验住房的实际状况，感受住房的物理特征和空间感，从而较容易产生购租住房的兴趣和信任。相比之下，互联网营销缺少这种可视性和触感，客户只能通过图片、视频、VR等方式了解住房状况，不能亲自感受住房的质量、材质、空间等物理特征。对此，房地产经纪人可提供更加详细和真实的图片、视频、三维全景等可视化信息，以及更多的实物展示、模拟体验等，让客户更逼真地了解住房的现实情况。

（2）信任感和安全感差异。在现场营销中，客户可与房地产经纪人面对面交流，了解更多住房状况的信息和细节，从而有利于增强客户对房地产经纪人和品牌的信任感，进而较易产生购租决策。而在互联网营销中，因客户与房地产经纪人缺乏面对面交流，加上对互联网上信息的真实性和可靠性存在疑虑，客户往往更加谨慎，往往通过口碑、评价和信任度来确定房地产经纪人和房源信息的可信度。对此，房地产经纪人可快速回复客户的问题，并用更专业的表达赢得客户的信任。

（3）决策焦虑上的差异。客户在购租住房过程中，往往有决策焦虑的问题，即对影响购租住房决策的一些重要因素，例如住房的质量、价格、区域发展前景等，不能作出准确判断而感到焦虑不安。互联网营销可以让客户更加充分地了解相关信息，对影响购租住房决策的一些重要因素可以进行对比和分析，从而减少决策焦虑。但互联网上房源信息的可选择性更广，面临更多的比较和选择，过度的信息也会使客户感到困惑和难以判断，从而产生新的决策焦虑。对此，房地产经纪人可针对客户需求，提供更加专业的建议，帮助客户更好地理解和把握影响购租住房决策的重要因素，减少决策焦虑。

四、客户类型及相应的营销策略

根据客户的个性特征、购租住房经验、购租住房偏好等，可分为成熟理智、缺少经验、犹豫不决、小心谨慎、眼光挑剔、特殊偏好等类型的客户。房地产经纪人应了解不同类型客户的心理，设身处地站在客户的角度，采取相应的营销策略。

（一）成熟理智型客户及其营销策略

这类客户通常具有较丰富的购租住房知识和经验，对房地产市场行情和住房性能较了解，在与这类客户交谈时能感到其沉稳冷静、深思熟虑、需求明确，对所感兴趣的问题喜欢追根究底，且不易被说服。对于这类客户，应以诚相待，切忌夸夸其谈，稍微的不专业、不客观或不真实的信息都可能被其识破，并由此产生不信任感。正确的做法是全面客观地介绍住房的优缺点，有关说明都应有依据，利用专业知识获得其信任，让其感到房地产经纪人的专业性和可靠性，从而增加成交机会。

（二）缺少经验型客户及其营销策略

这类客户多为初次购租住房，对房地产市场行情和住房性能等通常缺乏了解，容易被住房的外观、装饰装修等表面状况所吸引，而不太关注住房性能、质量等内在状况。对于这类客户，切忌使其产生不安或恐慌，应不厌其烦地向其详细介绍住房状况，普及购租住房必需的知识，让其对房地产经纪人产生信赖。

（三）犹豫不决型客户及其营销策略

这类客户虽然有强烈的购房意愿，但没有明确的购租目标，自己拿不定主意，一会儿喜欢这套房，一会儿又喜欢那套房，这些住房之间的差别可能还很大。对于这类客户，不宜推荐过多的房源供其选择，而主要从专业角度帮助其筛选较合适的几套房，并给出自己的建议，尽快帮助其作出决策。

（四）小心谨慎型客户及其营销策略

这类客户一般表情较严肃，对房地产经纪人的询问反应较冷淡，不愿意透露自己的真实想法，自己反复查看经纪门店或售楼处内相关信息。对于这类客户，要详细介绍房源信息和相关住房状况，可将问题置入介绍过程中，边介绍边询问，还可从感情沟通入手，通过闲话家常等方式逐步了解其购租需求，消除其戒备心理，向其推荐合适的房源。

（五）眼光挑剔型客户及其营销策略

这类客户通常思维周密，喜欢挑小毛病，斤斤计较，态度高傲。对于这类客户，不宜在气势上被其压倒，宜向其强调住房的优点及已经给予的优惠，让其感到现行购租方案已是最佳选择，促使其较快作出购租决定。

（六）特殊偏好型客户及其营销策略

有各种不同特殊偏好的客户，其中一类客户最关注的通常不是住房本身的品质，而是诸如住房的方位、门牌号码、楼层、朝向等所谓"风水"或"吉宅"。也有与此相反，相信科学，不迷信，为求价格低，而购租"凶宅"。对于这类客户，宜根据其特殊要求，推荐能满足其需要的住房。

第四节　房地产经纪人心理及其综合素质提高

一、房地产经纪人与客户的心理互动

（一）房地产经纪人和客户的相互心理影响

1. 房地产经纪人对客户的心理影响

房地产经纪人对客户的心理影响主要有下列两个方面。

（1）房地产经纪人的仪表影响客户的认知过程。仪表是人的外表，包括容貌、姿态、风度等，是人的思想品德、文化修养、生活情调等的综合外在表现。房地产经纪人应衣着得体、干净整洁、精神饱满、举止大方，给客户以礼貌、热情、稳重、诚实、专业等良好的感觉。特别是要养成微笑的习惯。微笑的力量会超出想象，会让一切都变得简单。

（2）房地产经纪人的服务影响客户的情绪过程。房地产经纪人不仅要为客户提供热情的"售前服务"，还要为客户提供周到的"售中服务"，并要为客户提供满意的"售后服务"。在"售前服务"时，应站在客户的角度，保持真诚和关心的态度，替客户着想，耐心细致了解客户的真实需求。在"售中服务"时，应针对客户的具体需求，耐心为客户推介和带看符合其需求的房源，客观、真实、完整地解答其提出的问题。在"售后服务"时，应及时进行客户回访，调查客户购租及使用后的感受，提升客户的满意度和自己的信誉，争取"转介绍""回头客"及"终身客户"。

2. 客户对房地产经纪人的心理影响

客户对房地产经纪人的心理影响主要有下列4个方面。

（1）客户的不同需求要求房地产经纪人有较强的分析和判断能力。不同客户的需求有所不同，甚至差异较大，如对住房的地段、价位（如总价）、户型、面积、楼层、朝向、新旧程度等的要求不同；同一客户在不同时间的需求有可能发生改变。房地产经纪人应能分析和判断不同客户的需求及其变化，并根据客户的最新需求，有针对性地提供服务。

（2）客户的不同购租动机要求房地产经纪人有较强的注意力和沟通能力。房地产经纪人有时会面对多个客户，且这些客户的购租动机不同。此时，房地产经

纪人要有较强的注意力，并善于与客户沟通，了解每个客户的真实购租动机。

（3）客户的不同个性心理要求房地产经纪人有较强的适应能力。不同客户的性格、气质、能力、兴趣等有所不同，甚至有较大差异。房地产经纪人应以客户为中心，保持良好的职业道德，努力提高自己的适应能力，能与各种不同个性心理的客户顺畅、愉悦地交流。

（4）客户的不同言谈举止要求房地产经纪人有较强的自我控制能力。因不同客户的素质不同、接受服务时的情绪不同，在沟通交流过程中，有的客户文明、礼貌、诚恳，使房地产经纪人感到自己受尊重，客户有诚意、较靠谱；而有的客户可能粗鲁、挑剔、随意，使房地产经纪人感到不舒服，客户缺诚意、不靠谱。但不论客户的素质、态度、情绪等怎样，房地产经纪人都应善于控制自己的情绪，耐心为客户提供热情周到的服务。

（二）房地产经纪人与客户之间良好心理氛围的建立

房地产经纪人和客户的心理因素直接影响交易是否成功。如果双方心情愉快、感情融洽，一方面有利于促成交易，提高客户的满意度；另一方面即使交易不成，也会使客户对房地产经纪人产生良好印象，形成良好口碑，以后有需求时会再来，或推荐亲朋好友过来。因此，建立房地产经纪人与客户之间良好心理氛围，对促成交易非常关键。

（三）房地产经纪人与客户之间冲突的避免

在经纪服务过程中，因客户或房地产经纪人的情绪不好，或客户改变主意，或房地产经纪人不能正确对待客户提出的要求和意见等，都有可能导致双方发生冲突。房地产经纪人应通过下列3种方式，防止与客户发生冲突。

（1）提高自己的品德修养，增强自我控制能力。房地产经纪人具有良好的品德修养和较强的自我控制能力，可使自己始终保持头脑冷静，即使遇到客户的无理指责，也能让客户平静下来。

（2）时刻为客户着想，依法维护其合法权益。客户通过房地产经纪人购租住房，不仅是购租住房本身，还需要良好的经纪服务。房地产经纪人应换位思考，理解客户的心情和处境，主动采取有效措施，消除与客户之间的误解和矛盾。

（3）学会妥当处理客户异议的方法。客户如果有与自己不同甚至反对的意见，房地产经纪人应想办法搞清楚客户不同或反对意见的真实原因，争取主动，宽容理性，量力而行。

二、房地产经纪人的心理素质分析

房地产经纪人的心理素质对其有效开展经纪业务，实现业绩目标具有重要作用。它是房地产经纪人在其先天遗传的基础上，经后天学习和实践所形成的个性心理品质和特征，即房地产经纪人的心理素质是其先天遗传因素与后天环境因素共同决定的。

房地产经纪人应具备自强自信、积极乐观、真诚热情、认真负责、持之以恒、善于情绪管理等基本心理素质。

房地产经纪人的心理素质结构如下。

（1）认知过程。房地产经纪人的认知对象较复杂，为了正确处理各种关系，应具备准确的社会认知和敏锐的观察能力，具有丰富的常识和良好的判断力。

（2）思维方式。房地产经纪人除了能用人们常用的方式方法来看待问题、思考问题，还应具备创造性思维，有较强的逻辑推理、比较对照、举一反三等能力。

（3）知识储备。房地产经纪人应了解和掌握前人归纳总结的与房地产经纪活动有关的知识、经验及教训等。

（4）人际关系。房地产经纪人应掌握必要的交谈技巧，关心客户并满足其兴趣和需要，有良好的判断力、较强的说服力、一定的幽默感和丰富的社会关系。

（5）自我调控。房地产经纪人应具有正确的职业道德观，保持积极乐观向上的心态，不断适应外部环境变化，处事既有原则性又有灵活性，同时要有自制力，善于控制自己的情绪、约束自己的言行。

三、房地产经纪人的综合素质提高

提高房地产经纪人的综合素质主要包括下列 5 个方面。

（1）提高房地产经纪人的职业道德素质。职业道德素质是房地产经纪人综合素质的核心内容，可通过以下 3 个途径提高：①建立正确的社会评价和集体舆论体系，形成强大的社会压力和良好的社会规范。②树立榜样，通过宣传优秀房地产经纪人的良好职业道德，扩大榜样的影响力和吸引力。③通过教育，促使房地产经纪人树立诚信、专业服务的理想信念。

（2）培养房地产经纪人的良好心理素质。这可通过以下两个途径：①采取物质奖励和精神奖励的办法，增强房地产经纪人从事房地产经纪活动的兴趣，并得到生活和工作条件上一定程度的满足。②调整房地产经纪人的工作难易程度，使其具有一定的挑战性，对所从事的工作经常保持新鲜感。

（3）锻炼和提高房地产经纪人的业务能力。明确工作岗位对房地产经纪人的能力要求，找出不同房地产经纪人之间的能力差距，有针对性地对其进行锻炼和培养。

（4）适应房地产经纪人的气质，合理安排工作岗位。不同气质的人，适合不同的职业和工作。了解人的气质类型，对房地产经纪人的选聘、培养和岗位安排有较好的指导作用。应根据不同房地产经纪人的气质类型，合理安排工作岗位，使他们成为称职的房地产经纪人。

（5）培养和提升房地产经纪人对房地产经纪职业和行业的忠诚度。房地产经纪机构在其内部运营追求业绩考核的同时，房地产经纪行业管理部门和自律管理组织在依法对房地产经纪行业进行管理的过程中，应不断加强房地产经纪从业人员对房地产经纪职业和行业的认同度、自信心和自豪感，倡导其将房地产经纪当作长久甚至终身职业。

第五节　房地产经纪人的人际交往和积极心态

一、房地产经纪人的人际交往与人际关系

房地产经纪职业是与人打交道较多、较深的职业，如果不善于与人交往，没有良好的人际关系，就难以打开业务局面，难以取得良好的成交业绩。从理论上讲，任何性格和气质的人都能与人友好交往，建立良好的人际关系。但在实际中，自卑、害羞、内向、沉默寡言的人通常不利于与人交往，而性格外向、活泼好动、有幽默感的人容易与人沟通。房地产经纪人应努力培养和提高与人交往的能力，建立并不断丰富自己的人际关系。

（一）给人留下良好第一印象

"第一印象"是两个陌生人第一次见面时所获得的印象，主要是根据对方的仪表、服装、表情、年龄等所形成的印象。第一印象虽然不一定正确，但通常是最鲜明、最牢固的，持续的时间也较长，在对人的认知中起着很大作用，是决定双方今后是否继续交往的重要因素。因此，房地产经纪人在与客户初次见面时，应在衣着打扮、精神面貌、言谈举止等方面给客户留下稳重、礼貌、热情、诚实、专业等良好的第一印象，特别是通过第一印象以及后续的交往，不断取得客户的信任。双方相互信任特别是房地产经纪人得到客户的信任，是发展合作关系的基础，并且会因为信任而变得简单，因为简单而变得高效。

（二）掌握必要的交谈技巧

房地产经纪人在与人交谈时，应掌握必要的技巧，避免走入人际关系的误区。常见的要点有：微笑面对、目光接触、真诚关心、从客户的否定回答中找到突破口等。这些技巧，房地产经纪人既可以通过自己在实践中摸索而获得，也可

以向他人讨教，或者从书本中学习，并加以灵活运用。

人人都喜欢被他人尊重，受别人重视，爱听好话。房地产经纪人在与客户交谈中，应尽量避免批评指责性话语。讲话欠思考是房地产经纪人特别是新入行的经纪人员容易犯的毛病，有时脱口而出"伤害"了客户，自己还不知道。虽然批评指责是无心的，只是想有一个好的开场白，但在客户听来感觉不舒服。因此，在与客户交谈中，应从客户感兴趣的话题说起，并发现客户身上的优点，多说些赞美的话语，但这些赞美又要真诚并发自内心，不可功利，否则会使人有虚伪甚至不诚实的感觉。

同时需注意的是，房地产经纪人最好不要参与议论诸如宗教信仰、社会热点等涉及主观意识且与房地产交易无关的敏感话题，因为无论是说对还是说错，对促成房地产交易通常无实际意义。新入行的房地产经纪人员涉足房地产经纪行业时间不长、缺乏经验，在与客户交往中无法主控客户的话题，往往会跟随客户议论一些主观意识的话题，但最后可能因观点相悖而产生分歧甚至冲突，从而失去该客户而不能促成房地产交易。房地产经纪人遇有这类话题时，可先随着客户的观点参与某些议论，但在议论过程中应适时地逐渐将话题引到房地产交易上来，避免与客户发生直接的观点分歧和冲突。

还需注意的是，不应把过多的枯燥无味的业务话题、生僻难懂的专业术语硬塞给客户，使客户产生厌倦甚至反感心理。如果有一些很重要的业务内容必须向客户讲清楚，可在讲解过程中换个角度，激发出客户对枯燥问题的兴趣，并尽量讲得简洁明了一些，这样客户听了才不会产生倦意。因此，通常只有把那些"精专"的术语转换成通俗易懂的话语来与客户交流，才能达到有效沟通的目的，从而可使房地产交易顺利进行。此外，忌问客户的隐私，尽量避免涉及隐私的内容。另外，人们通常愿意与有涵养的人打交道，不雅的言语、动作等行为会带来负面影响，因此房地产经纪人应避免粗俗的言行（如不说脏话、不随地吐痰，尽量不吸烟；如果吸烟，必须遵守相关规定，特别是客户不吸烟时，不要在客户面前抽烟）。

（三）关心客户并满足其兴趣和需要

房地产经纪人在与客户打交道时，关心的重点不应只是自己的交易任务等与自身利益直接相关的事情，而应有客户的心理状态、需求、利益等，要注意满足客户的兴趣，把握客户的需要，真正做到客户至上。虽然最终的目的是促成交易，并且达到该目的的直接方式是说服客户立即成交，但如果客户对交易对象还不够了解，对其优点还有某些疑虑，还担心存在意想不到的缺点，就难以作出交易决定。因此，在解答客户疑惑、打消客户犹豫之心的基础上，通常情况下是由间接方式达到促成交易的目的，比如帮助客户解决一些可能与交易行为无关的问题，对客户的生活方式、生活事件表示同理心等。

此外，房地产经纪人关心客户并不局限在经纪门店和会客室里。身边的人都可能是潜在客户，因此无论在电梯里、在街头、在商店购物或在餐厅吃饭时，随时随地都要礼貌待人、热情助人、关心并帮助有困难的人，说不定哪天就会因此而获得回报。

（四）提高自己的判断力

良好的判断力是能从观察到的众多外部线索中准确地推知对方行为发生的真正原因，即"归因"。人的需要是其心理活动的原动力，它与后天形成的自我调节这个心理因素一起协调控制人的内部心理活动和外部行为反应。归因就是揭开这一过程的所有面纱，直接把握住事实的真相。知道了人所需要的内容，就可以针对性地设计出相应的策略以完成双方的交易活动或达到预定的目的。

直觉判断能力是良好的判断力的一种形式。直觉判断能力是凭借自己丰富的阅历，敏感的观察，根据对方的精神面貌、言谈举止或着装打扮等，直接而不假思索地把握对方心理状态的能力。有时人们用直觉、第六感等词语来描述这种能力。房地产经纪人与客户用个人接触的方式进行交往，双方的心理状态对交往是否能顺利进行有着重要影响，因此房地产经纪人想要达到成交目的，应在交往中准确把握客户的心理状态，设计出行之有效的沟通策略。当然，新入行的经纪人员可能会不顾客户的心理状态，一味地追求成交或直截了当地询问客户的心理感受。虽然这样有时可达到一定目的，但与优秀的房地产经纪人那种直觉判断能力相比，是不可同日而语的。

缺乏良好的判断力，在与客户沟通交流过程中，可能体现在很担心客户听不懂自己所说的或急于搞清楚客户的真实意图等，而不断地询问客户："你懂吗？""你真的想买吗？"从心理学来讲，一直质疑客户的理解力或购租能力，会使客户产生不满情绪，这种方式会让客户感觉得不到尊重，逆反心理就会随之产生，可以说是交易中的一大忌。因此，应通过与客户沟通交流，运用客户可以接受的方式方法准确地判断出客户的需求和真实意图。

（五）培养自己的说服力

在许多情况下，房地产经纪人面对的是用怀疑、不信任的目光打量自己的客户，推荐客户购租时多半得到的回答是"不"。因此，房地产经纪人应有说服客户改变态度的能力。真正的交易往往是始于客户的拒绝。

说服客户改变态度的心理学原理是：根据决定态度的认知、情绪、意向3个因素，用提供事实、讲清道理的方式，消除认知方面的误区；分析和判断客户的需要和动机，在情绪上感化其否定的态度，取得客户的信任；尽量为客户的购租行为提供方便。

说服客户不是通过夸大的不实之词来实现的。不能为了达到一时的成交业绩，夸大房地产的优点，隐瞒房地产的缺点。这一不实的行为，即使客户当时看不出，也会在日后发现。这就必然会埋下隐患，一旦发生纠纷、投诉甚至诉讼等，后果不堪设想。不仅如此，房地产经纪人和房地产经纪机构还可能永远失去该客户及其周围的潜在客户（如其邻居、同事、亲戚、朋友、同学、同乡等）。

实际上，任何住房都有优点和缺点。房地产经纪人应换位思考、站在客户的角度，既要向客户介绍住房的优点，又要坦诚地向客户介绍住房的缺点，甚至"业绩好的房地产经纪人会先说住房的缺点"，帮助客户"货比三家"，让客户真正感受到房地产经纪人的出发点是在维护其利益，而不仅是为了促成交易，这样才能使客户心服口服地接受所推荐的住房。因此，房地产经纪人应知道任何夸大其词尤其是欺骗都是交易的天敌，它会使房地产经纪人的事业无法长久，也是当前人们对房地产经纪行业不够信任的主要原因。

此外，不要贬低、攻击竞争对手，特别是不要把竞争对手说得一钱不值，造成房地产经纪行业形象在客户心中受损。许多房地产经纪人在说出攻击竞争对手的言语时缺乏认真、理性的思考，不知那些攻击性言语会引起客户的反感，因为客户可能并不了解竞争对手的情况，或者并没有与房地产经纪人站在同一个角度，而如果房地产经纪人表现得太过于主观，反而会适得其反，最终会失去客户的信任。说服别人的能力不是靠夸大其词、贬低竞争对手来实现的。

（六）增加自己的幽默感

一般来说，较成功的房地产经纪人都有一定的幽默感。幽默感可以调和人际间紧张的关系，是房地产经纪人必不可少的一种素质。幽默就是用善意的态度说明事物本身及其相互关系之间的不和谐。幽默通常借联想的方式起作用，以笑的形式表现出来。用幽默的方法处理某些尴尬局面是很有效的。如果用幽默来指出自己的缺点，更能博得对方的好感。使用幽默方式时，要求有较高的心理承受能力，能超脱出常规的思维方式，发现事物之间不和谐的关系和失去常态的变异。

（七）丰富自己的社会关系

房地产经纪人要注重建立、维护和丰富自己的社会关系。社会关系俗称"人脉""关系网"，是房地产经纪人的无形财富。在刚入行从事房地产经纪业务时，往往只能盲目地大街小巷转，付出的劳动多，得到的回报少。但是只要坚持下去，会随着从业年限越来越长而积累起越来越多的社会关系。利用这些社会关系，便会拥有足够多的潜在客户，不仅会因"东边不亮西边亮""细水长流"而保障一定的成交业绩，还可以通过老客户"转介绍"发展许多新客户。

发展社会关系的有效办法，除了老客户"转介绍"，还有积极参加有关会议、聚会等活动，包括参加房地产经纪业内的交流活动，特别是加入当地和全国性房地产中介服务行业组织（中国房地产估价师与房地产经纪人学会），结识更多的人，包括结识房地产经纪从业人员，与同行互换资源、相互合作。在房地产市场不够好时，社会关系的作用会更加明显。

二、房地产经纪人的心理压力及其应对

（一）房地产经纪人的心理压力

在没有压力的情况下能够积极主动地工作，是最为理想的。缺乏应有的积极主动性，只有在一定的压力下才能够推动工作，此时适当的心理压力是必要的。但是，过度的心理压力会影响工作的顺利进行和身心健康。如果长久地承受过大的心理压力，则会产生某些疾病。虽然现代人多少都会有一些心理压力，但房地产经纪人由于当前的职业特点及行业规则不完善、法规不健全等内外因素和环境，会比一般人感受到更多、更大的心理压力。

从房地产经纪人群体来说，当前的心理压力主要来自下列 7 个方面。

（1）社会方面的压力。当前社会上较普遍对房地产经纪职业和行业不够理解，或有误解，甚至存在偏见、鄙视。房地产经纪人的社会地位不高、社会形象欠佳。

（2）行业方面的压力。当前房地产经纪行业内普遍采取"人海战术"，房地产经纪机构多，大量开店、招人，而房源、客源相对有限，导致同行甚至同事之间竞争激烈，人均成交量（房屋成交套数/房地产经纪从业人员数量）很低。例如，许多城市的年人均成交量仅二、三套房，有的城市甚至年人均成交量不足一套房。

（3）公司方面的压力。当前许多房地产经纪机构在用人和薪酬制度上采取"低底薪、高提成，不开单、就走人"的做法，造成房地产经纪人的底薪较低甚至没有底薪，主要靠业绩提成，在一定时间内必须完成一定的业绩指标，完不成就有可能失去工作。

（4）客户方面的压力。房地产经纪人要与很多不同的人打交道，其中不乏难以相处甚至素质不高、蛮不讲理之人，会遭受很多的不信任和拒绝。

（5）亲友方面的压力。房地产经纪人每天的工作时间长，即使是节假日也难以休息，往往越是节假日越忙，导致与亲友联系少、沟通少，缺乏应有的感情交流。

（6）自己身体方面的压力。房地产经纪人因要深耕社区、走街串巷搜集房源、带领客户看房等，劳动强度较大，长此以往不堪重负，身心疲惫。

（7）市场波动方面的压力。房地产成交量时常变化且波动幅度较大，房地产经纪人的成交业绩受其影响而很不稳定，甚至有"饱一顿饿一顿"之说。

（二）房地产经纪人心理压力的应对

房地产经纪人应努力减轻自己的心理压力，为此要做到下列3点。

1. 不断提高自己的心理承受能力

虽然每个人都会有心理压力，但在相同的心理压力情境下，不同人的主观感受不同，甚至差异很大。这与个人的心理承受能力有关。心理承受能力是在遇到心理压力时，能够摆脱其困扰而避免心理和行为失常的能力。一般来说，心理承受能力强的人，能容忍重大的心理压力；心理承受能力弱的人，即使遇到不大的心理压力，也会消极悲观，甚至出现行为失常或产生心理疾病。可见，提高心理承受能力是维护个人心理健康的一道防线。

一个人的心理承受能力主要与下列3个因素有关。

（1）生理因素。通常，身体健康、发育正常的人比身体虚弱、生理有缺陷的人的心理承受能力要强。

（2）个性品质。与生理条件相比，一个人是否具有良好的个性品质对于心理承受能力更为重要。如一个有远大理想和坚强意志的人，任何困难和心理压力都难以压垮；而一个胸无大志、意志不坚定的人，很易被困难和心理压力所折服。

（3）社会经验。心理承受能力是个体在后天生活过程中为适应环境而习得的能力之一。它与其他心理品质一样，可通过学习和锻炼而得到提高。经历曲折、饱经风霜的人，比一帆风顺、很少经历心理压力的人，心理承受能力要强。

2. 仔细分析自己的心理压力来源

当自己有较大的心理压力时，能否有效减轻，还取决于是否给自己留有充分的时间去仔细分析自己的心理压力来源。

每个房地产经纪人的心理压力来源不尽相同，现实中不仅是令人不愉快的事情会造成心理压力，令人兴奋和高兴的事情也会造成心理压力。例如，业绩一直名列前茅但由于某种原因而下降，或遭到客户投诉等，会产生心理压力；得到客户赞赏或公司奖励、经过努力而获得良好的业绩，也会产生心理压力。人们在承受心理压力时总喜欢从生活事件中找原因，但有时事件本身是压力产生的后果而不是原因。例如，房地产经纪人在促成客户交易时不顺利，可能是因为某种尚未察觉的心理压力造成的，而不是交易不顺利造成心理压力。总之，心理压力往往源于事件本身和由此引发的生理和心理上的变化。当引发心理压力的问题很明显时，对生理或心理上的调整也就可以及时进行。但心理压力的诱因并不总是很清晰的，有时必须进行认真、仔细的思考才能发现真正的原因。

3. 科学有效减轻自己的心理压力

在仔细分析自己的心理压力来源后，应及时寻求减轻心理压力的科学有效办法。减轻心理压力的关键在于正确认识心理压力，相应调整自己的心态，培养良好的生活方式。此外，在了解紧张情绪产生机制的前提下，可通过回避其诱发因素、调整自我情绪和培养适应能力，来抵御心理压力对生理和心理的影响，以保持身心健康。心理压力也可能随着时间的推移而在不经意间自行消失。

遵循以下准则可将心理压力保持在可控水平：①分清先后——将生活中真正的麻烦事分类。②事先多考虑如何摆脱麻烦事。③尽可能与朋友、同事倾诉烦恼。④发展和培养一个社交网和朋友圈。⑤有规律地进行体育运动。⑥经常奖励自己积极的想法、态度和行为。⑦自我反省、扬长避短。⑧考虑问题要从实际出发，采取适当的措施，不钻牛角尖。⑨看问题要客观公正。⑩不要苛求自己，不要对过去的错误或不足耿耿于怀。⑪要相信总会有人愿意并有能力帮助自己，可向自己信任的朋友、同事或师长寻求帮助，或接受他们的帮助，不要拒绝从他们的经验中受益。⑫每周或每天给自己留些时间休息或放松，休闲或娱乐，充裕的用餐时间，比如花点时间与亲朋好友享受有益身心的活动。⑬让每天的生活都有些新的小的变化。⑭学会委托别人做事。⑮仔细倾听周围的一切。⑯享受人生，并与家人、朋友分享。

三、房地产经纪人积极心态的建立与保持

（一）积极心态的含义

无论什么情形下，即使在房地产市场低迷时，房地产经纪人都应努力建立并保持积极心态。积极心态就是积极、乐观、向上的心理状态，是房地产经纪人对待自己、客户以及其他人或事物所表现出的积极、正向、主动的心理倾向。面对工作、问题、困难、挫折、挑战和责任时，有积极心态的人，就会从正面去想，从积极的一面去想，从可能成功的一面去想，积极采取行动，努力去做。

（二）消极心态的检测和形成原因

想要有积极心态，先要克服消极心态。消极心态跟积极心态相对，是消极、悲观、低落的心理状态。每个人都可以检测一下自己是否有消极心态。当遇到以下问题时，想一想自己的第一反应是什么：什么事情使自己烦恼或生气甚至愤怒？例如"我"哪里还做得不够好，影响了事情向积极或好的方向发展，因此

对自己的心态造成了影响，产生了消极心态。但是，许多人的反应是别人使自己烦恼、生气、愤怒，而较少从自身找原因。实际上，只有认识到了自己的不足，消极心态就是暂时的，也是可以调整的，否则就会形成"稳定"的消极心态。

消极心态的形成原因主要有4个方面：①自卑，即缺乏自信，不肯相信自己的能力和智慧，恐惧失败，不敢面对挑战；过分自信和自大也会形成消极心态。②缺乏目标和动力，即工作没有明确的目标，缺少工作动力。③固执，即不愿意接受新事物，不愿意听取别人的意见建议，即使是正确的意见建议。④缺乏恒心，经常找借口逃避责任。

（三）积极心态的建立和消极心态的克服

房地产经纪人虽然经常会遇到各种各样的客户，比如不同性格、素质的客户，但都应抱着积极心态为客户提供诚信、专业服务，同时应从下列4个方面建立积极心态。

（1）感恩。对客户给予的信任，选择自己及所在的公司、门店，要在内心里表示感激。由于种种原因，即使是客户不对，选择其他的房地产经纪人、门店和公司并已成交，也要抱着平和的心态去面对，而不是去纠缠、骚扰等。因为纠缠、骚扰等不仅无济于事，还可能违法违规，倒不如用这些时间和精力去寻找新的机会。在客户侵害了自己利益的情况下，如果要维权和解决，也要采取合法方式。

（2）宽容。即"严于律己，宽以待人"。对客户的质疑、抱怨、冷言恶语等不好的言行，要予以理解、宽宏大量，不计较、不追究，多从自身找不足。

（3）乐观。要始终充满信心，争取每天都有进步，相信自己一定会成功。不会总是一帆风顺，不应苛求"一城一池"的得失，不求"一口吃个胖子"。

（4）淡泊。应"淡泊名利"，不要过分追求眼前的经济利益，这既是一种思想境界，也是一种积极心态。如果过分追求眼前的经济利益，处处为自己的利益着想，就会失去平常心，甚至有可能以一种非理性乃至偏激的言行对待客户或同事。

此外，房地产经纪人在遇到困难或挫折，甚至客户、同事、上司的误解或责难时，还要采取下列4种办法努力避免出现消极心态。

（1）勇于面对，并有解决问题、战胜困难、消除误解的信心。

（2）给自己设定明确、合理的中长期目标，并将其分解到每月、每周、每天，甚至更短的时间。

（3）多向同事、师长、同行等学习、请教，既不要狂妄自大、听不进苦口良言，也不要缺乏自信、妄自菲薄、顾虑过多、怕这怕那。

（4）先想到的不是找借口、推卸责任，而应实事求是地从自身找原因，从而找到解决问题的办法，在是非面前要坚持正确的方向，并持之以恒，不能为了小利而失大节。

复习思考题

1. 房地产经纪人为什么要学习有关心理学知识？

2. 什么是心理活动？它与行为表现是什么关系？

3. 什么是心理现象？它包括哪些方面？

4. 什么是心理过程？它包括哪些方面？

5. 什么是个性心理？它包括哪些方面？

6. 什么是感觉、知觉和记忆？客户的感觉、知觉和记忆在其购租住房和住房营销活动中有哪些作用？

7. 什么是思维和想象？客户的思维有何特点？在营销活动中如何运用客户的想象？

8. 什么是情绪？在购租活动中，客户的情绪主要受哪些因素的影响？

9. 什么是意志？客户在购租住房中的意志过程分为哪几个阶段？

10. 什么是注意？它在营销活动中有什么作用？如何引起客户的注意？

11. 什么是性格、气质和能力？客户的性格、气质和能力与其购租住房行为有何内在联系？

12. 什么是需要和动机？客户的需要和动机与其行为之间有何关系？

13. 需要层次理论的主要内容是什么？

14. 客户需要的主要内容包括哪些？

15. 客户的动机有哪些功能？可分为哪几类？

16. 什么是消费者群体？它们主要有哪几类，其消费心理分别是怎样的？

17. 主要有哪几种营销过程心理？

18. 客户对价格的心理表现有哪些？住房定价的心理策略有哪些？

19. 住房广告心理过程有哪些环节？成功的广告心理方法有哪些？

20. 住房现场营销过程心理有哪几个阶段？

21. 客户可分为哪些类型？相应采取何种营销策略？

22. 房地产经纪人与客户心理之间有何联系？

23. 房地产经纪人的综合素质如何提高？

24. 房地产经纪人如何提高与人交往的能力，建立良好的人际关系？

25. 房地产经纪人目前有哪些心理压力？如何有效减轻自己的心理压力？

26. 房地产经纪人如何建立和保持积极心态、克服消极心态？

27. 房地产经纪人如何共同努力建立良好的行业生态环境、提升行业社会形象，使房地产经纪职业和行业成为诚信、专业、受尊重的职业和行业？

后 记

本书是纳入国家职业资格目录的"房地产经纪专业人员职业资格"中的房地产经纪人职业资格考试用书之一，原名为《房地产经纪相关知识》，自2002年正式出版。2016年，根据房地产经纪人职业资格考试科目名称调整，更名为《房地产经纪专业基础》。

本书的主要内容是房地产经纪人应具有的房地产经纪专业基础知识，包括房地产、建筑、城市、环境景观，房地产市场、房地产价格、房地产投资、房地产金融，以及法律、心理学等知识。编写本书的目的，不仅是满足报考人员应对考试的需要，更是希望对广大房地产经纪从业人员的实际工作有所帮助，甚至起到一定的指引作用，以及在从事房地产经纪业务中遇到有关专业问题时可以查阅的工具书。

为了更好地适应房地产经纪行业发展要求，促进房地产经纪行业规范健康持续发展，体现最新的相关法规政策、现实情况、研究成果和经验总结，本书原则上每两年修订一次。限于水平，本次修订还可能存在一些疏漏之处，恳请广大读者指出不足、提出修改意见建议，以便下次修订予以改进。

本书由中国房地产估价师与房地产经纪人学会会长柴强博士主编，承担主要撰写工作。参加本书撰写或修改工作的人员还有王全民、王霞、王欢、杨蕾、程敏敏、柴康妮、宋梦美、涂丽、赵玉环、邓振春、张勇、刘冰冰等。北京大成律师事务所合伙人吴雨冰律师、江西师范大学陶满德教授和胡细英教授、清华大学季如进教授、沈阳工程学院黄英教授、湖南省正大行房地产代理有限公司总经理任金良、58安居客研究院院长张波等专家学者和业内人士，以及一些读者对本书提出了许多好的修改意见建议，在此谨向他们表示衷心的感谢。

作　者

2023年10月